"十四五"普通高等教育规划教材

产教融合系列教材

GUANGXIAN TONGXIN YUANLI

光纤通信原理

主编 / 仇英辉　　　编写 / 马永红　　　主审 / 桑新柱

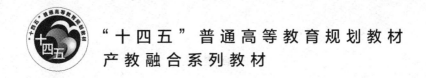

中国电力出版社

CHINA ELECTRIC POWER PRESS

内 容 提 要

本书为"十四五"普通高等教育规划教材(产教融合系列教材)。

本书共分 9 章,主要内容包括光纤通信概述、光纤基本理论、光源和光发射机、光电检测器与光接收机、光放大器、光无源器件、光纤通信系统、光网络、光纤通信新技术等。本书内容丰富,覆盖范围广,密切跟踪光纤通信技术发展,注重理论和实际应用的结合。

本书可作为高等学校通信工程和电子信息本科教材,也可作为通信工程领域科技人员的参考书。

图书在版编目(CIP)数据

光纤通信原理/仇英辉主编. —北京:中国电力出版社,2021.4(2022.2 重印)
"十四五"普通高等教育规划教材
ISBN 978-7-5198-5265-8

Ⅰ.①光⋯　Ⅱ.①仇⋯　Ⅲ.①光纤通信-高等学校-教材　Ⅳ.①TN929.11

中国版本图书馆 CIP 数据核字(2020)第 267254 号

出版发行:中国电力出版社
地　　址:北京市东城区北京站西街 19 号(邮政编码 100005)
网　　址:http://www.cepp.sgcc.com.cn
责任编辑:冯宁宁(010-63412537)
责任校对:黄　蓓　王小鹏
装帧设计:王红柳
责任印制:吴　迪

印　　刷:北京天宇星印刷厂
版　　次:2021 年 4 月第一版
印　　次:2022 年 2 月北京第二次印刷
开　　本:787 毫米×1092 毫米　16 开本
印　　张:14.75
字　　数:356 千字
定　　价:50.00 元

前 言

光纤通信自问世以来，通过其通信容量大、传输距离长、抗电磁干扰、保密性好等优点，已经广泛应用于各种领域的通信中。"光纤通信原理"在很多学校作为通信工程和电子与通信专业的学位课开设，该课程对于培养学生扎实的光纤通信基础理论及利用光纤通信基本理论和技术解决工程实际问题至关重要。

为适应当前高校课程门类多、课时压缩的教学特点，本书在概念和原理的讲述上力求严谨、准确、精练，理论适中，注重实用，主要面向工科院校，尽量少用繁杂的数学推导。在本书的编写过程中，编者一方面结合多年来讲授"光纤通信原理"课程的教学经验，同时考虑新的需求，广泛吸取了国内外相关教材及其他出版物的精华。突出强调了以下几点：梳理知识体系的同时，密切跟踪现代通信新技术的研究成果，并注重理论与实际的结合。

本书比较全面、系统地讲述了现代光纤通信系统与网络的基本原理、基本技术、系统设计等，主要特色如下：

（1）抓住主干内容：

光纤通信的主干内容是光纤、光端机、WDM（波分复用）和 SDH（同步数字系列）。本书详细阐述这四个主干内容，力求讲清楚、讲透彻。

（2）突出实用性、系统性和先进性：

实用性：本书中光端机以国内主流产品为依据来进行阐述，使读者掌握实用的知识与技术，从而在面对实际问题时不会生疏无策；在光纤和传输规范等内容中较多介绍了 ITU-T 等标准，以增进读者的标准化意识；对重要而复杂的数学推导舍弃了繁难的推导过程，但给出了清晰的推导步骤，让读者掌握重要的物理概念和有用的结论。

系统性：本书对光纤通信四个主干内容相互之间的关联，以及对每一个主干内容自身的机理都做了详细的阐述，真实地反映了现代光纤通信系统的特点，使读者能够掌握光纤通信完整的知识。

先进性：本书注重介绍新型光纤和光器件技术的发展成果，同时较详细地介绍了近年来光纤通信的热门新技术，如 A/BPON、EPON 和 GPON 接入技术、MSTP 传送技术、MPLS 和 MPλ/LS 交换技术等，这些新技术有很好的开发应用前景。读者从本书深入浅出的介绍中容易了解这些新技术，体验到光纤通信的飞速发展。

全书共分 9 章：第 1 章介绍光纤通信系统的发展历史及光纤通信系统基本概念和组成，为后续章节打下基础。第 2 章首先介绍光纤的结构、分类；然后利用几何光学及波动光学理论分析光信号在光纤中的传输机理；最后，介绍光缆的生产制造及电力系统特种光缆。第 3 章介绍光源和光发射机，首先介绍光源原理及分类，然后介绍发射机的组成，最后分析了光发射机的特性。第 4 章介绍光检测器与光接收机，首先介绍光检测器的原理及分类，然后介绍了光接收机的组成，最后分析了光接收机噪声。第 5 章介绍光放大器，如掺铒光纤放大器、半导体光放大器及拉曼光放大器等。第 6 章介绍光无源器件。第 7 章介绍光纤通信系统。第 8 章介绍光网络，如光突发交换技术、光分组交换技术及智能交换光网络等技术。第 9 章介绍光纤通信新技术。

　　本书由华北电力大学仇英辉担任主编并完成了本书各章的编写工作，华北电力大学马永红参与了部分章节内容的收集与编写。研究生毛通、吾买尔江·买买提、贾婉、原冰玉、涂昕、罗芳、蔺一展、冯馨于、陈玲等承担了部分书稿资料的收集整理与校对工作。北京邮电大学桑新柱教授担任本书主审，他提出了许多宝贵意见。本书的编写和出版得到华北电力大学电气与电子工程学院一流通信专业建设的资助。在本书的编写过程中，参考、引用了国内外很多专家、同行出版的图书、期刊和相关标准。在此一并致谢。

　　限于作者的水平，书中不妥及疏漏之处在所难免，敬请同仁与读者批评指正。

编　者

2021 年 1 月

目 录

第1章 概　述

1.1　光纤通信概述

1.1.1　光纤通信的定义

　　光纤通信是以光波作为传输信息的载波、以光纤作为传输介质的一种通信。图 1.1 给出了光纤通信的简单示意图。其中，用户通过电缆或双绞线与发送端和接收机端相连，发送端将用户输入的信息（语音、文字、图形、图像等）经过处理后调制在光波上，然后入射到光纤内传送到接收端，接收端对收到的光波进行处理，还原出发送用户的信息传送给接收用户。

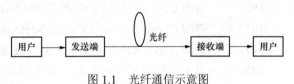

图 1.1　光纤通信示意图

　　根据光纤通信的以上特点，光纤通信属于光通信和有线通信的范畴。

1.1.2　光纤通信特点

　　光纤之所以受到人们的极大重视，这是因为和其他通信手段相比，具有无与伦比的优越性。

　　1. 传输频带宽，通信容量大

　　可见光波长范围大约在 390～780nm 之间，而用于光纤通信的近红外区段的光波波长为 800～2000nm 之间，具有非常宽的传输频带。

　　在光纤的三个可用传输窗口中，0.85μm 窗口只用于多模传输，1.31μm 和 1.55μm 多用于单模传输。每个窗口的可用频带一般在几十到几百 GHz 之间。近些年来随着技术进步和新材料的应用，又相继开发出了第四个窗口（L 波段）、第五个窗口（全波光纤）和 S 波段窗口，具备了带宽大容量的特点。

　　2. 传输损耗小，中继距离长

　　由于光纤具有极低的衰耗系数（目前商用化石英光纤已达 0.19dB/km 以下），若配以适当的光发送与光接收设备，可使其中继距离达上百千米，这是传统的电缆、微波等根本无法与之相比拟的。

　　光纤的这种低损耗的特点支持长距离无中继传输。中继距离的延长可以大大减少系统的维护费用。

　　3. 保密性能好

　　光波在光纤中传输时只在其芯区进行，基本上没有光"泄露"出去，因此其保密性能极好。

　　4. 适应能力强

　　光纤不怕外界强电磁场的干扰，耐腐蚀，可挠性强（弯曲半径大于 25cm 时其性能不受影响）。

5. 体积小、重量轻、便于施工维护

一根光纤外径不超过 125μm，经过表面涂敷后尺寸也不大于 1mm。制成光缆后直径一般为十几毫米，比金属制作的电缆线径细、重量轻，光缆的敷设方式方便灵活。

6. 原材料来源丰富，潜在价格低廉

制造石英光纤的最基本原材料是二氧化硅即砂子，而砂子在大自然界中几乎是取之不尽，用之不竭的，因此其潜在的价格是十分低廉的。

1.1.3　光纤通信的发展过程

大体来说，光纤通信的发展经历了以下三个阶段：

1. 20 世纪 70 年代的起步阶段

这个阶段是光纤通信能否问世的决定性阶段，这个阶段的主要工作：

（1）研制出低损耗光纤。

1970 年，美国 Corning 公司率先制成 20dB/km 损耗的光纤。

1972 年，美国 Corning 公司率先制成 4dB/km 损耗的光纤。

1973 年，美国贝尔（Bell）实验室制成 1dB/km 损耗的光纤。

1976 年，日本电报电话公司和富士通公司制成 0.5dB/km 损耗的光纤。

1979 年，日本电报电话公司和富士通公司制成 0.2dB/km 损耗的光纤。

现在，光纤损耗已低于 0.4dB/km（1.31μm 波长窗口）和 0.2dB/km（1.55μm 波长窗口）。

（2）研制出小型高效的光源和低噪声的光检测器件。这一时期，各种新型长寿命的半导体激光器（LD）和光检测器件（PD）陆续研制成功。

（3）研制出光纤通信实验系统。1976—1979 年，美国、日本相继进行了 0.85μm 波长、速率为几十 Mbit/s 的多模光纤通信系统的现场试验。

2. 20 世纪 80 年代进入商用阶段

这一阶段，发达国家已在长途通信网中广泛采用光纤通信方式，并大力发展洲际海底光缆通信，如横跨太平洋的海底光缆、横跨大西洋的海底光缆等。在此阶段，光纤从多模发展到单模，工作波长从 0.85μm 发展到 1.3μm 和 1.55μm，通信速率达到几百 Mbit/s。

我国于 1987 年前在市话中继线路上应用光纤通信，1987 年开始在长途干线上应用光纤通信，敷设了多条省内二级光缆干线，连通省内一些城市。从 1988 年起，我国的光纤通信系统由多模向单模发展。

3. 20 世纪 90 年代进入提高阶段

1989 年掺铒光纤放大器 EDFA 的研制成功是光纤通信新一轮突破的开始。EDFA 的应用不仅解决了光纤传输衰减的补偿问题，而且为一批光网络器件的应用创造了条件，使得光纤通信的数字传输速率迅速提高，促成了波分复用技术的实用化，许多国家为满足迅速增长的带宽需求，一方面继续敷设更多的光缆，例如，1994 年 10 月世界上最长的海底光缆（全长 1.89×10^4 km，连接东南亚、中东和西欧的 13 个国家）在新加坡正式启用；另一方面，一些国家还不断努力研究开发新器件、新技术，用来提高光纤的信息运载量。1993 年和 1995 年先后实现 2.5Gbit/s 和 10Gbit/s 的单波长光纤通信系统，随后推出的密集波分复用技术可使光纤传输速率提高到几百 Gbit/s。

20 世纪 90 年代也是我国光纤通信大发展的时期，1998 年 12 月，贯穿全国的"八纵八横"光纤干线骨干通信网建成，网络覆盖全国省会以上城市和 70%的城市，全国长途光缆达到

2×10^5km。至此，我国初步形成以光缆为主、卫星和数字微波辅助的长途骨干网络，我国电信网的技术装备水平进入世界先进行列，综合通信能力发生了质的飞跃，为国家的信息化建设提供了坚实的网络基础。

从 20 世纪 70 年代至今，光纤通信给整个通信领域带来了一场革命。通信系统的传输容量成万倍地增加，传输速度成千倍地提高。目前，国际国内长途通信传输网的光纤化比例已经超过 90%，国内各大城市之间都已经铺通了 20GB 以上的大容量光纤通信网络。目前研究的主要内容是 WDM 光网络、全光分组交换、光时分复用、光孤子通信、新型的光器件等。

用带宽极宽的光波作为传送信息的载体以实现通信，这是几百年来人们梦寐以求的幻想在今天已经成为活生生的现实。然而就目前的光纤通信而言，其实际应用仅是其潜在能力的 2%左右，尚有巨大的潜力等待人们去开发利用。因此，光纤通信技术并未停滞不前，而是向更高水平，更高阶段方向发展。

1.2　光纤通信系统概述

1.2.1　基本组成

如图 1.2 所示是最简单的光纤通信系统组成的框图。在该图的垂直方向可以分为两个层面：一个物理层（硬件层）和一系列的数据处理层（软件层）。这个框图已经反映出大多数光纤通信系统所采用的分层结构。在数据处理层中应该完成复杂的信号处理功能，如复用、解复用、误码检测、路由和交换等。物理层不关心数据的内容或格式，它所要完成的任务是将电数据信号转变成光数据信号，在光发射机端由光源发送光信号，光信号经过光纤链路的传输，在光接收机端接收光信号，然后由光电检测器将接收的光信号转换为电数据信号。在光—电数据信号转换完成后，电数据信号被送入最高层，在电域中进行进一步处理，使其还原成电数据信号的原始格式内容。

1.2.2　各个组件作用

在现代通信技术中，光纤通信技术是一种主要的传输技术手段。因此，从事光纤通信技术的研究人员的研究主要定位在光纤通信系统（各个组成部分的作用）和光网络（物理层的组成）等方面。图 1.2 中显示最简单的光纤通信系统是由光发射机、光纤（信道）和光接收机组成。

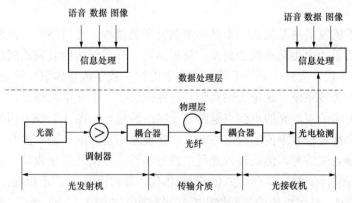

图 1.2　最简单的光纤通信系统

光发射机包括光源和光调制器。光发射机提供沿着光纤传输信息所需要的光能量，实际上，光源既可以是发光管也可以是激光器。光调制器的功能是调制带有串行序列数据的光。光源的调制方法可以分为直接调制和间接（外）调制。直接调制是以直接控制通过光源的电流来调制光。由于直接调制的发光和调制是在同一半导体激光器上完成的，所以直接调制具有简单、经济和易于发现对光源进行低速调制的优点。外调制的发光与调制功能是分离进行的，即利用一个外调制器对激光器产生的连续光进行调制。尽管外调制方法复杂且昂贵，但是外调制器可以实现高速调制且可以提供更好的传输性能。

一旦产生所需调制的光信号，就需要借助一个光耦合器将调制好的光信号注入光纤。光纤是光信号的传输通道。光信号在光纤中经过长距离传输会发生一些劣化，光信号的劣化程度是光纤结构、工作波长和光源谱宽的函数。单模光纤一般发生光信号的劣化非常小，它支持长距离传输；而多模光纤会发生严重的光信号劣化，故它适用于短距离传输。

光接收机位于光纤链路的终端。光信号一旦到达光纤链路的终端，光信号必须通过另一个光耦合器使光直接对准光电检测器。光电检测器转换调制使光信号成为电信号。然而，由光电检测器输出的电信号一般非常弱，为了弱的电信号能够使用，需要采用预放大器进行放大处理，以便使电信号的幅度达到可以使用的电平。任何光接收机在其输出端必须完成对原始信号的清晰复制功能。有时复制的原始信号还被送入数据处理层，完成解复用、纠错和路由功能。

随着微电子（光）器件技术、计算机技术和通信技术不断进步，大大推动了社会信息化的进程。同时，促进简单的光纤通信系统向着复杂的光纤通信系统发展。例如，光纤通信系统要实现高速率、大容量和远距离的通信，必须采用单纵模激光器、外调制器、光放大器、色散补偿器、雪崩光电二极管等，即不同的光纤通信系统其实是由不同的光器件组成的。有关各种光器件的基本结构、工作原理和工作特性，可以详细阅读本书第4章光器件的相关内容。

1.2.3　光纤通信网络结构

1. 作用

光纤通信是由光纤通信系统和组网元件构成的光网络，实现信息传输和交换。光网络是由终端设备、光纤和组网光电元件等组成。因此，光网络兼有着两重含义：一是利用传输介质光纤实现大容量、长距离、高可靠性链路传输；二是利用具有光分插复用器（Optical Add Drop Multiplexer，OADM）或光交叉连接器（Optical Cross Connector，OXC）等光元件引入控制和管理机制，实现多节点之间的联网，以及针对资源与业务的灵活配置。

2. 结构演进

任何科学技术的发展总是经历一个从简单到复杂的过程，光网络结构演进也不例外。光网络结构发展经历了一个由简单的点到点、链形结构、环形结构向复杂的网状结构的发展过程。20 世纪 80 年代，光纤主要用于连接点到点的同步数字传输体系（Synchronous Digital Hierarchy，SDH）传输系统。这个光的点到点链路提供了一个光单跳连接，即在两个节点之间没有任何电的中间节点。光的点到点链路是光网络的雏形。图 1.3（a）所示的是用光的点到点链路连接两个地理位置不同的通信终端，以实现通信业务的传输和接收。在信号的发送端，电信号被转换为光信号，然后进入光纤中进行传输；在信号的接收端，到达的光信号被还原成电信号，再进行处理和储存。20 世纪 90 年代，最初由波分复用（Wave-length Division Multiplexing，WDM）技术组成的光网络也是链形结构，如图 1.3（b）所示。然而，WDM 技术赋予了链形 WDM 光网络较大的传输容量。

光网络结构由 SDH 的点到点至 WDM 链形演进既提高了光网络的通信容量，同时又降低了网络成本。WDM 网络向具有 OADM［见图 1.3（c）］所示环状转变，通过消除光电变换，既降低了节点成本又提高了容量。在 OADM 环网向 OXC［见图 1.3（d）］所示的网状网变化时，OXC 既赋予了光网络组网灵活性又提高了可靠性。光网络结构由简单的链形结构向环形结构和网状网结构的发展过程恰好客观地反映了通信容量增大、网络可靠性增强、系统成本降低的通信技术进步。

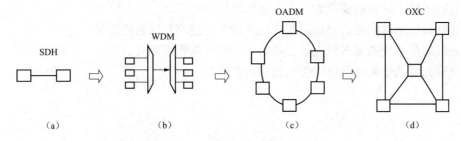

图 1.3　光通信网络结构演进

（a）点到点；（b）链形；（c）环形；（d）网状网

　　光传送网（Optical Transport Network，OTN）所指的是在中间节点具有光波长上下或交叉连接能力的 WDM 光网络。OTN 通常是光通路交换网络，它是在节点处，以波长信道为颗粒来完成的。因此，OTN 也被称为波长路由网络。在波长路由网络中，光通路相当于波长信道。OTN 是针对干线向着 Tbit/s 方向发展的需求研制出的光传送网。就光波长传输和交换原理而言，OTN 非常适用于构建各个层次的光网络，不仅适合 DWDM 长途核心网，而且可以使用于 WDM 城域光网络和光纤接入光网络。

　　从光网络的管理角度看，光网络经历了由 SDH、DWDM 和 OTN 向着自动光交换网络（Automatically Switched Optical Network，ASON）发展。如图 1.4 所示为光网络的结构与功能的演进过程。它赋予 SDH 强大的管理能力；使 DWDM 为业务调度和回复保护提供了透明通道；让 OTN 能够进行波长上下和交叉连接；通过 ASON 赋予光网络智能化的动态管理能力，将静态光网络变换为动态光网络，从而大大地提高了业务调度和恢复保护能力。因此，ASON 正在受到全世界的光网络研究人员和网络运营商的高度关注。

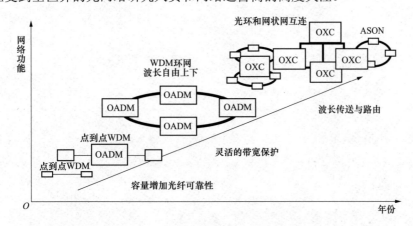

图 1.4　光网络结构与功能的演进

习　　题

1. 什么是光纤通信？
2. 光纤通信的优缺点是什么？
3. 光纤通信为什么能够成为一种主要的通信方式？
4. 光纤通信系统的通信容量是怎么定义的？它受哪些因素的限制？
5. 光纤通信系统的基本组成是怎样的？各部分的作用是什么？
6. 现有光纤通信系统所使用的光波长有哪些？

第 2 章　光 纤 基 本 理 论

什么是光纤通信？光纤通信具有哪些优点？光纤通信包括哪些技术？目前光纤通信的应用情况如何？

简单地说，光纤通信是利用一种特殊的石英玻璃光导纤维传输光波信号的通信方式。它是以石英光纤作为传输介质、光波作为信息载体进行的通信。

当然，要使光波成为携带信息的载体，必须对之进行调制，在接收端再把信息从光波中检测出来。与电缆通信、微波通信等其他的通信技术相比较，光纤通信在容量上具有较大的优势。

光纤通信作为现代通信的主要传输手段，在现代通信网中起着重要的作用。自 20 世纪 70 年代初光纤通信问世以来，整个通信领域发生了革命性的变革，使高速率、大容量的通信成为现实。为了使读者在深入学习之前对光纤通信有个基本了解，本章将对光纤结构，几何光学及波动光学的方法分析，光传输机理，光纤特性，光纤、光缆的制造等内容展开讨论。

2.1　光 纤 的 结 构

2.1.1　光纤的结构

光纤的典型结构是多层同轴圆柱体，如图 2.1 所示，自内向外为纤芯、包层和涂敷层。核心部分是纤芯和包层，其中纤芯由高度透明的材料制成，是光波的主要传输通道；包层的折射率略小于纤芯，使光的传输性能相对稳定。纤芯粗细、纤芯材料和包层材料的折射率，对光纤的特性起决定性影响。涂敷层包括一次涂敷、缓冲层和二次涂敷，能够保护光纤不受水汽的侵蚀和机械的擦伤，同时又增加光纤的柔韧性，起着延长光纤寿命的作用。

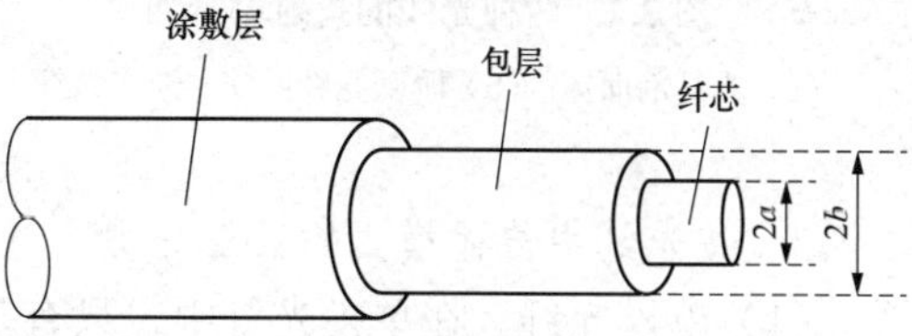

图 2.1　光纤的基本结构

2.1.2　光纤的分类

目前，光纤的分类主要有三种分类方法：一是按光纤的原材料不同分类；二是按光纤横截面上折射率分布的规律不同分类；三是按光纤中传播模式的数量分类。

1. 按光纤的原材料不同分类

（1）石英光纤。这种光纤的纤芯和包层均由高纯度的 SiO_2 经掺有适当的杂质制成。石英光纤的损耗低，强度及可靠性高，但价格也较高。目前，石英光纤应用最广泛，我国在通信中使用的是石英光纤。

（2）多组分玻璃光纤。如用钠玻璃（SiO_2、Na_2O、CaO）经适当掺杂制成。这种光纤的损耗度低，但可靠性较差。

（3）塑料包层光纤。其纤芯用 SiO_2 制成，包层用硅树脂制成。

（4）全塑光纤。其纤芯和包层均用塑料制成。此类光纤损耗较大，可靠性较差，但价格较低。

2. 按光纤横截面上折射率分布的规律不同分类

（1）阶跃折射率光纤。纤芯介质的折射率是均匀分布的，在纤芯与包层的分界面处，折射率发生突变。它的剖面折射率分布如图 2.2（b）所示。图 2.2（a）所示为光纤的横截面图，其纤芯直径为 $2a$，包层直径为 $2b$。

（2）渐变折射率光纤。这种光纤的折射率在纤芯中连续变化，在纤芯与包层的分界面处，折射率恰好等于包层介质的折射率。它的剖面折射率分布如图 2.2（c）所示。此外，还有三角型折射率光纤、双包层光纤和四包层光纤等，单模光纤的折射率分布形式如图 2.3所示。

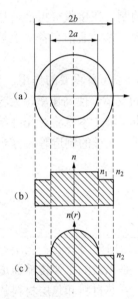

图 2.2　两种光线的折射率分布

（a）光纤剖面图；（b）阶跃光纤；（c）渐变光纤

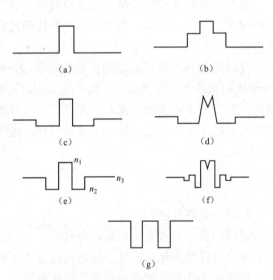

图 2.3　单模光纤的折射率分布形式

（a）阶跃型；（b）上凸型双包层；（c）下凹型双包层；
（d）三角形；（e）W 型；（f）四包层；（g）纯硅芯

3. 按光纤中传播模式的数量分类

（1）单模光纤。在单模光纤中，只有基模可以传输。单模光纤适用于长距离、大容量的光纤通信系统。单模光纤的光线轨迹如图 2.4（a）所示。

（2）多模光纤。在一定的工作波长下，光纤除了传播基模之外，还可以同时传输其他模式。

多模光纤可采用阶跃折射率分布（称为多模阶跃折射率光纤），也可以采用渐变折射率分布（称为多模渐变折射率光纤）。而单模光纤常采用阶跃折射分布（称为单模阶跃折射率光纤）。如图 2.4（b）、（c）所示，多模光纤适用于中距离、中容量的光纤通信系统。

就石英光纤而言，大体可分为多模阶跃折射率光纤、多模渐变折射率光纤和单模阶跃折射率光纤三种类型。这也是目前国内常用的三种类型的光纤。随着光纤通信技术的快速发展，新的光导纤维不断地研究出来，不久的将来光纤的分类方法也许会发生变化。

2.1.3　多模阶跃折射率光纤的射线光学理论分析

分析光纤导光原理有两种基本的研究方法。

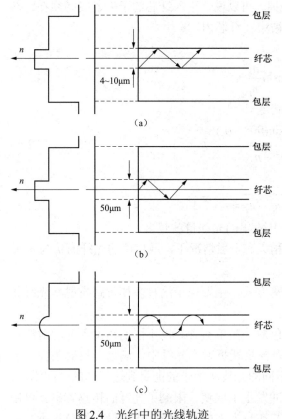

图 2.4 光纤中的光线轨迹

（a）单模光纤；（b）多模阶跃型光纤；

（c）多模渐变型光纤

1．射线理论法

射线理论法简称射线法，又称几何光学法。当光波波长 λ 远小于光纤（光波导）的横向尺寸时，光可以用一条表示光波的传播方向的几何线来表示，这条几何线即称为光射线。用光射线来研究光波在光纤中导光原理的分析方法，即称为射线法。显然，这是一种比较简单、直观的分析方法。

2．波动理论法

波动理论法又称波动光学法。这种方法是一种较为严格、全面的分析方法，根据电磁场理论对光波导的基本问题进行求解。

本节将主要利用射线法分析多模阶跃折射率光纤的导光原理，2.2 节将采用波动理论法进行分析。

光信息在光纤中传输时，为了减少损耗，必须尽可能地不要发生折射等损耗，因此，全反射现象是光纤传输的基础。光纤的导光特性基于光射线在纤芯和包层界面上的全反射，使光纤限制在纤芯中传输。

在多模阶跃折射率光纤的纤芯中，光波（光射线）沿直线传输，在纤芯与包层的分解面处发生全反射而使能量集中在纤芯之内。光纤中有两种光线，即子午光线和斜射光线。子午光线是位于子午面（过光纤轴线的平面）上的光线，而斜射光线是不经过光纤轴线传输的光线。

光纤的纤芯和包层采用相同的基础材料 SiO_2，然后掺入各种不同的杂质，使得纤芯中的折射率指数 n_1 高于包层中的折射率指数 n_2，它们的差很小。n_1 和 n_2 的差的大小直接影响光纤的性能，这里，首先定义光纤的相对折射率差，这一参数表示它们的相差程度

$$\Delta = \frac{n_1^2 - n_2^2}{2n_1^2} \tag{2.1}$$

当 n_1 和 n_2 差距极小时，这种光纤称为弱波导光纤，弱波导光纤的 Δ 一般小于 1%，所以 Δ 可近似表示为

$$\Delta \approx \frac{n_1 - n_2}{n_1} \approx \frac{n_1 - n_2}{n_2} \tag{2.2}$$

因为 $n_1 > n_2$，所以在芯包界面存在着临界角 ϕ_c。图 2.5 为阶跃光纤的子午光线。当光线在芯包界面上的入射角 ϕ 大于 ϕ_c 时，将产生全反射。若 ϕ 小于 ϕ_c，入射光一部分反射，一部分通过界

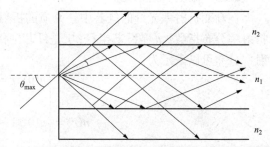

图 2.5 阶跃光纤的子午光线

面进入包层，经过多次反射后，光很快就会衰减掉。可以说，进入纤芯的子午射线必须在纤芯与包层的分界面处发生全反射，才可使光能量被束在纤芯内。

根据全反射条件，应有

$$\phi_{c} = \arcsin \frac{n_2}{n_1} \tag{2.3}$$

那么，光在纤芯端面的最大入射角 θ_{max} 应满足

$$\sin\theta_{max} = n_1 \sin(90° - \phi_c) \\ = \sqrt{n_1^2 - n_2^2} \tag{2.4}$$

由此可以定义光纤的数值孔径为

$$NA = \sin\theta_{max} = \sqrt{n_1^2 - n_2^2} \approx n_1\sqrt{2\Delta} \tag{2.5}$$

由式（2.5）可见，光纤的数值孔径越大，其收集的光能量就越多。

斜射线的数值孔径比子午射线的数值孔径稍大。一般情况下，通信用的光纤的 n_1 与 n_2 差别较小（称为弱导光纤），其数值孔径也较小。

我国通用的是多模阶跃折射率光纤中的传输方式，主要由于这种多模阶跃折射率光纤传输信息量大、光纤制造容易、成本较低等原因。

从子午线出发，还可得出有关光纤中模式色散的简单概念。以不同的角度入射的射线将在光纤中形成不同的模式，如图 2.4 所示。在多模阶跃折射率光纤中，满足全反射条件，但入射角不同的光线传输路径是不同的，结果使不同的光线所携带的能量到达终端的时间不同，存在着时延差，即模式色散，从而使传输的脉冲发生了展宽，限制了光纤的传输容量。可用最大群时延差粗略地表示模式色散的程度。假若在长为 L 的光纤中，走得最快的模式所用的时间为 τ_{min}，走得最慢的模式所用的时间为 τ_{max}，则最大群时延差为

$$\Delta\tau_{max} = \tau_{max} - \tau_{min} = \frac{\frac{L}{\sin\phi_c} - L}{\frac{c}{n_1}} = \frac{Ln_1}{c}\frac{n_1 - n_2}{n_2} \approx \frac{\Delta Ln_1}{c} \tag{2.6}$$

单位长度光纤的最大群时延差为

$$\Delta\tau_{max} \approx \frac{\Delta n_1}{c} \tag{2.7}$$

从式（2.7）中可以看出，最大群时延差与相对折射率差 Δ 成正比，使用弱导波光纤有助于减少模式色散。时延差限制了多模阶跃折射率光纤的传输带宽。为此，人们研制了渐变折射率光纤。

2.1.4　渐变折射率光纤

在渐变折射率光纤的纤芯中，介质的折射率随离开轴线的距离呈方幂规律变化。设 g 是折射率分布指数；a 是纤芯半径；r 是纤芯中任意一点到轴心的距离。则渐变折射率光纤的折射率分布可以表示为

$$n(r) = \begin{cases} n(0), r = 0 \\ n(0)\left[1 - 2\Delta\left(\frac{r}{a}\right)^g\right]^{\frac{1}{2}}, r < a \\ n_2, r \geq a \end{cases} \tag{2.8}$$

式中：Δ 定义为多模渐变折射率光纤中的相对折射率差 $\Delta = [n^2(0) - n_2^2] / 2n^2(0)$，$n(0)$、$n_2$ 分别是 $r = 0$ 处的折射率和包层的折射率。

　　适当地选择纤芯介质折射率的分布形式（改变 g 值），可以使入射角不同的光射线有大致相等的时延，从而大大减小群时延差、减小光纤的模式色散，改善渐变折射率光纤的频率特性。在一般情况下，渐变折射率光纤中也可以存在两种形式的光射线：子午射线和斜射线。在渐变折射线光纤中，光射线的传输路径不再是折线，而是连续、弯曲的曲线。

　　图 2.6 所示的渐变折射率光纤中的子午射线，以不同入射角进入纤芯的光射线在光纤中传过同一距离时，靠近光纤轴线的射线所走的路程短，而远离轴线所走的路程长。由于纤芯折射率是渐变的，$n(r)$ 随 r 的增加而减小，所以近轴处的光速慢，远轴处的光速快。当折射率分布指数 g 取最佳时，就可以使全部子午射线以同样的轴向速度在光纤中传输，这对模式色散起了均衡作用，从而消除模式色散，这种现象称为自聚焦，光纤称为自聚焦光纤。

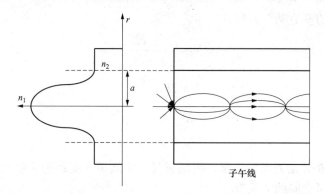

图 2.6　渐变折射率光纤中的子午射线

　　由于渐变折射率光纤纤芯中的折射率是随 r 变化的，所以子午线不是直线而是曲线，在渐变折射率光纤中，光射线是靠光的折射原理而发生弯曲的。渐变折射率光纤中的斜射线是不经过光纤轴的空间曲线，它也是根据折射原理而弯曲的。

　　分析指出，如果光纤的折射率分布采取双曲正割函数的分布，所有的子午射线具有完善的自聚焦性质，即从光纤端面入射的子午射线经过适当的距离会重新汇聚到一点，这些光线具有相同的时延。纤芯折射率分布为

$$n(r) = n(0)\,\text{sech}(ar) \tag{2.9}$$

　　分析渐变折射率光纤中的射线传输轨迹时，可采用射线方程，可以由已知的折射率分布和初始条件求出射线的轨迹。射线的方程为

$$\frac{\text{d}}{\text{d}s}\left(n\frac{\text{d}\vec{r}}{\text{d}s} \right) = \nabla n \tag{2.10}$$

式中：$\vec{r}$ 为轨迹上某一点的位置矢量；s 为射线的传输轨迹；$\text{d}s$ 为沿轨迹的距离单元；∇n 为折射率的梯度。

　　由于渐变折射率光纤纤芯折射率是变化的，所以纤芯端面上不同点的集光能力不同，因此在渐变折射率光纤中引入了本地数值孔径的概念，它是指光纤端面上某一点的数值孔径，表征了渐变折射率光纤端面上某一点的集光能力的大小，即光纤收集光功率的能力。其表达式为

$$NA(r) = \sqrt{n^2(r) - n_2^2} \tag{2.11}$$

本地数值孔径与该点的折射率有关，该点的折射率越大，本地数值孔径就越大。比较多模阶跃折射率光纤与渐变折射率光纤的数值孔径可知，多模阶跃折射率光纤的数值孔径较小，渐变折射率光纤的数值孔径较大，而传输条件相同。数值孔径的大小也反映出传输信息能力的强弱。

2.2　阶跃折射率光纤的波动光学理论

2.2.1　波动方程

由物理电磁学知识知道，当电磁场随时间做简谐规律变化，并在各向同性、无源的均匀介质中传播时，麦克斯韦方程式表示为复数形式，而且电流密度矢量 $J = 0$，电荷密度 $\rho = 0$，这时复数微分形式的麦克斯韦方程式表示为

$$\nabla \times \boldsymbol{E} = -\frac{\partial \boldsymbol{B}}{\partial t} \tag{2.12}$$

$$\nabla \times \boldsymbol{H} = \frac{\partial \boldsymbol{D}}{\partial t} \tag{2.13}$$

$$\nabla \cdot \boldsymbol{D} = 0 \tag{2.14}$$

$$\nabla \cdot \boldsymbol{B} = 0 \tag{2.15}$$

式中：$\boldsymbol{E}$、$\boldsymbol{H}$、$\boldsymbol{D}$、$\boldsymbol{B}$ 分别为电场矢量、磁场矢量、电通量密度和磁通量密度。电通量密度和磁通量密度与场矢量之间的关系有

$$\boldsymbol{D} = \varepsilon \boldsymbol{E} \tag{2.16}$$

$$\boldsymbol{B} = \mu \boldsymbol{H} \tag{2.17}$$

式中：μ 为材料的磁导率，在真空中为 μ_0；ε 为材料的介电常数，在真空中为 ε_0。

光纤是一种介质光波导，这种波导具有无传导电流、无自由电荷和线性各向同性的特点。在光纤中传播的电磁波满足上述麦克斯韦方程组。

定量讨论电磁波的传播，需要根据麦克斯韦方程式推到出只用 $\boldsymbol{E}$ 或 $\boldsymbol{H}$ 表示的波动方程式，当所研究的电磁场随时间做简谐变化时，这时的波动方程称为亥姆霍兹方程式，推导如下：

应用式（2.12）～式（2.17）及矢量恒等式

$$\nabla \times \nabla \times \boldsymbol{E} = \nabla \nabla \cdot \boldsymbol{E} - \nabla^2 \boldsymbol{E}$$

得到电场和磁场的波动方程为

$$\nabla^2 \boldsymbol{E} + \nabla \left(\boldsymbol{E} \cdot \frac{\nabla \varepsilon}{\varepsilon} \right) = \mu \varepsilon \frac{\partial^2 \boldsymbol{E}}{\partial t^2} \tag{2.18}$$

$$\nabla^2 \boldsymbol{H} + \left(\frac{\nabla \varepsilon}{\varepsilon} \right) \times (\nabla \times \boldsymbol{H}) = \mu \varepsilon \frac{\partial^2 \boldsymbol{H}}{\partial t^2} \tag{2.19}$$

在光纤中介电常数的变化非常缓慢，可以近似认为 $\Delta \varepsilon \approx 0$，这时波动方程可以简化为

$$\nabla^2 \boldsymbol{E} = \mu_0 \varepsilon \frac{\partial^2 \boldsymbol{E}}{\partial t^2} \tag{2.20}$$

$$\nabla^2 \boldsymbol{H} = \mu_0 \varepsilon \frac{\partial^2 \boldsymbol{H}}{\partial t^2} \tag{2.21}$$

如果电磁场做简谐振荡，由波动方程可以推出均匀介质中的矢量亥姆霍兹方程，即

$$\nabla^2 \boldsymbol{E} + k_0^2 n^2 \boldsymbol{E} = 0 \tag{2.22}$$

$$\nabla^2 \boldsymbol{H} + k_0^2 n^2 \boldsymbol{H} = 0 \tag{2.23}$$

式中：$k_0 = \dfrac{2\pi}{\lambda}$ 为真空中的波数；λ 为真空中的光波波长；n 为介质的折射率。

在直角坐标系中，$\boldsymbol{E}$、$\boldsymbol{H}$ 的 x、y、z 分量均满足标量的亥姆霍兹方程，即

$$\nabla^2 \psi + k_0^2 n^2 \psi = 0 \tag{2.24}$$

式中：ψ 代表 $\boldsymbol{E}$ 或 $\boldsymbol{H}$ 的各个分量。

2.2.2 波动方程的解和光纤中的模式

在光纤的分析中，求上述亥姆霍兹方程满足边界条件的解，即可得到光纤中的场的解答。求解的方法主要有两种：标量近似解和矢量解。

分析阶跃光纤时，假设光纤里的横向（非光传输的方向）电磁场的幅度满足标量亥姆霍兹方程，求出近似解。这是一种近似，其前提是光纤的相对折射率差 Δ 很小。Δ 很小的光纤称作弱导波光纤，一般阶跃光纤可以满足这一条件。分析渐变光纤时，假设包层的尺寸无穷，边界不起作用，然后假设横向（非光传输的方向）电磁场的幅度满足标量亥姆霍兹方程，求出标量近似解。采用标量近似解法可以得到光纤中各个模式的传输系数、模式的截止条件、单模传输条件、多模传输时的模式数量和模式功率分布等的简便计算公式。还可以利用这一方法来分析光纤的色散特性。采用标量近似解得到的光纤中的模式为标量模。这种方法可使分析大为简化，其结果也比较简单，便于应用。

矢量解是求满足边界条件的矢量亥姆霍兹方程的解答。矢量解中各个分量在直角坐标系中都满足标量的亥姆霍兹方程。而在圆柱坐标系统中，除 E_z、H_z 外，其他横向分量都不满足标量的亥姆霍兹方程。因而矢量解法是从解 E_z、H_z 的标量亥姆霍兹方程入手，再通过场的横向分量与纵向分量的关系，求其他分量。

在分析阶跃光纤时，纤芯和包层的折射率都是均匀的，所以矢量解是严格的分析方法，它可以得到精确的模式及分布，但是比较复杂。

对于渐变光纤，需要作一些近似假设，分析仍然十分复杂，需进行数值计算。

采用矢量解得到的光纤中的模式为矢量模式。

1. 标量解

当光纤的包层和纤芯的折射率差别极小时，称为弱导波光纤，其比值为

$$\frac{n_2}{n_1} \approx 1$$

芯包界面上全反射的临界角 $\phi_c = \sin^{-1}\left(\dfrac{n_1}{n_2}\right) \approx \dfrac{\pi}{2}$。若要在光纤中形成导波，射线的入射角需大于全反射的临界角 ϕ_c，所以射线几乎是与光纤的轴平行前进的。这样的波类似于一个横电磁波（TEM 波），它有下列特点。

（1）由于电磁场是与波矢量垂直的，因而与光纤轴近于垂直。其轴向场分量 E_z、H_z 极小，横向场分量 E_t、H_t 占优势。

（2）边界的存在只是构成内部全反射，并不影响场的偏振态，因而场的横向分量是线偏

振的。总可选取直角坐标系，使 x、y 轴的取向与场的横向分量重合，这样场的横向分量将只有 E_x 或 H_x 分量，且横向电场与横向磁场之间，由波阻抗 $Z = \sqrt{\dfrac{\mu_0}{\varepsilon}}$ 相联系，不管波导的边界如何，都是如此。

（3）考虑上述近似时，横向电场和横向磁场都满足标量波动方程，故相应的解法，称为标量近似解。

（4）上述各分量（包括横向场分量和轴向场分量）在波导边界上连续。

阶跃光纤的截面如图 2.7（a）所示。为了简化问题，近似认为包层伸展到无限远处。这样近似的合理性在于：纤芯外导波场是随离开界面的距离而迅速衰减的。如果包层半径足够大（实际如此），在 $r \geq b$ 处，导波场已衰减到很小，因而作这样的近似对纤芯中及其附近的场不会引起太大的误差。在讨论两光纤的横向耦合问题时，则不能作这样的近似。

图 2.7（b）中给出了圆柱坐标系，r、θ、z 为圆柱系中的 3 个坐标，$\boldsymbol{a}_r$、$\boldsymbol{a}_\theta$、$\boldsymbol{a}_z$ 为相应方向的单位矢量。这里采用圆柱坐标是为了便于应用边界条件。

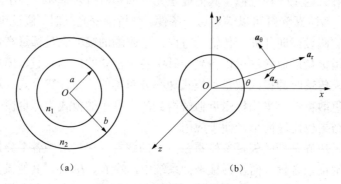

图 2.7　阶跃光纤的结构及坐标

（a）截面；（b）圆柱坐标

选择横向电场的偏振方向沿 Y 轴方向，它满足标量亥姆霍兹方程，即

$$\nabla^2 E_y + k_0^2 n^2 E_y = 0 \tag{2.25}$$

将式（2.25）在圆柱坐标系统中展开，得到

$$\frac{\partial^2 E_y}{\partial r^2} + \frac{1}{r}\frac{\partial E_y}{\partial r} + \frac{1}{r^2}\frac{\partial^2 E_y}{\partial \theta^2} + \frac{\partial^2 E_y}{\partial Z^2} + K_0^2 n^2 E_y = 0 \tag{2.26}$$

在纤芯和包层中，n 是不同的。将 n_1、n_2 分别代替式中的 n 就可以得到纤芯和包层中的对应方程。解此方程使其满足光纤的边界条件，即得到 E_y 的解。

式（2.26）是二阶三维偏微分方程，可用变量分离法求解。将 E_y 的解写成 3 个变量乘积的形式，即

$$E_y = A R(r) \Theta(\theta) Z(z) \tag{2.27}$$

式中：$R(r)$、$\Theta(\theta)$、$Z(z)$ 分别为 r、θ、z 的函数，它们分别表示 E_y 随 3 个坐标变化的情况，A 是常数。从物理概念出发可直接写出 $\Theta(\theta)$、$Z(z)$ 的形式。

$Z(z)$ 表示导波沿光纤轴向的变化规律。因导波是沿 Z 向传输的，它沿该方向呈行波状态。用 β 表示其相位常数，则

$$Z(z) = \exp(-j\beta z) \tag{2.28}$$

$\Theta(\theta)$ 表明 E_y 沿圆周方向的变化规律，E_y 沿该方向应该是驻波状态，是以 2π 为周期的函数，因而可写成

$$\Theta(\theta) = \begin{cases} \cos m\theta \\ \sin m\theta \end{cases} \tag{2.29}$$

当 θ 变化 2π 时，场又重复原来的数值。为了在边界上进行匹配，纤芯和包层中的 $\Theta(\theta)$ 函数应按同样规律变化。

将式（2.27）、式（2.28）、式（2.29）代入式（2.26）的亥姆霍兹方程，并考虑纤芯和包层中的折射率各为 n_1 和 n_2，则得

$$r^2 \frac{d^2 R(r)}{dr^2} + r \frac{dR(r)}{dr} + [(K_0^2 n_1^2 - \beta^2)r^2 - m^2]R(r) = 0, \; r \leqslant a \tag{2.30a}$$

$$r^2 \frac{d^2 R(r)}{dr^2} + r \frac{dR(r)}{dr} + [(K_0^2 n_2^2 - \beta^2)r^2 - m^2]R(r) = 0, \; r \geqslant a \tag{2.30b}$$

对于导波而言，在纤芯中应是振荡解，而在包层中应是衰减解。经过数学处理，将纤芯和包层中的方程分别化为标准的贝塞尔方程和虚宗量的贝塞尔方程。其形式为

$$x^2 \frac{d^2 R}{dx^2} + x \frac{dR}{dx} + (x^2 - m^2)R = 0, \; r \leqslant a \tag{2.31a}$$

$$x^2 \frac{d^2 R}{dx^2} + x \frac{dR}{dx} - (x^2 + m^2)R = 0, \; r \geqslant a \tag{2.31b}$$

其中 $x^2 > 0$。在纤芯中，$x = \sqrt{n_1^2 k_0^2 - \beta^2} \cdot r$；在包层中 $x = \sqrt{\beta^2 - n_2^2 k_0^2} \cdot r$。因而有 $\beta^2 < n_1^2 k_0^2$，$\beta^2 > n_2^2 k_0^2$，$n_2 k_0 < \beta < n_1 k_0$，它指出了导波相位常数 β 的变化范围。

贝塞尔方程有不同形式的解，取什么解要根据物理意义来确定。导波在纤芯中应是振荡解，故取贝塞尔函数；在包层中应是衰减解，故取第二类修正的贝塞尔函数。于是 $R(r)$ 可写为

$$R(r) = J_m[(n_1^2 k_0^2 - \beta^2)^{1/2} r] \; r \leqslant a \tag{2.32a}$$

$$R(r) = K_m[(\beta^2 - n_2^2 k_0^2)^{1/2} r] \; r \geqslant a \tag{2.32b}$$

式中：J_m 和 K_m 分别为 m 阶贝塞尔函数和 m 阶第二类修正的贝塞尔函数。这两种函数的曲线表示如图 2.8 所示。

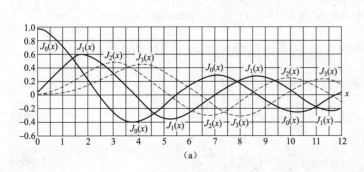
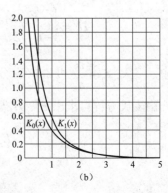

图 2.8　贝塞尔函数和修正贝塞尔函数曲线

（a）贝塞尔函数曲线；（b）第二类修正贝塞尔函数曲线

下面引入光纤的几个重要参数：归一化径向相位常数 U 和归一化径向衰减常数 W

令
$$U = \sqrt{n_1^2 k_0^2 - \beta^2} \cdot a \tag{2.33a}$$

$$W = \sqrt{\beta^2 - n_2^2 k_0^2} \cdot a \tag{2.33b}$$

式中：U 为导波的归一化径向相位常数，W 为作导波的归一化径向衰减常数，它们各表示在光纤的纤芯和包层中导波场沿径向的变化情况。

由 U 和 W 可引出光纤的另一个参数——归一化频率。求 U 和 W 的平方和，则

$$U^2 + W^2 = (n_1^2 - n_2^2) k_0^2 a^2 = 2\Delta n_1^2 k_0^2 a^2$$

令

$$V = \sqrt{U^2 + W^2} = \sqrt{n_1^2 - n_2^2} k_0 a = \sqrt{2\Delta} n_1 k_0 a \tag{2.34}$$

式中：V 为光纤的归一化频率，它概括了光纤的结构参数（a, Δ, n_1）及工作波长（包含在 $k_0 = \dfrac{2\pi}{\lambda_0}$ 中），是一个重要的综合性参数，光纤的很多特性都与光纤归一化频率 V 有关。

将 $R(r)$、$\Theta(\theta)$、$Z(z)$ 代入式（1.27），可得

$$E_y = \exp(-\mathrm{j}\beta z)\cos m\theta \begin{cases} A_1 J_m(Ur/a) & r \leqslant a \\ A_2 K_m(Wr/a) & r \geqslant a \end{cases} \tag{2.35}$$

这里 $\Theta(\theta)$ 取余弦函数的解。

利用光纤的边界条件可确定式（1.35）中的常数。首先利用边界条件找出 A_1、A_2 之间的关系。在 $r=a$ 处，利用 $\boldsymbol{E}_1 = \boldsymbol{E}_2$ 的边界条件，可得

$$A_1 J_m(U) = A_2 K_m(W) = A \tag{2.36}$$

即
$$A_1 = A/J_m(U), A_2 = A/K_m(W)$$

代入式（2.35）中，得

$$E_y = A\exp(-\mathrm{j}\beta z)\cos m\theta \begin{cases} J_m(Ur/a)/J_m(U) & r \leqslant a \\ K_m(Wr/a)/K_m(W) & r \geqslant a \end{cases} \tag{2.37}$$

横向磁场只包含 H_x 分量，可根据 E_y 直接写出，

$$H_x = \begin{cases} -\boldsymbol{E}_y/Z_1 = (-An_1/Z_0)\left[J_m(Ur/a)/J_m(U)\right]\cos m\theta & r \leqslant a \\ -\boldsymbol{E}_y/Z_2 = (-An_2/Z_0)\left[K_m(Wr/a)/K_m(U)\right]\cos m\theta & r \geqslant a \end{cases} \tag{2.38}$$

其中，Z_0、$Z_1 = \dfrac{z_0}{n_2}$ 和 $Z_2 = \dfrac{z_1}{n_2}$ 分别是自由空间、纤芯和包层中平面波的波阻抗。

由麦氏方程可求出 E_z、H_z 与 E_y、H_x 之间的关系，即

$$E_z = (\mathrm{j}/\omega\varepsilon)\frac{\mathrm{d}\boldsymbol{H}_x}{\mathrm{d}y} = (\mathrm{j}Z_0/k_0 n^2)\frac{\mathrm{d}\boldsymbol{H}_x}{\mathrm{d}y} \tag{2.39a}$$

$$H_z = (\mathrm{j}/\omega\mu_0)\frac{\mathrm{d}\boldsymbol{E}_y}{\mathrm{d}y} = (\mathrm{j}/Z_0 k_0)\frac{\mathrm{d}\boldsymbol{E}_y}{\mathrm{d}x} \tag{2.39b}$$

将 E_y、H_x 代入式（1.39a）、式（1.39b），即可求出 E_z、H_z。

$$E_z = (jA/2k_0a) \begin{cases} (U/n_1)[J_{m+1}(Ur/a)/J_m(U)]\sin(m+1)\theta \\ +(U/n_1)[J_{m-1}(Ur/a)/J_m(U)]\sin(m-1)\theta \qquad r \leqslant a \\[2ex] (W/n_2)[K_{m+1}(Wr/a)/K_m(W)]\sin(m+1)\theta \\ -(W/n_2)[K_{m-1}(Wr/a)/K_m(W)]\sin(m-1)\theta \qquad r \geqslant a \end{cases} \tag{2.40}$$

$$H_z = (-jA/2k_0aZ_0) \begin{cases} (U/n_1)[J_{m+1}(Ur/a)/J_m(U)]\cos(m+1)\theta \\ -(U/n_1)[J_{m-1}(Ur/a)/J_m(U)]\cos(m-1)\theta \qquad r \leqslant a \\[2ex] (W/n_2)[K_{m+1}(Wr/a)/K_m(W)]\cos(m+1)\theta \\ +(W/n_2)[K_{m-1}(Wr/a)/K_m(W)]\cos(m-1)\theta \qquad r \geqslant a \end{cases} \tag{2.41}$$

推导 E_z、H_z 的表示式时，用了圆柱坐标和直角坐标的变换关系，即

$$r^2 = x^2 + y^2 \qquad \tan\theta = \frac{y}{x}$$

$$\frac{\partial r}{\partial y} = \sin\theta \qquad \frac{\partial \theta}{\partial y} = \frac{\cos\theta}{r}$$

（1）标量解的特征方程。特征方程根据边界条件得出。在 $r = a$ 处，令 $E_{z1} = E_{z2}$，得

$$f(U/n_1)[J_{m+1}(U)/J_m(U)]\sin(m+1)\theta + (U/n_1)[J_{m-1}(U)/J_m(U)]\sin(m-1)\theta$$
$$= (W/n_2)[K_{m+1}(W)/K_m(W)]\sin(m+1)\theta - (W/n_2)[K_{m-1}(W)/K_m(W)]\sin(m-1)\theta \tag{2.42}$$

忽略 n_1 和 n_2 间的微小差别，令 $n_1 = n_2 = n$，由式（2.42）可得到下面两个等式，即

$$U J_{m+1}(U)/J_m(U) = W K_{m+1}(W)/K_m(W) \tag{2.43a}$$

$$U J_{m-1}(U)/J_m(U) = -W K_{m-1}(W)/K_m(W) \tag{2.43b}$$

式（2.43）的两等式实际上是相同的，可选用其一，这就是弱导波光纤标量解的特征方程。可以从中解出 U（或 W），进而确定 W（或 U）和相位常数 β，从而决定光纤中的场及其特性。式（2.43）是超越方程，需用数值法求解。

（2）标量模及其特性。

1）大 V 情况下的 U 值，LP_{nm} 模的命名法。

光纤中的 U 和 W 值是随归一化频率而变化的，因而其中的场也是随 V 值而变化的。首先讨论归一化频率值很大的情况。在极限情况下，$V \to \infty$。由于 $V = 2\pi n_1\sqrt{2\Delta}\dfrac{a}{\lambda_0}$，所以 $\dfrac{a}{\lambda_0} \to \infty$。此时，光波相当于在折射率为 n_1 的无限大空间传播，其相位常数 $\beta \to k_0 n_1$，于是

$$W = (\beta^2 - k_0^2 n_2^2)^{1/2} a = k_0^2(n_1^2 - n_2^2)^{1/2}a$$
$$= 2\pi(n_1^2 - n_2^2)^{1/2}a/\lambda_0 \to \infty \tag{2.44}$$

$K_m(W)$ 可采用大宗量近似表示式

$$K_m(W) = (\pi/2W)^{1/2}\exp(-W) \tag{2.45}$$

将之代入式（2.43b）就可得到相应的特征方程，即

$$U J_{m-1}(U)/J_m(U) = -W K_{m-1}(W)/K_m(W) = -W \to \infty \tag{2.46}$$

因而特征方程可简化为

$$J_m(U) = 0 \qquad (2.47)$$

由式（1.47）确定远离截止时的 U 值

$$U = \mu_{mn} \qquad (2.48)$$

式中：μ_{mn} 代表 m 阶贝塞尔函数的第 n 个根。m 代表贝塞尔函数的阶数，n 代表其根的序号，今将较低阶的 μ_{mn} 值列于表 2.1 中。

表 2.1　　　　　　　　　　大 V 值情况下的 LP_{mn} 模的 U 值

n	m		
	0	1	2
1	2.404 83	3.831 71	5.135 62
2	5.520 08	7.015 59	8.417 24
3	8.653 73	10.173 47	11.619 84

　　对于一对确定的 m、n 值，有一确定的 U 值，从而有确定的 W 及 β，对应着一确定的场分布和传播特性。这个独立的场就称作光纤中的一个模式，称这种模为标量模，记作 LP_{mn} 模。LP（linearly polarigztion）是线偏振的意思，它表示弱导波光纤中的模式基本上是线偏振波。下标 m 和 n 是模式的编号。例如，对 $m=0$、$n=1$，$U=\mu_{01}=2.404\,83$，为 LP_{01} 模；对 $m=1$、$n=1$，$U=\mu_{01}=3.831\,71$ 为 LP_{11} 模。余者依此类推。

　　在 LP_{mn} 模的表示法中，贝塞尔函数的阶数 m，根的序号 n 有明确的物理意义，它们表示对应模式的场在光纤横截面上的分布规律。由式（2.27）可知，LP_{mn} 模在纤芯的横向电场为

$$E_y = [A/J_m(U)]\cos m\theta J_m(Ur/a)\exp(-j\beta z)$$

　　其沿圆周及半径方向的分布规律各为

$$\Theta(\theta) = \cos m\theta$$

$$R(r) = J_m(Ur/a)$$

　　电场在圆周方向按余弦规律变化，其变化情况与 m 有关。m 表示场沿圆周的最大值有几对。沿半径方向，场按贝塞尔函数规律变化，其变化情况与 n 有关。n 表示场沿半径最大值的个数。m 和 n 决定了相应模式在横截面上的场分布。

　　以上给出的场分布，是 $V \to \infty$ 时的情况，此时场完全集中在纤芯中，在包层中的场为零。随着 V 值的减小，场将向包层中伸展。

　　2）LP_{mn} 模的截止条件，归一化截止频率和单模传输条件。

　　当某一模式截止时，LP_{mn} 已不能沿光纤有效传输。在光纤中，以径向归一化衰减常数 W 来衡量某一模式是否截止。对于导波，场在纤芯外是衰减的，$W^2 > 0$；当 $W^2 < 0$ 时，场在纤芯外不再衰减，此时能量已不能很好地集中在纤芯之中，这时的波叫作辐射波。而 $W=0$ 恰处于临界状态，以此作为导波截止的标志。将截止的 W 记为 W_c，$W_c = 0$。对应的归一化径向相位常数和归一化频率记作 U_c 和 V_c，于是得出下列关系，即

$$V_c^2 = U_c^2 + W_c^2 = U_c^2 \qquad (2.49a)$$

或

$$V_c = U_c \qquad (2.49b)$$

如果求出了 U_c，即可决定 V_c，从而决定了各模式的截止条件。

W 接近零时 $K_m(W)$ 近似式为

$$m = 0 \text{ 时}, \quad K_0(W) = \ln(2/W) \to \infty$$

$$m > 0 \text{ 时}, \quad K_m(W) = K_{-m}(W) = \frac{1}{2}(m-1)!(2/W)^m$$

可以证明特征方程（2.43b）的右端在任何 m 值时都为零，于是在截止情况下，不管 m 为何值都有

$$U_c J_{m-1}(U_c)/J_m(U_c) = 0 \qquad (2.50)$$

当 $U_c \neq C$ 时，得

$$J_{m-1}(U_c) = 0$$

特征方程简化成了很简单的形式。U_c 是 $m-1$ 阶贝塞尔函数的根。

当 $m = 0$ 时，$J_{-1}(U_c) = J_1(U_c) = 0$，可解出

$$U_c = \mu_{1,n-1} = 0, 3.831\,71, 7.015\,59, 10.173\,47 \cdots$$

下面将一些较低阶数 LP_{mn} 模截止时的 U_c 值列于表 2.2 中。

表 2.2　　　　　　　　　　截止情况下 LP_{mn} 模的 U_c 值

n ＼ m	0	1	2
1	0	2.404 83	3.831 71
2	3.831 71	5.520 08	7.015 59
3	7.015 59	8.653 73	10.173 47

LP_{01} 模截止时的 $V_c = U_c = 0$，说明这种模式没有截止现象，是光纤中的最低模，也称基模。第二个归一化截止频率较低的模式是 LP_{11} 模，称为二阶模，其 $V_c = U_c = 2.404\,83$。基模以外的模式统称为高次模。由归一化截止频率 V_c 可求出截止波长 λ_c，即

$$V_c = 2\pi n_1 a(2\Delta)^{1/2}/\lambda_c \qquad (2.51a)$$

$$\lambda_c = 2\pi n_1 a(2\Delta)^{1/2}/V_c \qquad (2.51b)$$

对某一光纤，每个模式，都对应一个截止波长 λ_c。当 $\lambda < \lambda_c$ 时，该模式可传输，而当 $\lambda > \lambda_c$ 时，该模式就截止了。

综合表 2.1、表 2.2 可知，LP_{mn} 模的 U 值是在 $m-1$ 阶贝塞尔函数第 n 个根和 m 阶贝塞尔函数的第 n 个根之间变化的。几个较低阶模式 U 值的变化范围如图 2.9 所示。

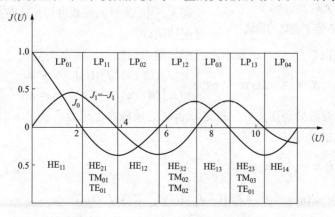

图 2.9　$m = 0.1$ 模式的 U 值变化范围

若光纤中只有一种传输模式，则叫单模光纤。这种光纤没有模式色散，其频带很宽，适用于长距离大容量的通信，是大力发展应用的光纤。

单模光纤的工作模式取最低模 LP_{01} 模。要保证单模传输，需高次模截止。这只要使归一化频率 V 小于二阶模 LP_{11} 模的归一化截止频率即可，即

$$V < V_c(LP_{11}) = 2.404\ 83 \tag{2.52}$$

3）相位常数 β 和归一化相位常数 b。

相位常数 β 描述各模式的传输特性，求出了 U 即可决定 β。β 随 V 值变化的，应找出 β-V 的变化关系。为了通用，常采用归一化相位常数 b。它的定义为

$$b = W^2/V^2 = (\beta^2 - k_0^2 n_2^2)/[(n_1^2 - n_2^2)k_0^2] \tag{2.53}$$

可用 b 表示 β，由式（2.53）得

$$
\begin{aligned}
\beta &= k_0[n_2^2 + (n_1^2 - n_2^2)b]^{1/2} \\
&= k_0 n_2[1 + (n_1^2 - n_2^2)b/n_2^2]^{1/2} \\
&\approx k_0 n_2(1 + 2\Delta b)^{1/2} \approx k_0[n_2 + (n_1 - n_2)b] \\
&\approx k_0[n_1 + (n_1 - n_2)b]
\end{aligned}
\tag{2.54}
$$

式（2.54）考虑了弱导波光纤的近似。

可以看出在弱导波光纤中，β 与 b 成正比。图 2.10 所示给出了 b-V 的关系曲线。每个模式有一对应的曲线。b 在 $0 \sim 1$ 的范围内变化：当导波截止时，$b = 0$；远离截止时，$b = 1$。

如已知 V，由曲线求得各模式的 b 值，根据式（2.55），即可计算出相应的 β。b-V 曲线对所有的阶跃光纤都适用，由此，可看出采用归一化相位常数的好处。

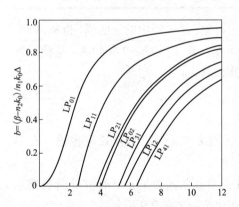

图 2.10　阶跃光纤 LP_{mn} 模的归一化相位常数 b 随 V 变化的曲线

以上只讨论了电场沿 y 方向偏振的 LP 模，并假定它沿圆周方向是按 $\cos m\theta$ 的规律变化的。实际上还存在与 E_y 互相垂直的 x 方向偏振的模场 E_x，这两种偏振模又都可选取 $\cos m\theta$ 或 $\sin m\theta$。因而，一个 LP_{mn} 模是包括 4 个简并模式的，为四重简并。当 $m=0$ 时，$\sin m\theta = 0$，此时，LP_{on} 模是两重简并的。

（3）LP 模的功率。计算各模式在纤芯和包层里的功率可以看出能量在纤芯里集中的程度。光在包层中的损耗大，因而光纤的衰减也与光功率在纤芯和包层中的分配情况有关。

由式（1.37）和式（1.38）可算出纤芯和包层中的轴向坡印亭矢量 S_z

$$S_z = (A^2/2z_0)\cos^2 m\theta \begin{cases} n_1[J_m^2(Ur/a)/J_m^2(U)] & r \leqslant a \\ n_2[K_m^2(Wr/a)/K_m^2(W)] & r \geqslant a \end{cases} \tag{2.55}$$

将轴向坡印亭矢量分别在光纤的纤芯和包层的横截面上积分，就可求出纤芯中传输的功率 P_i 和包层中传输的功率 P_0。

$$
\begin{aligned}
P_i &= -\frac{1}{2}\int_0^a\int_0^{2\pi} E_y H_x^* r \mathrm{d}r\mathrm{d}\theta \\
&= (n\varepsilon\pi a^2 A^2/4Z_0)[1 - J_{m+1}(U)J_{m-1}(U)/J_m^2(U)] \\
&= (n\varepsilon\pi a^2 A^2/4Z_0)[1 + (W^2/U^2)K_{m+1}(W)K_{m-1}(W)/K_m^2(W)]
\end{aligned}
\tag{2.56a}
$$

$$P_0 = -(n\varepsilon\pi a^2 A^2/4Z_0)[1 + (U^2/W^2)J_{m+1}(U)J_{m-1}(U)/J_m^2(U)]$$
$$= (n\varepsilon\pi a^2 A^2/4Z_0)[K_{m+1}(W)K_{m-1}(W)/K_m^2(W) - 1] \tag{2.56b}$$

式中：当 $m \neq 0$ 时，$\varepsilon = 1$；当 $m = 0$ 时，$\varepsilon = 2$。式（2.57）的推导用了特征方程，并忽略了纤芯和包层中的折射率差，令 $n_1 = n_2 = n$。将纤芯和包层中的功率相加，可得总功率为

$$P_t = P_i + P_0$$
$$= -(n\varepsilon\pi a^2 A^2/4Z_0)[(V^2/W^2)J_{m+1}(U)J_{m-1}(U)/J_m^2(U)] \tag{2.57}$$
$$= (n\varepsilon\pi a^2 A^2/4Z_0)[(V^2/U^2)K_{m+1}(W)K_{m-1}(W)/K_m^2(W)]$$

为了说明功率在纤芯中集中的程度，引进功率因数的概念。纤芯中的功率因数为在纤芯中传输的功率与总功率之比，记作 η_{mn}，包层中的功率因数为包层中的传输功率与总功率之比，等于 $1 - \eta_{mn}$。

$$\eta_{mn} = P_{imn}/P_{tmn} = (W^2/V^2)\{1 - J_m^2(U)/[J_{m+1}(U)J_{m-1}(U)]\}$$
$$= W^2/V^2\{1 + U^2/W^2[K_m^2(W)/K_{m+1}(W)K_{m-1}(W)]\} \tag{2.58}$$

η_{mn} 也叫波导效率。

在远离截止，即 V 值很大时，$W \approx V$，$\eta_{mn} = 1$。说明此时能量集中在纤芯中。在截止状态下，当 $m = 0$，1 时，$\eta_{mn} = 0$；当 $m > 1$ 时，$\eta_{mn} = 1 - \dfrac{1}{m}$。由上可见，对 $m = 0$，1 的低阶模，截止状态下，能量完全转移到包层中去，但对 $m > 1$ 的高阶模，在纤芯里还有相当大的比例。m 越大，η_{mn} 越大，保留在纤芯中的能量越多。

图 2.11 所示给出了几个低阶模的 $1 - \eta_{mn} = \dfrac{P_{ome}}{P_{omn}}$ 随归一化频率 V 的变化曲线。

（4）多模光纤中的模数量。在多模光纤中，有多个导波同时传输。光纤的归一化频率 V 值越大，导波数量也越多。在此略去分析过程给出结果。设阶跃光纤中的模数量以 M 表示，则

$$M = V^2/2 \tag{2.59}$$

可见它与归一化频率 V 的平方成正比，而 $V^2 = (n_1^2 - n_2^2)k_0^2 a^2$，因而光纤的芯径越大，折射率差越大，工作频率越高，光纤中传播的模式数就越多。

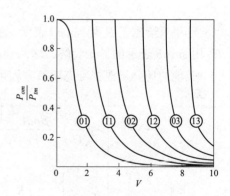

图 2.11 LP_{mn} 模的 P_{ome}/P_{tmn}
随 V 变化的曲线

2. 矢量解

矢量解法是指用波动理论来解光纤中的问题。它是满足光纤边界条件的麦克斯韦方程（或波动方程，或亥姆霍兹方程）的解。求解时光纤坐标的选取和标量解法相同，如图 2.7 所示。

矢量形式的亥姆霍兹方程重写如下

$$\nabla^2 \boldsymbol{E} + k_0^2 n^2 \boldsymbol{E} = 0$$

$$\nabla^2 \boldsymbol{H} + k_0^2 n^2 \boldsymbol{H} = 0$$

在进行推导时须将矢量方程化为标量形式。在直角坐标系中，矢量形式的亥姆霍兹方程可以化成任一场分量的标量亥姆霍兹方程，应用起来比较方便。但在圆柱坐标系中，只能得到 z 向分量的标量亥姆霍兹方程，而不能得到 r、θ 分量的标量亥姆霍兹方程。这是因为圆柱

坐标系中的 a_r、a_θ 是随 θ 而变的缘故。因而首先利用 z 向场分量的亥姆霍兹方程解出 z 向场分量，然后利用麦克斯韦方程求解的 r 和 θ 分量。

Z 向场分量的亥姆霍兹方程为

$$\nabla^2 E_z + k_0^2 n^2 E_z = 0 \tag{2.60a}$$

$$\nabla^2 E_z + k_0^2 n^2 E_z = 0 \tag{2.60b}$$

写到圆柱坐标系统中则为

$$\frac{\partial^2 E_z}{\partial r^2} + \frac{1}{r}\frac{\partial E_z}{\partial r} + \frac{1}{r^2}\frac{\partial^2 E_z}{\partial \theta^2} + \frac{\partial^2 E_z}{\partial Z^2} + K_0^2 n^2 E_z = 0 \tag{2.61a}$$

$$\frac{\partial^2 H_z}{\partial r^2} + \frac{1}{r}\frac{\partial H_z}{\partial r} + \frac{1}{r^2}\frac{\partial^2 H_z}{\partial \theta^2} + \frac{\partial^2 H_z}{\partial Z^2} + K_0^2 n^2 H_z = 0 \tag{2.61b}$$

在纤芯和包层中，n 是不同的。将 n_1、n_2 分别代替式（2.61）中的 n 就可以得到纤芯和包层中的对应方程。解此方程使满足光纤的边界条件，即得到 E_z、H_z 的场方程。

式（2.61）是二阶三维偏微分方程，和标量解中的求解相同，可用变量分离法求解。可以求出 E_z、H_z 为

$$E_z = A\exp(-\mathrm{j}\beta z)\sin m\theta \begin{cases} J_m(Ur/a)/J_m(U) & r \leqslant a \\ K_m(Wr/a)/K_m(U) & r \geqslant a \end{cases} \tag{2.62}$$

$$H_z = B\exp(-\mathrm{j}\beta z)\sin m\theta \begin{cases} J_m(Ur/a)/J_m(U) & r \leqslant a \\ K_m(Wr/a)/K_m(U) & r \geqslant a \end{cases} \tag{2.63}$$

这里只给出了 E_z 用 $\sin m\theta$ 表示，H_z 用 $\cos m\theta$ 表示的一套解，还存在着 E_z 用 $\cos m\theta$ 表示，H_z 用 $\sin m\theta$ 表示的另一套解。这两套解的特性相似，只讨论其中的一套解即可。

其他的场分量根据麦克斯韦方程可以解出，其结果为

$$E_\theta = \begin{cases} -\mathrm{j}\left(\dfrac{a}{U}\right)^2\left[\dfrac{\beta m A}{r}\dfrac{J_m\left(\frac{U}{a}r\right)}{J_m(U)} - \dfrac{\omega\mu_0 BU}{a}\dfrac{J_m'\left(\frac{U}{a}r\right)}{J_m(U)}\right]\cos m\theta & r \leqslant a \\ \mathrm{j}\left(\dfrac{a}{W}\right)^2\left[\dfrac{\beta m A}{r}\dfrac{K_m\left(\frac{W}{a}r\right)}{K_m(W)} - \dfrac{\omega\mu_0 BU}{a}\dfrac{K_m'\left(\frac{W}{a}r\right)}{K_m(W)}\right]\cos m\theta & r \geqslant a \end{cases} \tag{2.64}$$

$$E_r = \begin{cases} -\mathrm{j}\left(\dfrac{a}{U}\right)^2\left[-\dfrac{\omega\mu_0 m B}{r}\dfrac{J_m\left(\frac{U}{a}r\right)}{J_m(U)} + \dfrac{\beta A U}{a}\dfrac{J_m'\left(\frac{U}{a}r\right)}{J_m(U)}\right]\sin m\theta & r \leqslant a \\ \mathrm{j}\left(\dfrac{a}{W}\right)^2\left[-\dfrac{\omega\mu_0 m B}{r}\dfrac{K_m\left(\frac{W}{a}r\right)}{K_m(W)} + \dfrac{\beta A W}{a}\dfrac{K_m'\left(\frac{W}{a}r\right)}{K_m(W)}\right]\sin m\theta & r \geqslant a \end{cases} \tag{2.65}$$

$$H_\theta = \begin{cases} -j\left(\dfrac{a}{U}\right)^2 \left[-\dfrac{\beta mB}{r} \dfrac{J_m\left(\dfrac{U}{a}r\right)}{J_m(U)} + \dfrac{\omega\varepsilon_0 n_1^2 AU}{a} \dfrac{J_m'\left(\dfrac{U}{a}r\right)}{J_m(U)} \right] \sin m\theta & r \leqslant a \\[4mm] j\left(\dfrac{a}{W}\right)^2 \left[-\dfrac{\beta mB}{r} \dfrac{K_m\left(\dfrac{W}{a}r\right)}{K_m(W)} + \dfrac{\omega\varepsilon_0 n_2^2 AW}{a} \dfrac{K_m'\left(\dfrac{W}{a}r\right)}{K_m(W)} \right] \sin m\theta & r \geqslant a \end{cases} \tag{2.66}$$

$$H_r = \begin{cases} -j\left(\dfrac{a}{U}\right)^2 \left[-\dfrac{\omega\varepsilon_0 n_1^2 mA}{r} \dfrac{J_m\left(\dfrac{U}{a}r\right)}{J_m(U)} + \dfrac{\beta BU}{a} \dfrac{J_m'\left(\dfrac{U}{a}r\right)}{J_m(U)} \right] \cos m\theta & r \leqslant a \\[4mm] j\left(\dfrac{a}{W}\right)^2 \left[-\dfrac{\omega\varepsilon_0 n_2^2 mA}{r} \dfrac{K_m\left(\dfrac{W}{a}r\right)}{K_m(W)} + \dfrac{\beta BW}{a} \dfrac{K_m'\left(\dfrac{W}{a}r\right)}{K_m(W)} \right] \cos m\theta & r \geqslant a \end{cases} \tag{2.67}$$

为了书写方便在式（2.64）～式（2.67）中省略了 $\exp(-j\beta z)$ 这一因子。

（1）矢量解的特征方程。矢量解的特征方程的得出和标量解的特征方程的方法相同，即利用边界条件。在边界处 E_θ 和 H_θ 连续，有

$$\omega\mu_0 B\left[\dfrac{1}{U}\dfrac{J_m'(U)}{J_m(U)} + \dfrac{1}{W}\dfrac{K_m'(W)}{K_m(W)} \right] = \beta mA\left(\dfrac{1}{U^2} + \dfrac{1}{W^2} \right) \tag{2.68a}$$

$$\omega\varepsilon_0 A\left[\dfrac{n_1^2}{U}\dfrac{J_m'(U)}{J_m(U)} + \dfrac{n_2^2}{W}\dfrac{K_m'(W)}{K_m(W)} \right] = \beta mB\left(\dfrac{1}{U^2} + \dfrac{1}{W^2} \right) \tag{2.68b}$$

由式（2.68）可以推导出矢量解的特征方程为

$$\left[\dfrac{1}{U}\dfrac{J_m'(U)}{J_m(U)} + \dfrac{1}{W}\dfrac{K_m'(W)}{K_m(W)} \right]\left[\dfrac{n_1^2}{n_2^2 U}\dfrac{J_m'(U)}{J_m(U)} + \dfrac{1}{W}\dfrac{K_m'(W)}{K_m(W)} \right]$$
$$= m^2\left(\dfrac{1}{U^2} + \dfrac{1}{W^2} \right)\left(\dfrac{n_1^2}{n_2^2 U^2} + \dfrac{1}{W^2} \right) \tag{2.69}$$

考虑光纤为弱导波光纤，其 $\dfrac{n_1}{n_2} \to 1$。式（2.69）可以简化为

$$\dfrac{1}{U}\dfrac{J_m'(U)}{J_m(U)} + \dfrac{1}{W}\dfrac{K_m'(W)}{K_m(W)} = \pm m^2\left(\dfrac{1}{U^2} + \dfrac{1}{W^2} \right) \tag{2.70}$$

式（2.70）就是弱导波光纤的近似特征方程。

（2）矢量模的分类。

1）TE 模和 TM 模。对于 TE 模，其纵向电场 $E_z=0$，所以式（2.68）中的常数 $A=0$。于是式（2.68b）简化为

$$\beta mB\left(\dfrac{1}{U^2} + \dfrac{1}{W^2} \right) = 0$$

其中 $\left(\dfrac{1}{U^2}+\dfrac{1}{W^2}\right)$ 不能等于零，相位常数 β 不能等于零，常数 B 亦不能等于零，因而只能是 $m=0$。这就得出结论：光纤中的 TE 模只能在 $m=0$ 的情况才能存在。同样可以证明，光纤中的 TM 模也只能在 $m=0$ 的情况才能存在。所以光纤中只存在 $m=0$ 的 TE 模和 TM 模。

2）EH 模和 HE 模。当 $m\neq0$ 时，E_z 和 H_z 分量都不为零，不能出现 TE 模和 TM 模，而只能是 E_z 和 H_z 同时共存的混合模——EH 模和 HE 模。

由特征方程（2.70）可以看出，当 $m\neq0$ 时，对于同一 m 值可以得到两个不同的解，因而可以得到两套不同的模式。一般将特征方程右端取正号解出的模式叫 EH 模，而将特征方程右端取负号解出的模式叫 HE 模。

总之，在光纤中可存在 4 种类型的模式：TE 模、TM 模、EH 模和 HE 模。4 种模式的特征方程均可以由特征方程式（2.70）推导得到。

（3）矢量模的特性。在给定的工作波长的情况下，对应于每个 m 值，可以解出一系列的 U 值，每一个 U 值的解对应着一个模式。因而若光纤的归一化频率 V 足够大时，光纤中可以存在一系列的 TE 模、TM 模和一系列的 EH 模、HE 模。

矢量模的特性分析和相关的公式推导与标量模的相同，不再赘述，这里直接给出分析的结果。

矢量模中，HE_{11} 模的归一化截止频率最低，其次是 TE_{01}、TM_{01} 和 HE_{21} 模。HE_{11} 模的归一化截止频率为 $V_c=0$，这就是说它没有截止现象，是光纤中的最低模。TE_{01}、TM_{01} 和 HE_{21} 模是第一个高次模，它们的归一化截止频率为 $V_c=2.404\,83$。如果适当设计光纤，使 HE_{21} 模以外的高次模都截止，便可以得到单模传输，构成单模光纤。因而要保证光纤中传输 HE_{11} 模单一模式，必须满足下面条件

$$0<V<2.404\,83 \tag{2.71}$$

2.3　渐变折射率光纤的理论分析

渐变光纤纤芯中的折射指数 n_1 沿半径 r 方向是变化的，它随 r 的增加按一定规律减小，n_1 是 r 的函数，即 $n_1(r)$；包层中的折射指数 n_2 一般是均匀的。

下面将主要研究渐变型光纤中的子午线，以及子午线的轨迹方程。

2.3.1　渐变型光纤中的子午线

渐变型光纤中的射线也分为子午线和斜射线两种。斜射线的情况比较复杂，因此对于渐变型光纤中的射线问题，只分析子午线，由此得出一些必要的公式和概念。

如前所述，子午线是限制于光纤的子午面上的。阶跃型光纤中的子午线，是经过轴线的直线。而渐变型光纤，由于纤芯中的折射指数 n_1 是随半径 r 变化的，因此子午线不是直线，而是曲线，它靠折射原理将子午线限制在纤芯中，沿轴线传输，如图 2.12 所示。由于纤芯中的 n_1 随 r 的增加而减小，因此在轴线处，折射指数最大，即 $n(0)=n_{\max}$；而在纤芯和包层的交界面处折射指数最小为 n_2，即 $n_2=n(a)$。

设入射点处 $r_0=0$，入射角为 ϕ，此时的法线为轴线。进入纤芯后的射线，由于折射指数是从 $n_{\max}\to n_2$，因此光射线相当于是从光密媒质射向光疏媒质，此时法线垂直于轴线，则射线

应离开法线而折射。当到达 r_m 点后，射线几乎与轴线平行，而后又由光疏媒质射向光密媒质，射线又靠近法线而折射，这样形成了一条按周期变化的曲线。也就是说，不同入射条件的子午线，在纤芯中，将有不同轨迹的折射曲线。

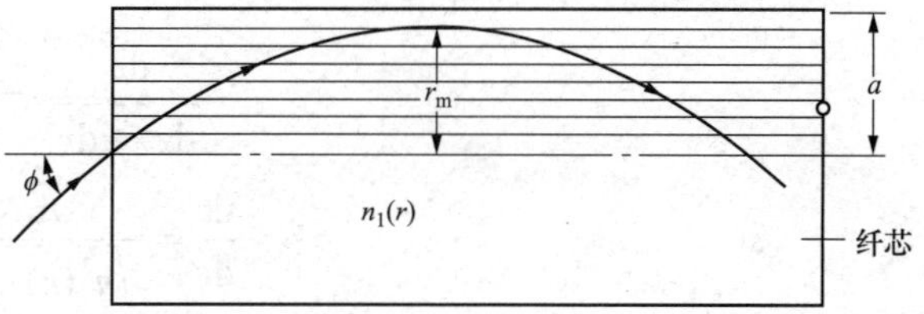

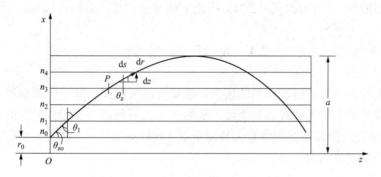

图 2.12   渐变型光纤中的子午光线

2.3.2   子午线的轨迹方程

由于渐变型光纤纤芯中的折射指数 n_1 随半径 r 变化，因此可将纤芯分成若干层折射指数不同的介质。在图 2.13 中，给出了渐变型光纤中的一个子午面，各层的折时指数为 n_1，n_2，n_3，n_4，而且 $n_1 > n_2 > n_3 > \cdots\cdots$

图 2.13   子午光线的行进轨迹

一射线在光纤端面的 r_0 点射入，射线的轴向角为 θ_{zo}，入射点的折射指数为 n_0。当射线射到 n_1 层介质时，入射角为 θ_1，则 $\theta_1 = 90° - \theta_{zo}$。随着 $n(r)$ 的减小，轴向角将逐渐减小，而相应的向各层介质入射的光的入射角将逐渐增大。当射线到达 r_m 点时，$\theta_{zo} \to 0°$，这时 $\theta_1 \to 90°$。在这一点，射线和轴线几乎平行。可以看出，射线轨迹与纤芯中折射率分布 $n(r)$ 有关，也和射线的入射条件（n_0，r_0，θ_{zo}）有关。

不管在哪层介质中，射线都满足折射定律。利用折射定律，可推导出如下关系：

$$n_0 \cos\theta_{zo} = n(r)\cos\theta_z$$

式中：$n(r)$ 为任一层介质的折射指数；θ_z 为该层介质的轴向角。

若令 $\cos\theta_z = N_0$，可得

$$n(r)\cos\theta_z = n_0 N_0 \tag{2.72}$$

则式（2.72）的右端表示了射线的起始条件，它等于纤芯中任一层介质的折射指数与轴向角余弦的乘积。

在图 2.14 中所表示的射线上，任取一点 P，其轴向角为 θ_z，ds 为该点射线的切线。当 $ds \to 0$ 时，有

$$ds^2 = dz^2 + dr^2$$

$$ds = \sqrt{dz^2 + dr^2}$$

$$\cos\theta_z = \frac{dz}{ds} = \frac{dz}{\sqrt{dz^2 + dr^2}}$$

利用式（2.72），则可得

$$\frac{dz}{\sqrt{dz^2 + dr^2}} = \frac{n_0 N_0}{n(r)}$$

$$\frac{dz}{dr} = \frac{n_0 N_0}{\sqrt{n^2(r) - n_0^2 N_0^2}} \qquad (2.73)$$

也可写为

$$Z = \int \frac{n_0 N_0}{\sqrt{n^2(r) - n_0^2 N_0^2}} dr + c \qquad (2.74)$$

此式即为渐变型光纤子午线的轨迹方程。当光纤的折射率分布 $n(r)$ 和射线的起始条件 n_0，N_0。为已知时，即可利用式（2.74）求出 r 和 Z 的关系，亦即可以定出射线的轨迹。

2.4　光 纤 的 损 耗

光信号在光纤内传播，随着距离的增大，能量会越来越弱，其中一部分能量在光纤内部被吸收，一部分可能突破光纤纤芯的束缚，辐射到了光纤外部，这叫作光纤的传输损耗（或传输衰减），衡量光纤损耗特性的参数为衰减系数（损耗系数）α，定义为单位长度光纤引起的光功率衰减，其表达式为

$$\alpha(\lambda) = \frac{10}{L} \lg \frac{P_i}{P_0} (dB/km)$$

式中：$\alpha(\lambda)$ 为在波长处的衰减系数；P_i 为输入光纤的光功率；P_0 光纤输出的光功率；L 为光纤的长度。

光纤的损耗特性是光纤的一个很重要的传输参数，它对于评价光纤质量和确定光纤通信系统的中继距离起着决定性的作用，目前光纤在 1.55μm 处的损耗可以做到 0.2dB/km 左右，接近光纤损耗的理论极限值。

引起光纤损耗的原因很复杂。光纤损耗主要通过测量手段确定，降低光纤损耗主要依靠提高材料的纯净度及改进光纤工艺。因而这里不作光纤损耗的深入理论分析，而只给出有关光纤损耗的一些常识。

2.4.1　光纤损耗的分类

光纤损耗特性产生的原因有很多，主要有吸收损耗、散射损耗和辐射损耗。其中，吸收损耗与光纤本身的材料组分有关，散射损耗与光纤的结构缺陷、非线性效应等有关。吸收损耗和散射损耗都属于光纤的本征损耗。辐射损耗则与光纤的几何形状波动有关。

1. 光纤的吸收损耗

光纤的吸收损耗主要由紫外吸收、红外吸收和杂质吸收等构成。由于这些损耗都是由光纤材料本身的特征引起的，故称为光纤的本征损耗。另外，本征损耗还包括瑞利散射损耗等因素。

（1）紫外吸收损耗。对于石英系光纤，当波长处于紫外区域时，石英材料对光能量产生强烈的吸收，一直将吸收峰拖到 0.8～1.6μm 的通信波段内。在组成光纤的原子中，一部分处于低能级的电子会吸收光能量而跃迁到高能级状态，从而造成了信号能量的损失。

（2）红外吸收损耗。在红外波段内，石英材料的 Si-O 键因为振动而吸收能量，造成光纤的分子键振动损耗。这种损耗值在 9μm 附近变化非常大，可达到 10^{10}dB/km，构成了光纤通信波长的上限。红外吸收峰也拖到了通信波段内，不过比紫外吸收损耗的影响要小，可以忽略不计。

（3）杂质吸收损耗。杂质吸收损耗是由光纤材料的不纯造成的。主要有 OH⁻离子吸收损耗、金属离子吸收损耗等。在石英材料系的光纤中，O-H 键的基本谐振波长为 2.73μm，与 Si-O 键的谐振波长互相影响，形成了一系列的吸收峰，其中影响比较大的波长主要有 1.39、1.24、0.95μm 等。正是这些吸收峰之间的低损耗区域，形成了光纤通信的三个低损耗窗口。金属离子吸收损耗是由于某些金属离子的电子结构而产生边带吸收峰。随着光纤制造工艺的改进，这些金属离子的含量已经降到其吸收损耗可以忽略不计的水平。

2．光纤的散射损耗

（1）波导散射损耗。波导散射损耗是由于光纤的不圆度过大造成的，若光纤制成后沿轴线方向结构不均匀，就会产生波导散射损耗。目前这项损耗已经降低到可以忽略的程度。

（2）瑞利散射损耗。任何材料的内部组分结构都不可能是完全均匀的。由于光纤材料的内部组分不均匀，产生了瑞利散射，造成了光能量的损耗，它属于光纤的本征损耗。在光纤的制造过程中，光纤材料在加热时，材料的分子结构受到热骚动，致使材料的密度出现起伏，进而造成了折射率不均匀。光在不均匀的媒质中传播时，将由于上述因素产生散射。如果材料结构的不均匀级别达到了分子级别的大小，这种由于媒质材料不均匀而产生的散射就称为瑞利散射。瑞利散射损耗与光波长的四次方成反比，瑞利散射对短波长比较敏感，随着波长的变短，散射系数将很快增大。研究表明，在 1.3μm 附近，这项损耗可达 0.3dB/km，是光纤通信系统工作时光纤本征损耗中最重要的损耗之一。

3．光纤的辐射损耗

光纤在使用过程中不可避免地会产生弯曲，若弯曲部分的曲率半径小到一定程度时，就会产生辐射损耗。原因是：当光线进入到弯曲部分时，原来的入射光线在弯曲部位入射角增大，可能会破坏光纤的纤芯与包层界面处的全反射条件，造成传输光线的折射或者泄漏，形成损耗。这里光纤的弯曲主要有两种情况，一种是光纤的弯曲半径远远超出光纤的直径，可以叫作宏弯；另一种是光纤在制作成光缆的过程中或者在使用的过程中，沿轴向产生的微观弯曲，可以叫作微弯。定量地分析宏弯或者微弯产生的损耗是十分困难的，一般可以认为光纤弯曲的时候，曲率半径 R 越小，损耗越大。

2.4.2　光纤的损耗特性曲线

将以上 3 类损耗相加就可以得到总的损耗，它是一条随波长变化的曲线，称作光纤的损耗特性曲线——损耗谱（或衰减谱）。

从图 2.14 中可以看到光纤通信所使用的 3 个低损耗"窗口"——3 个低损耗谷，它

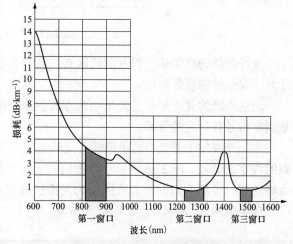

图 2.14　石英光纤损耗谱示意图

们分别是 850nm 波段（短波长波段）、1310nm 波段和 1550nm 波段（长波长波段）。目前光纤通信系统主要工作在 1310nm 波段和 1550nm 波段上，多为 1550nm 波段，长距离、大容量的光纤通信系统多工作在这一波段。

光纤损耗谱形象地描绘了衰减系数与波长的关系。从光纤损耗谱可以看出，衰减系数随波长的增大呈降低趋势；损耗的峰值主要与 OH⁻离子有关。另外，波长大于 1600nm 时损耗增大的原因是由于石英玻璃的吸收损耗和微（或宏）观弯曲损耗引起的。目前，光纤的制造工艺可以消除光纤在 1385nm 附近的 OH⁻离子吸收峰，使光纤在整个 1300～1600nm 波段都有很低的损耗。

2.5　光纤的色散

光纤色散是光纤系统中另一个重要特性。光纤色散会使输入脉冲在传输过程中展宽，产生码间干扰，增加误码率，这样就限制了通信系统的容量。因此，制造优质的、色散小的光纤，对增加通信系统的通信容量和加大传输距离是非常重要的。

2.5.1　光纤色散的概念

光纤色散是指由于光纤所传输的信号是由不同频率成分和不同模式成分所携带的，不同频率成分和不同模式成分的传输速度不同，从而导致信号的畸变。在数字光纤通信系统中，色散使光脉冲发生展宽。当色散严重时，会导致光脉冲前后相互重叠，造成码间干扰，增加误码率。所以光纤的色散不仅影响光纤的传输容量，也限制了光纤通信系统的中继距离。从机理上说，光纤色散分为材料色散、波导色散和模式色散。前两种色散由于信号不是单一频率所引起的，后一种色散由于信号不是单一模式所引起的。光纤色散如图 2.15 所示。

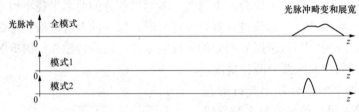

图 2.15　光纤的色散

光纤色散的产生基于两方面的因素，其一是进入光纤中的光信号不是单色光，其二是光纤对于光信号的色散作用。

送进光纤的并不是单色光是由两方面的原因引起，一是光源发出的光并不是单色光，二是调制信号有一定的带宽。

实际光源发出的光不是单色的（或单频的），而是在一定的波长范围内，这个范围常是光源的线宽或谱宽。图 2.16 表示了光源的归一化输出功率随波长的变化。一般认为光功率降低为峰值的一半所对应的波长范围即为光源的线宽或谱宽。线宽即可用波长范围 $\Delta\lambda$ 表示，也可用频率范围 Δf 来表示。它们的关系为

$$\frac{\Delta\lambda}{\lambda}=\frac{\Delta f}{f} \tag{2.75}$$

式中：λ、f 分别为光源的中心波长和中心频率。

　　$\Delta\lambda$ 越大，则表示光信号中包含的频率成分越多；$\Delta\lambda$ 越小，则光源的相干性就越强。一个理想的光源发出的应该是单色光，即谱线宽度为零。

　　此外，光纤中传输的光信号是经过调制以后的信号，而调制信号又具有一定的带宽，因此送到光纤中去的就是一个经过调制了的光谱。如是单模光纤，它将激发出基模；如是多模光纤，则激发出大量模式。

　　在对光源进行调制时，可以认为信号是按照同样的方式对光源谱线中的每一分量进行调制的。一般调制带宽比光源窄得多，因而可以认为光源的线宽即为已调信号带宽，但对高码速及线宽极窄的光源，这一概念是不准确的。

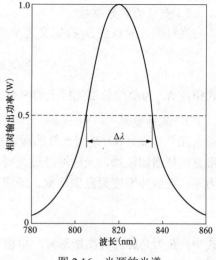

图 2.16　光源的光谱

　　可以看出，光纤中的信号能量是由不同的频率成分和模式成分构成的，它们有不同的传播速度，从而引起比较复杂的色散现象。

　　光的色散现象在日光通过棱镜而形成按红、橙、黄、绿、青、蓝、紫顺序排列的色谱例子中看得很明显。这是由于棱镜材料对不同波长（对应于不同的颜色）的光呈现的折射指数不同而引起的。这就是光的材料色散。光纤中的类似现象借用了"色散"这一术语，尽管有时（对模式色散）并不确切。

2.5.2　光纤色散的表示

　　光纤色散可以用不同的方法来表示，常用的有最大时延差 $\Delta\tau$、色散系数 $D(\lambda)$ 和光纤的带宽（B）等。

1. 最大时延差

　　最大时延差 $\Delta\tau$ 是指光纤中速度最快和最慢的光波成分的时延之差。时延差越大，色散就越严重。若有频率为 f 的已调光波在光纤中传输，光在光纤中传输的群速度为

$$v_g = \frac{\mathrm{d}\omega}{\mathrm{d}\beta} \tag{2.76}$$

式中：β 为光波传输常数；ω 为角频率。则光经过单位长度光纤的群时延 τ_g 为

$$\tau_g = \frac{1}{v_g} = \frac{\mathrm{d}\beta}{\mathrm{d}\omega} = \frac{1}{c} \cdot \frac{\mathrm{d}\beta}{\mathrm{d}k_0} = \left(-\frac{\lambda^2}{2\pi c}\right)\frac{\mathrm{d}\beta}{\mathrm{d}\lambda} \tag{2.77}$$

式中：k_0 为平面波在真空中的波数；τ_g 并不表示色散，其表示色散的时延差。若和信号成分的时延相同，则色散为零。时延差可由信号各频率成分的传输不同所引起，也可由信号各模式成分的传输速度不同所引起。对单模光纤，没有模式成分的不同，下面仅推导由频率变化引起的色散表达式。若光源的谱宽为 $\Delta\lambda$（也可用 $\Delta\omega$ 表示），经过单位长度光纤传输后的群时延或脉冲展宽近似为

$$\Delta\tau_g = \Delta\omega\left(\frac{\mathrm{d}\tau_0}{\mathrm{d}\omega}\right) = \Delta\omega\left(\frac{\mathrm{d}^2\beta}{\mathrm{d}\omega^2}\right)$$

$$= \left(-\frac{\lambda^2}{2\pi c}\right)\left(2\lambda\frac{\mathrm{d}\beta}{\mathrm{d}\lambda} + \lambda^2\frac{\mathrm{d}^2\beta}{\mathrm{d}\lambda^2}\right) \tag{2.78}$$

2. 光纤的色散系数

光纤的色散系数 $D(\lambda)$ 定义为单位线宽光源在单位长度光纤上所引起的时延差,其公式为

$$D(\lambda) = \frac{\Delta\tau_g}{\Delta\lambda} \quad (\text{ps/km} \cdot \text{nm}) \tag{2.79}$$

式中:$\Delta\tau_g$ 为单位长度光纤上的时延差,ps/km;$\Delta\lambda$ 为光源的线宽,nm。

3. 光纤带宽

光纤带宽(B)是用光纤的频率特性来描述光纤的色散,它是把光纤看作一个具有一定带宽的低通滤波器,光脉冲经过光纤传输后,光波的幅度随着调制的频率增加而减小,直到为零,而脉冲宽度则发生展宽。经理论推导,光纤的带宽和时延差的关系为

$$B = \frac{441}{\Delta\tau} \quad (\text{MHz/km}) \tag{2.80}$$

式中:B 为光脉冲为高斯形时,单位长度光纤的基带 3dB 带宽;$\Delta\tau$ 为光脉冲传输 1km 的时延差,ns/km。

从上述的定义可以看出,色散系数 $D(\lambda)$、最大群时延差 $\Delta\tau$、光纤的带宽都是从不同角度反映光纤的同一特性——色散。

2.5.3 光纤色散的分类

根据色散产生的原因,光纤色散的种类主要可以分为模式色散、材料色散和波导色散 3 种。模式色散是由于信号不是单一模式携带所导致的,故又称为模间色散;材料色散和波导色散是由于同一个模式内携带信号的光波频率成分不同所导致的,所以也称为模内色散。

1. 模式色散

在多模光纤中,纤芯的直径比较大,光源入射到纤芯中的光以一组独立的光线传播。这组光线以不同的入射角传播,入射角的范围零度到临界传播角,如图 2.17 所示。多模光纤中存在许多传输模式,即使在同一波长,不同模式沿光纤轴向的传输速度也不同,到达接收端所用的时间不同,而产生了模式色散。

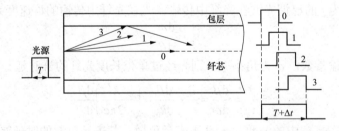

图 2.17　脉冲因多个模式的存在而引起的展宽——模式色散

2. 材料色散

由于光纤材料的折射率是波长的非线性函数,从而使光的传输速度随波长的变化而变化,由此而引起的色散称作材料色散。在单模光纤内,即使光经过完全相同的路径,也会发生脉冲的展宽,因为光源发出的光不是单一波长的,而是存在一定的波长范围 $\Delta\lambda$。

材料色散的单位长度脉冲展宽可表示为

$$\Delta\tau = \Delta t / L = |D_m(\lambda)|\Delta\lambda \tag{2.81}$$

式中:$D_m(\lambda)$ 为材料色散系数 ps/(nm · km);L 为光纤长度,km。

材料色散主要是由光源的光谱宽度所引起。由于光纤通信中使用的光源不是单色光，具有一定的光谱宽度，这样不同波长的光波传输速度不同，从而产生时延差，引起脉冲展宽。材料色散引起的脉冲展宽与光源的光谱线宽和材料色散系数成正比，所以在系统使用时尽可能选择光谱线宽窄的光源。石英光纤材料的零色散系数波长在 1270nm 附近。

3. 波导色散

同一模式的相位常数 β 随波长 λ 而变化，即群速度随波长而变化，由此而引起的色散称为波导色散。一般波导色散比材料色散小。波导色散产生的原因是：实际上进入单模光纤中的光信号功率大约只有 80% 在纤芯中传输，另外 20% 在包层中传输，由于纤芯和包层有不同的折射率，所以这两部分的传输速度不同，在包层中传播的光功率速度快一些，因而在光纤输出端，脉冲会展宽。

波导色散引起的单位长度脉冲展宽 $\Delta\tau$ 可由以下公式计算：

$$\Delta\tau = \frac{\Delta t}{L} = |D_{\mathrm{W}}(\lambda)|\Delta\lambda \tag{2.82}$$

式中：$D_{\mathrm{W}}(\lambda)$ 为波导色散系数，ps/（nm·km），它与光纤的设计参数有关；$\Delta\lambda$ 为光源的线宽，即光源辐射光的波长；L 为光纤的长度。

普通石英光纤在波长 1310nm 附近波导色散与材料色散可以相互抵消，使二者总的色散为零。因而，普通石英光纤在这一波段是一个低色散区。

在多模光纤中以上 3 种色散均存在。对于多模阶跃光纤，模式色散占主要地位，其次是材料色散，波导色散比较小，可以忽略不计。对于多模渐变光纤，模式色散较小，波导色散同样可以忽略不计。

对于单模光纤，上述 3 种色散中只有材料色散和波导色散存在。在单模光纤系统中，影响色散的主要因素是材料色散和结构色散，两者亦可合称为色度色散。

4. 偏振模色散

在单模光纤中还存在偏振模色散（PMD），它是单模光纤中一种特殊的模式色散。如图 2.18 所示，光纤中的光信号传输可以描述为沿 x 轴和 y 轴振动的两个偏振模。因光纤中存在双折射现象，即 x 和 y 方向的折射率不同，会造成沿 x 轴和 y 轴振动的两个偏振模的传输时延不同，从而产生偏振模色散（PMD）或双折射色散。从实际含义上看，这也应该属于模式色散的范畴。

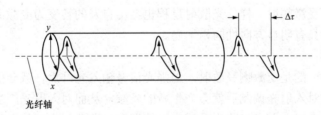

图 2.18　光纤偏振模色散

偏振模色散具有随机性，在短距离内，PMD 与传输距离成正比，但在距离上，由于会有模式耦合而减轻 PMD 的影响，因而根据计量 PMD 的大小与传输距离的平方根成正比。

ITU-T 建议的 PMD 值不大于 0.5ps/km，不同速率的系统对 PMD 值的要求也不同。造成单模光纤中 PMD 的内因是纤芯的不圆度和残余应力，它们改变了光纤的折射率分布，引起相互垂直的本征偏振以不同速度传输,从而造成光脉冲展宽;外因则是成缆和敷设时的各种作用力,即压力、弯曲扭转及光缆接续甚至环境温度等都会引起 PMD。

通常对于多模光纤,其色散有模式色散和色度色散,这些色散都会对光传输脉冲展宽产生影响,但以模式色散为主。对于单模光纤,其色度色散中对光脉冲展宽产生影响的主要因素是材料色散。因单模光纤的色度远小于多模光纤的色度,所以单模光纤的带宽远大于多模光纤的带宽。

2.6　光纤中的非线性光学效应

所有的介质从本质上讲都是非线性的。一般情况下,媒质的非线性效应都是存在的,只不过有些媒质的非线性非常小,难以在常规情况下表现出来。在强电场作用下,任何介质都呈现非线性,光纤同样如此。当传输介质受到光场的作用时,组成介质的原子或分子内部的电子相对于原子核发生微小的位移或振动,使介质极化。也就是说,光场的存在,尤其是强光场的作用使得介质的特性发生了变化。随着损耗很低的单模光纤的使用和激光器的输出光功率越来越大,光纤中的非线性效应的影响就越来越明显。在使用常规单模光纤的系统中,光纤的传输特性成线性特性。当光功率增大到一定程度时,光纤的非线性效应就开始表现出来。特别是近年来,光纤通信系统的传输速率不断增加,传输距离因为低损耗而大大延长,以及波分复用系统的应用和光纤放大器的使用,光纤非线性效应的影响越来越大。

光纤通信系统工作在常规条件下的时候,其非线性效应的影响很小。非线性效应会引起信号产生附加损耗、信道之间产生串扰、信号频率产生搬移等后果。但也可以根据光纤的非线性效应来开发新的光通信产品。

光纤的非线性可以分为受激散射效应和折射率扰动两类。

2.6.1　受激散射效应

入射光很强时,光学媒质所产生的定向的具有相干特征的光散射。光通过媒质会产生各种散射效应。例如,由气体中远小于辐射波长的独立粒子散射和非传播熵的涨落引起的瑞利散射;液体中单个分子的转动和振动跃迁以及固体中的光频声子和其他激发产生的喇曼散射,这种散射的频移相当大;由连续媒质中声波场(或声频声子)所产生的布里渊散射等。在入射光强较弱时光散射是自发的、非相干的。然而,当入射激光束的强度超过一定阈值时,如同自发辐射会转变为受激辐射一样,光散射过程也会由自发的转变为受激的。后一过程的特点是其散射光是一种具有明显方向性的相干光。

1.　受激拉曼散射

最常见和应用最广的是受激喇曼散射。当强光信号输入光纤后,就会引发介质中分子的振动,这些分子振动对入射光调制后就会产生新的光频,从而对入射光产生散射作用。它可看作是介质中分子振动对入射光(称为泵浦光)的调制,即分子内部粒子间的相对运动导致分子感应电偶极矩随时间的周期性调制,从而对入射光产生散射作用。

设入射光的频率为 f_0,介质的分子振动频率为 f_v,则散射光的频率为 $f_s = f_0 \pm f_v$,这种现象称作受激拉曼散射。频率为 f_s 的散射光称作斯托克斯波(Stokes)。对斯托克斯波可用物理图像描述如下:一个入射的光子消失,产生了一个频率下移的光子(即 stokes 波)和一个有适当能量和动量的声子,使能量和动量守恒。当传输距离为 Z 时,拉曼散射的过程可以表

示为

$$\frac{dI_s}{dZ} = g_R I_P I_S$$

式中：I_s 为斯托克斯波光强；g_R 为拉曼增益系数；I_P 为入射波光强。

斯托克斯波的光强与泵浦功率及光纤长度有关，利用这一特征，可以制成激光器波长可调的可调式光纤拉曼激光器。

2. 受激布里渊散射

受激布里渊散射与受激拉曼散射在物理过程上十分相似，入射的频率为 ω_p 的泵浦波将一部分能量转移给频率为 ω_s 的斯托克斯波，并发出频率为 Ω 的声波

$$\Omega = \omega_p - \omega_s \tag{2.83}$$

受激拉曼散射和受激布里渊散射两者在物理本质上稍有差别。受激拉曼散射的频移量在光频范围，属光学分支；而受激布里渊散射的频移量在声频范围，属声学分支。此外，光纤中的受激拉曼散射发生在前向，即斯托克斯波和泵浦波传播方向相同，而受激布里渊散射发生在后向，其斯托克斯波和泵浦波传播方向相反。光纤中的受激布里渊散射的阈值功率比受激拉曼散射的低得多。在光纤中，一旦达到受激布里渊散射阈值，将产生大量的后向传输的斯托克斯波，这将对光通信系统产生不良影响。另一方面，它又可用来构成布里渊放大器和激光器等光纤元件。在连续波的情况下，受激布里渊散射易于产生，因为它的阈值相对较低。脉冲工作情况下有所不同，如果脉冲宽度 $T_0 \leqslant 10\text{ns}$，受激布里渊散射将会减弱或被抑制，几乎不会发生。

2.6.2　折射率扰动

在入射光功率较低的情况下，可以认为石英光纤的折射率与光功率无关。但是在较高光功率下，则应考虑光强度引起的光纤折射率的变化，它们的关系为

$$n = n_0 + \frac{n_2 P}{A_{eff}} \tag{2.84}$$

式中：n_0 为线性折射率；n_2 为非线性折射率系数；P 为入射光功率；A_{eff} 为光纤有效面积。

折射率扰动主要引起 4 种非线性效应：自相位调制（SPM）、交叉相位调制（XPM）、四波混频（FWM）。

1. 自相位调制

在强光场作用下，光纤的折射率出现非线性，这个非线性的折射率使得光纤中所传光脉冲的前、后沿的相位相对漂移。这种相位的变化，必对应于所传光脉冲的频谱发生变化。有信号分析理论可知，频谱的变化必然使波形出现变化，从而使传输脉冲在波形上被压缩或者展宽。把光脉冲在传输过程中由于自身原因引起的相位变化而导致的脉冲频谱展宽的现象称为自相位调制（SPM）。

光脉冲在光纤中的传播过程中，由于折射率变化而引起的相位变化为

$$\Delta\phi(t) = \Delta n(t) \times k_0 \times L = \frac{2\pi}{\lambda} \times \Delta n(t) \times L \tag{2.85}$$

式中：L 为光纤的长度；$\Delta n(t)$ 为 L 长度光纤的折射率随时间的变化量。

从式（2.85）可以看出，光脉冲在 L 长度光纤中传输时，不同时刻 t，脉冲波形各处的相位就按上式的规律变化，即表示脉冲波形的相位受到了调制。

SPM 会引起光脉冲的频率啁啾。由 SPM 引起的啁啾通过群速度色散来影响脉冲形状并常常导致脉冲展宽。由 SPM 引起的脉冲光谱展宽增加了信号带宽，从而限制了光纤通信系统的性能。通常 SPM 仅对具有较高色散或传输距离很长的系统有重要影响。

2．交叉相位调制

当光纤中有两个或两个以上不同波长的光波同时传输时，由于光纤非线性效应的存在，它们之间将相互作用。光纤中由于自相位调制的存在，因此一个光波的幅度调制将会引起其他光波的相位调制。这种光纤中某一波长的光强对同时传输的另一不同波长的光强所引起的非线性相移，称为交叉相位调制（XPM）。由此可见，交叉相位调制与自相位调制总是相伴而生，而且光波的相位调制不仅与自身光强有关，而且还决定于同时传输的其他光波的光强。

光纤中的交叉相位调制，可由不同频率光波引起，也可由不同偏振方向的光波引起。

在采用波分复用（WDM）技术的系统中，当光纤中同时传输多个信道时会产生 XPM 现象。在 WDM 系统中，一个特定信道的非线性相移为

$$\phi_j = \gamma L_{\text{eff}} \left(P_j + 2 \sum_{m \neq j} P_m \right) \tag{2.86}$$

从式（2.86）中可以看出 XPM 是任一波长信号的相位受其他波长信号强度起伏的调制产生的。由于 XPM 引起了信号谱展宽，再加上色散的缘故，会使信号脉冲在经过光纤传输后产生较大的时域展宽，并在相邻波长信道产生干扰。

3．四波混频

四波混频（FWM）是起源于折射率的光致调制的参量过程，需要满足相位匹配条件。四波混频是指由两个或三个不同波长的广播混合后产生新光波的现象，其原因是某一个波长的入射光会改变光纤的折射率，在不同波长处发生相位调制，从而产生新的波长。从量子力学观点描述，一个或几个光波的光子被湮灭，同时产生几个不同频率的新光子，在此参量过程中，遵循能量和动量守恒，这样的过程称为 FWM。所谓动量守恒，即波矢量守恒，也称为相位匹配条件。

假设原始波长数为 N_0，则由于 FWM 产生的新波长数 N 与原始波长数呈几何递增关系，即：$N = N_0^2 \times (N_0 - 1) / 2$，产生的新波长数量十分可观。显然，无论是新波长信号的产生需要接受能量，还是原始波长信号的能量转移消耗，FWM 产生的新的频率成分如果落入 WDM 的信道，都会在 WDM 系统中产生串扰或过大的信号衰减，从而严重地限制着 WDM 系统的波长数。FWM 与信道间隔关系密切，信道间隔越小，FWM 越严重，如图 2.19 所示。

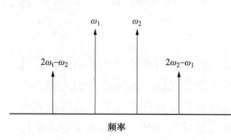

图 2.19　光纤中主要的 FWM 示意图

2.7　单　模　光　纤

2.7.1　单模光纤的特性参数

单模光纤是在给定的工作波长上，只传输单一基模的光纤。由于在单模光纤中只能传输

一种模式，从时域观点来看，它不存在模式间的时延差，因此信号在传输过程中展宽较少，对应到频域观点来看，即带宽要比多模光纤宽得多，有利于高码速、长距离的传输，单模光纤的带宽一般都在几十 GHz 以上，比渐变型单模光纤要高 1～2 个数量级。

单模光纤也由纤芯和包层构成，一般纤芯直径 $2a=4\sim10\mu m$，包层直径 $2b=125\mu m$。目前，在国内外各级通信网中，用得最普遍的是 1.3um 单模光纤，其折射率分布一般都采用阶跃型折射率分布。

光纤的实用参数很多，包括光纤的几何尺寸、数值孔径、模场直径、截止波长、衰减系数等。考虑到单模光纤的发展趋势，这里只介绍单模光纤的三个较常用的特性参数：衰减系数、截止波长和模场直径。

1. 衰减系数 α

在设计光纤通信系统时，一个重要的考虑是沿光纤传输的光信号的衰减，它是线路上决定中继距离长短的主要因素。

衰减量的大小通常用衰减系数 α 来表示，单位是 dB/km。衰减系数 α 的定义为

$$\alpha = \frac{10}{L}\lg\frac{P_i}{P_o} \tag{2.87}$$

式中：L 为以公里为单位表示的光纤长度；P_i 为输入光纤的光功率；P_o 为光纤输出的光功率。

2. 截止波长 λ_c

截止波长是单模光纤所特有的一个参数，通常可用它来判断光纤中是否是单模工作方式。光纤的单模传输条件是以第一高次模（LP_{11} 模）的归一化截止频率而给出的，可得出归一化截止频率为

$$V_c = \sqrt{2\Delta}n_1 a\frac{2\pi}{\lambda_c} \tag{2.88}$$

它所对应的波长为截止波长，用 λ_c 表示。由上式得出的截止波长表示为

$$\lambda_c = \frac{2\pi}{V_c}n_1 a\sqrt{2\Delta} \tag{2.89}$$

由于 LP_{11} 模的 $V_c = 2.404\,83$，因此光纤中第一高次模的截止波长为

$$\lambda_c = \frac{2\pi\sqrt{2\Delta}n_1 a}{2.405} \tag{2.90}$$

只有当工作波长大于此截止波长时，才能保证单模工作。

3. 模场直径 d

模场直径是单模光纤的一个重要参数。从理论上讲，单模光纤中只有基模（LP_{01}）传输，基模场强在光纤横截面上的分布与光纤的结构有关，而模场直径就是衡量光纤横截面上一定场强范围的物理量。单模光纤中的光场并不是完全集中在纤芯中，在包层中同样存在部分光能量。所以，引入模场直径的概念用以描述单模光纤中光场的集中程度。

对于阶跃型单模光纤，基模场强在光纤横截面近似为高斯分布，如图 2.20 所示。通常将纤芯中场分布曲线最大值的 $1/e$ 处，所对应的宽度定义为模场直径，用 d 表示。

模场直径可以用下式进行计算：

$$d = 2a + \frac{a}{V} \quad (2.91)$$

在 1.2＜V＜2.4 时，可以用下面的公式近似计算归一化模场直径，即

$$\frac{d}{2a} = 0.65 + 1.619V^{-3/2} + 2.879V^{-6} \quad (2.92)$$

在高斯近似下，光纤纤芯传输的功率 $P_{纤芯}$ 与总功率 $P_{总}$ 之比可以用下面的公式进行计算：

$$\frac{P_{纤芯}}{P_{总}} = 1 - \exp\left(-\frac{8a^2}{d^2}\right) \quad (2.93)$$

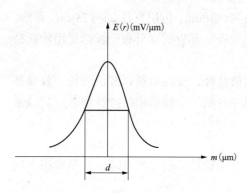

图 2.20　基模场强分布曲线

2.7.2　单模光纤的双折射现象

1. 双折射的基本概念

理论上单模光纤只传输基模的一种模式，但实际上，在单模光纤中由于横向电场的极化方向不同而存在两个模式，即当电场 $\overline{E}$ 的空间指向为 Y 方向时，则此时磁场的空间指向应为 X，我们把它称为 Y 方向极化的模式，用 LP_{01}^Y 表示。显然，除了上述这种模式之外，在弱导波光纤中还可存在电场沿 X 方向极化的 LP_{01}^X 模，它们的极化方向互相垂直。

经分析可知，在理想的轴对称的光纤中，这两个模式有相同的传输相位常数，即 $\beta_x = \beta_y$，即这两个模式互相简并。所谓简并模，是指不同的模式有不同的电磁场结构形式，当它们具有相同的传输参量（如 β）时，称为简并模。但在实际光纤中，由于光纤形状、折射率、应力等分布的不均匀，将使两个模式的 β 值不同，即 $\beta_x \neq \beta_y$，形成相位差 $\Delta\beta$，简并被破坏，这种现象称为单模光纤中的双折射现象。

2. 单模光纤中双折射的种类

由电磁场理论得知，所谓极化，就是指随着时间的变化，电场或磁场的空间方位是如何变化的。一般人们把电场的空间方位作为波的极化方向，这种电磁波的极化问题，在研究光波传输时，通常用偏振来表示，即光矢量的空间方位称为光的偏振。一般可分为以下三种类型的偏振光：

（1）线偏振光。光矢量的端点描绘出的图形是一条直线，称为线偏振光。如图 2.21（a）所示。

（2）圆偏振光。如果电场的水平分量与垂直分量振幅相等、相位相差 $\pi/2$ 时，则合成场矢量将随时间 t 的变化而围绕着传播方向旋转，即光矢量的大小不变，而方向绕传输方向旋转，矢量端点的轨迹是一个圆，称为圆偏振光，如图 2.21（b）所示。

（3）椭圆偏振光。如果电场强度的两个分量，空间方位互相垂直，振幅和相位都不等时，随着时间 t 的变化，合成矢量端点的轨迹是一个椭圆，称为椭圆偏振光，如图 2.21（c）所示。

对应着以上三种偏振光，单模光纤中的双折射也有以下三种：

（1）线双折射。线偏振光在两个正交的方向上，如果有不同的折射率，就会有不同的相位常数，这种双折射称为线双折射。

（2）圆双折射。在传输媒质中，当左旋圆偏振波和右旋圆偏振波有不同的折射率时，从

而使其有不同的相位常数,这种双折射称为圆双折射。

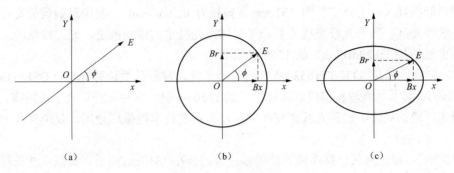

图 2.21 光的三种偏振状态

(a)线偏振光;(b)圆偏振光;(c)椭圆偏振光

(3)椭圆双折射。当线双折射和圆双折射同时存在时,称为椭圆双折射。由于双折射的存在,将引起偏振状态沿光纤长度变化。

3. 双折射对偏振状态的影响

由于双折射的存在,则 $\beta_x \neq \beta_y$,将使得 LP_{01}^X 和 LP_{01}^Y 的传播速度不等,形成相位差 $\Delta\beta$,于是偏振状态将沿光纤长度变化。表征双折射的一个常用而且比较直观的参量是拍长 L_B 以线双折射为例,它沿光纤 Z 方向,将由线偏振变成椭圆偏振,再变为圆偏振……,呈周期性地变化,将偏振状态变化了一个周期相应的光纤长度,称为单模光纤的拍长,用 L 表示,如图 2.22 所示。

也可以这样理解:两个正交的偏振模(即 LP_{01}^X 和 LP_{01}^Y),当相位变化之差为 2π 时,所对应的长度为一个拍长。根据拍长定义,可写出

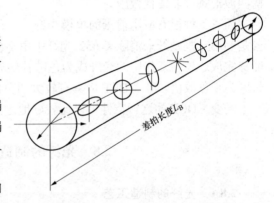

图 2.22 双折射对偏振状态的影响

$$L_B(\beta_X - \beta_Y) = 2\pi$$

$$L_B = \frac{2\pi}{\beta_X - \beta_Y} = \frac{2\pi}{\Delta\beta} \tag{2-94}$$

$$\Delta\beta = \beta_X - \beta_Y \tag{2-95}$$

式中:$\Delta\beta$ 称为偏振双折射率。$\Delta\beta$ 越大,双折射越严重。

由于单模光纤中双折射现象的存在,可能导致偏振色散的产生,对于单模光纤传输系统的带宽容量或中继距离会产生一定影响。因此,需要寻求减小甚至消除偏振色散的办法,采用特殊的结构设计和制造技术,研制一些具有特殊双折射性能的单模光纤,以适应光纤技术发展的需要。

2.7.3 单模光纤的分类

按照国际电信联盟电信标准化部门 ITU-T 的最新建议 G.652、G.653、G.654、G.655,单模光纤可以分为 4 种:非色散位移单模光纤、色散位移单模光纤、截止波长位移单模光纤和非零色散位移单模光纤。

G.652 光纤：满足 ITU-T.G.652 要求的单模光纤，常称为非色散位移光纤，其零色散位于 1.3μm 窗口低损耗区，工作波长为 1310nm（损耗为 0.36dB/km）。我国已敷设的光纤光缆绝大多数是这类光纤。随着光纤光缆工业和半导体激光技术的成功推进，光纤线路的工作波长可转移到更低损耗（0.22dB/km）的 1550nm 光纤窗口。

G.653 光纤：满足 ITU-T.G.653 要求的单模光纤，常称色散位移光纤（DSF=Dispersion Shifled Fiber），其零色散波长移位到损耗极低的 1550nm 处。这种光纤适合于长距离、高速率的单信道光纤通信系统。这种光纤在有些国家，特别在日本被推广使用，我国京九干线上也已采纳。

G.654 光纤：截止波长位移单模光纤的零色散波长在 1319nm 附近，其截止波长移到了较长波长。光纤在 1550nm 波长区域损耗极小，最佳工作范围为 1500～1600nm。光纤抗弯曲性能好，主要用于无中继的海底光纤通信系统。

G.655 光纤：满足 ITU-T.G.655 要求的单模光纤，常称非零色散位移光纤或 NZDSF（Non Zero Dispersion Shifted Fiber），属于色散位移光纤，不过在 1550nm 处色散不是零值（按 ITU-T.G.655 规定，在波长 1530～1565nm 范围对应的色散值为 0.1～6.0ps/nm*km），用以平衡四波混频等非线性效应。

还有一种很有应用前景的单模光纤——色散补偿单模光纤。色散补偿又称光均衡，它主要是利用一段光纤来消除 G.652 光纤中由于色散的存在使得光脉冲信号发生的展宽和畸变。能够完成这种均衡作用的光纤成为色散补偿光纤（DCF）。如果常规光纤的色散在 1550nm 波长区为正色散值，那么 DCF 应具有较大的负色散系数，使得光脉冲信号在此工作窗口波形不产生畸变。DCF 的这一特性可以比较好地达到高速率长距离传输的目的。

2.8 光纤的制造工艺和光缆的构造

2.8.1 光纤的制造工艺

光纤由纤芯、包层和涂敷层构成。光纤的制造工艺主要包括原料的提纯、预制棒的熔炼、拉丝和涂敷三道工序。

1. 预制棒的制作

预制棒是制作光纤的原料。它的径向折射率按照芯层和包层的折射率要求而分布，但尺寸则要大得多。典型的预制棒直径约为 10～25nm，长度约为 60～120cm。目前，生产预制棒的工艺采用两步法，先制造预制棒的棒芯，然后在芯棒外采用不同技术制造包层。芯棒的制造决定了光纤的传输性能，而包层则决定了光纤的制造成本。

由图 2.23 可见，芯棒的制作有四种工艺，分别是改进的化学汽相沉积法 MCVD、外部汽相沉积法 OVD、汽相轴向沉积法 VAD 和等离子体化学汽相沉积法 PCVD，其基本化学反应是用两种气体 SiCl$_4$ 和 O$_2$ 在高温下进行混合，生成二氧化硅 SiO$_2$，即：

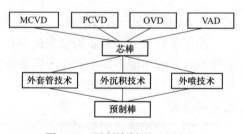

图 2.23 预制棒制造工艺流程

$$SiCl_4+O_2 \rightarrow SiO_2+2Cl_2$$

为了控制折射率往往还要加入一些掺杂物。四种芯棒的制作技术分别介绍如下：

（1）外部汽相沉积法（OVD）。如图 2.24 所示，基棒由石墨石英或氧化铅做成，从管中喷出来的 SiO_2 粉尘在旋转并移动的基棒上形成一层沉积层，沉积层较为松散，沉积过程完成后抽走基棒，将粉尘预制棒置于固化炉中，在高温（大约 1400℃）环境下将其脱水固化，制成洁净的玻璃基棒，这种管状芯棒的中心空洞在拉丝过程中会消失。

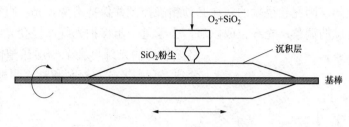

图 2.24 外部气相沉积法过程

OVD 法要求环境清洁，严格脱水，可以制得损耗为 0.16dB/km 的单模光纤，几乎接近于石英光纤在 1.55μm 窗口的理论损耗 0.15dB/km。

（2）改进的化学汽相沉积法（MCVD）。MCVD 广泛用于低损耗渐变折射率光纤的生产，图 2.25 所示为其过程。反应气体（O_2、$SiCl_4$ 和 $GeCl_4$）由基管（合成石英管）的左侧流进基管，基管是旋转的。下面有来回移动的喷灯，这样 SiO_2、GeO_2 和其他掺杂物将形成粉尘并沉积在基管内的表面，经过喷灯烧结成一层纯净的玻璃薄层，其工作温度大约有 1600℃。当管子内壁的玻璃沉积层达到一定厚度时，停止反应气体的供给，将基管加热至 2000℃，使之成为实心棒。

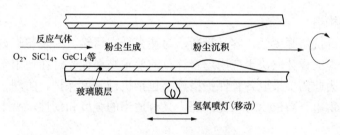

图 2.25 MCVD 工艺示意图

MCVD 是目前制备高质量石英光纤比较稳定可靠的方法。使用该法制备的单模光纤性能衰减可达 0.2～0.3dB/km。MCVD 属于内沉积工艺。内沉积技术的优点在于可精确地控制径向折射率的分布，而芯棒的外沉积技术（如 OVD）的优势在于不用价格很昂贵的合成石英管，沉积速率、沉积层数不会受到基管直径的限制，特别有利于以高沉积速率制造大型预制棒。

（3）汽相轴向沉积法（VAD）。这种方法是在反应室里放置一根基棒——石英玻璃棒，基棒可以旋转并向反应室外移动，如图 2.26 所示。当反应气体送入反应室之后，就在基棒上沉积，基棒的旋转运动保证了芯棒的轴对称性，疏松的预制棒在向上移动的过程中经过一环形加热器，从而生成玻璃预制棒。

（4）等离子体化学汽相沉积法（PCVD）。该方法与 MCVD 有些相似，它用微波加热腔代替喷灯，在合成石英管内形成离子化气体——等离子体。等离子体激发的化学反应可以直接将一层纯净玻璃直接沉积在管壁上，而不形成粉尘，当达到所需厚度玻璃以后，再将管子制成实心预制棒。目前，微波加热腔的移动速度为 8m/min，这允许管内沉积数千个薄层，从而使每层的沉积厚度减小,因此,折射率分布的控制更为精确,可以获得更高的带宽。

2. 拉丝

图 2.27 是光纤拉丝设备工艺示意图,预制棒被放在拉丝加热炉,其底部受热熔化,受热熔化的部分开始下降,置于底部的拉线塔上卷绕轴的转速决定光纤的拉制速度,而拉制速度又决定了光纤的粗细,因此卷绕轴的转速必须精确控制并保持不变。光纤直径监测仪通过反馈实现对于拉丝速度的调整,光纤拉成以后,为了进一步保护光纤,提高光纤的强度,还需将涂敷后的光纤再套上一层热塑性材料,这就是套塑。套塑方式有松套和紧套两种。

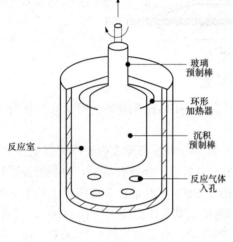

图 2.26 VAD 工艺示意图

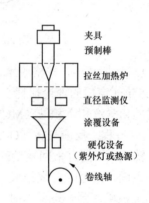

图 2.27 光纤拉丝工艺示意图

2.8.2 光缆的构造

由于裸露的光纤抗弯强度低,容易折断,为使光纤在运输、安装与敷设中不受损坏,必须把光纤成缆。光缆的设计取决于应用场合。总的要求是保证光纤在使用寿命期内能正常完成信息传输任务,为此需要采取各种保护措施,包括机械强度保护、防潮、防化学腐蚀、防紫外光、防氢、防雷电、防鼠虫等功能,还应具有适当的强度和韧性,易于施工、敷设、连接和维护等。

光缆设计的任务是,为光纤提供可靠的机械保护,使之适应外部使用环境,并确保在敷设与使用过程中光缆中的光纤具有稳定可靠的传输性能。对光缆最基本的要求有:缆内光纤不断裂,传输特性不劣化,缆径细、质量小,制造工艺简单,施工简便,维护方便。

光缆的制造技术与电缆是不一样的。光纤虽有一定的强度和抗张能力,但经不起过大的侧压力与拉伸力;光纤在短期内接触水是没有问题的,但若长期处在多水的环境下会使光纤内的氢氧根离子增多,增加了光纤的损耗。因此,制造光缆不仅要保证光纤在长期使用过程中的机械物理性能,而且还要注意其防水、防潮性能。

1. 光缆的基本结构

光缆是由光纤、导电线芯、加强芯和护套等部分组成。一根完整、实用的光缆,从一次涂敷到最后成缆,要经过很多道工序,结构上有很多层次,包括光纤缓冲层、结构件和加强芯、防潮层、光缆护套、油膏、吸氧剂和铠装等,以满足上述各项要求。

一根光缆中纤芯的数量根据实际的需要来决定,可以有 1~144 根不等(国外已经研制出了 4000 芯的用户光缆),每根光纤放在不同的位置,具有不同的颜色,便于熔接时识别。

导电线芯是用来进行遥远供电、遥测、遥控和通信联络的，导电线芯的根数、横截面积等也根据实际需要来确定。加强芯是为了加大光缆抗拉、耐冲击的能力，以承受光缆在施工和使用过程中产生的拉伸负荷。一般采用钢丝作为加强材料，在雷击严重地区应采用芳纶纤维、纤维增强塑料棒（FRP 棒）或高强度玻璃纤维等非导电材料。

光缆护套的基本作用与电缆相同，也是为了保护纤芯不受外界的伤害。光缆护套又分为内护套和外护套。外光缆护套的材料要能经受日晒雨淋，不致因紫外线的照射而龟裂；要具有一定的抗拉、抗弯能力，能经受施工时的磨损和使用过程中的化学腐蚀。室内光缆可以用聚氯乙烯（PVC）护套，室外光缆可以用聚乙烯（PE）护套。要求阻燃时，可用阻燃聚乙烯、阻燃聚醋酸乙烯酯、阻燃聚胺酯、阻燃聚氯乙烯等。在湿热地区，鼠害严重地区和海底，应采用铠装光缆。聚氯乙烯护套适合于架空或管道敷设，双钢带绕包铠装和纵包搭接皱纹复合钢带适用于直埋式敷设，钢丝铠装和铅包适用于水下敷设。

2. 光缆的分类

光缆的分类方法很多。按应用场合可分为室内光缆和室外光缆；按光纤的传输性能可分为单模光缆和多模光缆；按加强筋和护套等是否含有金属材料可分为金属光缆和非金属光缆；按护套形式可分为塑料护套、综合护套和铠装光缆；按敷设方式不同可分为架空、直埋、管道和水下光缆；按成缆结构方式不同可分为层绞式、骨架式、带状式和束管式等。

下面仅以成缆方式的不同，介绍几种典型的光缆结构特点。

（1）层绞式光缆。层绞式光缆的结构和成缆方法类似电缆，但中心多了一根加强芯，以便提高抗拉强度，其典型结构如图 2.28（a）所示。它在一根松套管内放置多根（如 12 根）光纤，多根松套管围绕加强芯绞合成一体，加土聚乙烯护层成为缆芯，松套管内充稀油膏，松套管材料为尼龙、聚丙烯或其他聚合物材料。层绞式光缆结构简单、性能稳定、制造容易、光纤密度较高（典型的可达 144 根）、价格便宜，是目前主流光缆结构。但由于光纤直接绕在光缆中的加强芯上，所以难以保证在其施工与使用过程中不受外部侧压力与内部应力的影响。

（2）骨架式光缆。骨架式光缆的典型结构如图 2.28（b）所示，它由在多股钢丝绳外挤压开槽硬塑料而成，中心钢丝绳用于提高抗拉伸和低温收缩能力，各个槽中放置多根（可达 10 根）未套塑的裸纤或已套塑的裸纤，铜线用于公务联络。这类光缆抗侧压能力强，但制造工艺复杂。目前已有 8 槽 72 芯骨架光缆投入使用。

（3）带状光缆。带状光缆的典型结构如图 2.28（c）所示，是一种高密度光缆结构。它是先把若干根光纤排成一排黏合在一起，制成带状芯线（光纤带），每根光纤带内可以放置 4～16 根光纤，多根光纤带叠加起来形成矩形带状块再放入缆芯管内。缆芯典型配置为 12×12 芯。目前所用的光纤带的基本结构有薄型带、密封式带两种。前者用于少芯数（如 4 根）；后者用于多芯数，价格低、性能好。它的优点是结构紧凑，光纤密度高，并可做到多根光纤一次接续。

（4）束管式光缆。束管式光缆是后来开发的一种轻型光缆结构，其典型结构如图 2.28（d）所示，其缆芯的基本结构是一根根光纤束，每根光纤束由两条螺旋缠绕的扎纱将 2～12 根光纤松散地捆扎在一起，目前，最大束数为 8；光纤数最多为 96 芯。光纤束置于一个 HDPE（高密度聚乙烯）内护套内，内护套外有皱纹钢带铠装层，该层外面有一条开索和挤塑 HDPE 外护套，使钢带和外护套紧密地粘接在一起。在外护套内有两根平行于缆芯的轴对称的加强芯紧靠铠装层外侧，加强芯旁也有开索，以便剥离外护套。在束管式光缆中，光纤位于缆芯，在束管内有很大的活动空间，改善了光纤在光缆内受压、受拉、弯曲时的受力状态；此外，束管式光缆还具有缆芯细、尺寸小、制造容易、成本低且寿命长等优点。

总之，伴随光纤通信技术的不断发展，光缆的设计与制造技术也在日益取得进展。

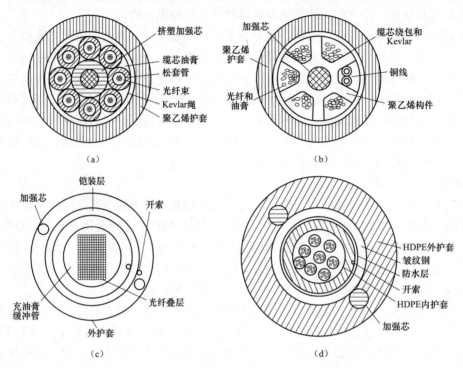

图 2.28　光缆的典型结构
（a）层铰式光缆；（b）骨架式光缆；（c）带状光缆；（d）束管式光缆

2.9　电 力 特 种 光 缆

电力特种光缆充分利用电力系统的特有资源，与电力网架结构紧密结合在一起建设，具有经济、可靠、快捷、安全的特点。电力特种光缆安装在不同电压等级的各种电力杆塔上，相对于普通光缆，对其电气特性、机械特性和光纤特性均有特殊的要求。

电力特种光缆与普通光缆相比，具有以下特点：

（1）经济可靠。电力特种光缆充分利用电力系统的特有资源（高压输电线路、铁塔等），与电力网架结构紧密结合在一起建设，具有经济、可靠、快捷、安全的特点。

（2）指标要求。电力特种光缆安装在不同电压等级的各种电力杆塔上，相对于普通光缆，对其电气特性、机械特性和光纤特性（如抗电腐蚀、电压等级、挡距、材料、张力、覆冰、风速、外部环境、酸碱性等）均有特殊的要求。

电力特种光缆种类是根据不同的应用要求逐渐形成和完善的，就目前来看，电力特种光缆主要包括全介质自承式光缆 ADSS、排挤地线复合光缆 OPGW、缠绕式光缆 GWWOP、捆绑式光缆 AL-Lash、相线复合光缆 OPPC。但主要使用的是 ADSS、OPGW。本书主要介绍以下三种电力特种光缆。

2.9.1 全介质自承式光缆 ADSS

1. ADSS 光缆简介

全介质（All Dielectric Self-Supporting，ADSS）即光缆所用的是全介质材料，自承式是指光缆自身加强构件能承受自重及外界负荷。这一名称就点明了这种光缆的使用环境及其关键技术：因为是自承式，所以其机械强度举足轻重；使用全介质材料一是因为光缆处于高压强电环境中，必须能耐受强电的影响；由于是在电力杆塔上架空使用，所以必须有配套的挂件将光缆固定在杆塔上。

ADSS 光缆在结构上等同于普通光缆，根据缆芯结构的不同分为中心管式和层绞式。中心管式光缆是将光纤以一定的余长置于填充油膏的 PBT 松套管内，而层绞式光缆则是将光纤松套管绞制在中心加强件 FRP 上后再被覆内护套。图 2.29 所示为层绞式 ADSS 光缆的结构。

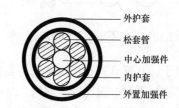

图 2.29　层绞式 ADSS 光缆的结构

目前，在架空输电线路上架设光缆主要有两种形式：光纤复合架空地线（OPGW）和全介质自承式光缆（ADSS）。新建的电力线路上通常选用 OPGW，ADSS 常用于已建成的电力线路上。ADSS 光缆相对 OPGW 投资较小，可在电力线路不停电状态下架设，设计施工、维护等也较方便，已在建成的电力线路上得到广泛的应用。

2. ADSS 光缆适用范围

对于新建或已建成的 220kV 及以上的高压输电线路，且作为通信干线走廊的，为保证通信线路与输电线路运行寿命（30 年以上）的匹配性，从光纤通信的可靠性、施工和维护等方面考虑，工程人员应选择 OPGW，220kV 及以上的干线输电线路不宜选用 ADSS 光缆。

对于已建成的 220kV 及以下的输电线路，特别是区域变电所间的通信，可以考虑选用 ADSS 光缆。工程人员首先应考虑现有电力线路上架设 ADSS 光缆的可靠性，对电力线路已运行时间、杆塔的老化程度、原设计标准等条件来进行评估，从而确定架设的可行性。在产品方面，国内目前有 ADSS 光缆的产品和检验标准，如国家标准 GB/T 18899—2002《全介质自承式光缆》和电力行业标准 DL/T 788—2016《全介质自承式光缆》，国际上主要有 IEEE-P 1222 DRAFT—2019《用于架空输电线路的全介质自承式光缆 IEEE 标准（草案）》和 IEC 60794-4—2018《光缆第 4 部分：分规范-沿电力线架设的光缆》。在工程方面，国内有电力行业标准 DL/T 5344—2018《电力光纤通信工程验收规范》和 DL/T 767—2013《全介质自承式光缆（ADSS）用预绞丝金具技术条件和试验方法》，但至今没有成熟有效的针对 ADSS 光缆的线路工程设计规定/规程和规范，所以 ADSS 光缆安装设计，只能参照现行的电力行业标准 DL/T 5092—1999《110～500kV 架空送电线路设计技术规程》。由于是在电力杆塔上架空使用，所以须有配套的挂件将光缆固定在杆塔上，安装时需考虑最佳挂点、电磁腐蚀、人为破坏等因素。ADSS 光缆在 220，110，35kV 电压等级输电线路上广泛使用，特别是在已建线路上使用较多。

2.9.2 排挤地线复合光缆 OPGW

1. OPGW 光缆简介

OPGW 光缆全称光纤复合架空地线（Optical Fiber Composite Overhead Ground Wire，OPGW）。OPGW 光缆主要分为层绞式和中心束管式结构，它具有地线和通信光缆的双重功能，被安装在电力架空线杆塔顶部，替代电力线路中的原地线，安装时无须考虑光缆的挂点、电腐蚀等问题，更由于其高可靠性、优越的机械、电气性能使它成为在输电线路上建设电力纤通信网的最佳手段，目前 OPGW 光缆在油田电力线路、普光气田开发等项目中得到了广泛的应用。

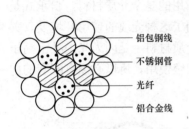

光纤复合架空地线 OPGW 主要由含光纤的缆芯（光单元）和绞合的金属线材（地线单元）组成。根据光单元保护管的不同，OPGW 光缆分为铝管结构和不锈钢管结构两大类。图 2.30 所示为层绞不锈钢管 OPGW 光缆的结构示意图。

OPGW 光缆是在电力传输线路的地线中含有供通信用的光纤单元。将光缆技术和输电线技术相融合，是通信光缆和高压输电线上架空地线的结合体，OPGW 光缆既是避雷线，又是架空光缆，同时还是屏蔽线。它兼具地线和通信光缆双重功能。

图 2.30　层绞不锈钢管 OPGW 光缆

由于该光纤具有抗电磁干扰、自重轻等特点，它可以安装在输电线路杆塔顶部而不必考虑最佳架挂位置和电磁腐蚀等问题。因而，OPGW 具有可靠性高、机械性能优越、成本低等显著特点。其安装十分便捷，在完成高压输电线路施工的同时，也完成了通信线路的建设。OPGW 光缆主要在 110kV 以上电压等级线路上使用，受线路停电、安全等因素影响，多在新建线路上应用。

2. OPGW 光缆的使用原则

OPGW 光缆由于具有地线和通信光缆的双重功能，因此它在使用过程中既要满足光通信、光保护的要求，同时也要满足输电线路架空地线电气及机械性能的要求，OPGW 光缆使用中主要满足以下原则：

（1）OPGW 光缆的光纤性能与普通光缆相同。

（2）OPGW 光缆的机械性能与电地线相匹配。

（3）OPGW 光缆的电气性能与电地线相匹配。

3. OPGW 光缆使用中的主要要求

OPGW 光缆在使用时除了满足系统通信信息数据传输的要求外，还必须考虑导地线的配合以及普通地线和 OPGW 的配合要求，包括荷载条件、分流、安全可靠的运行等。影响 OPGW 光缆使用的主要条件包括以下几个方面：

（1）OPGW 光缆中光纤的技术要求。目前 OPGW 中使用的光纤主要是符合 ITU G.652 规范和 ITU G.655 规范的单模光纤。因此光纤性能应满足以上规范的要求，光纤的芯数根据工程的实际需要选择，满足工程需求即可。

（2）OPGW 光缆的热容量。光缆的热容量是直接影响到光缆的结构和选型的关键参数。在常规的 OPGW 光缆结构中，热容量大小的本质，将决定光缆截面的大小，直至影响到光缆结构。而光缆所应承受的热容量，主要取决于光缆所处电力系统的状况、电力系统最大的短路电流（严格来讲是带有最大零序分量的短路电流）、故障的切除时间以及光缆和相邻地线之间的电流分配。电力系统短路电流及故障时间参数由电专业提供。

（3）OPGW 光缆的机械特性。OPGW 光缆的机械特性主要包括光缆的重量、直径、承载截面积、额定抗拉强度、最大允许工作张力等。由于 OPGW 光缆的特殊性，因此它的机械特性满足在电力线路中敷设的要求，与地线的机械性能要求相同。

（4）OPGW 光缆与另一根地线的配型。常规的电力线路中两根地线是相同的，使用 OPGW 光缆后，就导致线路两根地线不相同了。由于 OPGW 光缆中容纳光纤和塑料化合物，在使用时就必须考虑热稳定校核、张力弧垂匹配、耐雷特性匹配。

1）张力弧垂匹配。OPGW 光缆实际上是一种具有光通信功能的架空地线，因此除了校核电气特性外，还必须使其机械特性满足普通地线的要求，其机械特性设计与普通地线无异。

由于 OPGW 光缆内含光纤和塑料化合物组成的光纤单元，为了保护光纤和合理的机械电气特性，阻抗匹配的 OPGW 光缆比另一根普通地线直径稍大，横向荷载相应增加，但增加幅度不大；垂直荷重也比普通地线大，但根据杆塔强度、OPGW 光缆依附送电线路的导线机械物理特性、送电线路的气象条件、导线最大设计应力等参数，可以确定 OPGW 光缆的最大设计应力，使其与普通地线相当。

2）OPGW 光缆的耐雷特性匹配。OPGW 光缆是与输电导线同塔架设，处于架空线路的最顶部，作为避雷线和线路发生故障短路时接地线使用，OPGW 光缆遭受雷击是不可避免的。尽管雷击电弧的瞬间电流强度非常大，达到几百千安培，但持续的时间非常短，为仅有几十到几百微秒，因此雷电流的热容量是很小的，不足以对 OPGW 光缆产生影响。雷击考验的是外层每一根单丝的瞬间耐高温的能力。若 OPGW 光缆的外层单丝熔点较低，且雷击接触面积较小的话，由雷击电弧弧根产生的瞬间高温可能会熔蚀外层单丝甚至熔断。

2.9.3 相线复合光缆 OPPC

1. 光缆结构

OPPC 是一种新型的电力特种光缆，其结构是在传统导线的基础上，用 1 个或几个光单元替换原来的导线材料，再同心绞合而成，其结构与 OPGW 光缆类似，具有中心管式与层绞式 2 种结构。OPPC 是在相线的基础上增加不锈钢管光纤单元。采用这种结构主要是为保持线路的均衡性以及与相邻相线的匹配，目前，相线基本采用钢芯铝绞线或铝包钢芯铝合金绞线，所以 OPPC 设计中除了需要考虑光纤特性外，其他的设计要求和设计参数与相邻的相线完全一致，需要考虑线路电压、导电电流、直流电阻、荷载、温升、线膨胀系数、导体截面积等参数根据具体的线路要求，OPPC 可以设计成中心不锈钢管式结构和层绞不锈钢管式结构，如图 2.31 所示

2. 使用场合和性能

OPPC 是将光纤单元复合在相线中的一种光缆，具有电能输送和光通信的双重功能，因此既要满足架空导线的特性，又要满足光缆的特性。目前 OPPC 多应用于 35kV 以下电力线路，这些低压输电线路，由于电压等级较低并没有设计地线，所以在这种情况下 OPPC 就成为最好的选择。

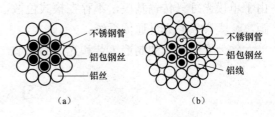

图 2.31 OPPC 光缆典型结构

（a）中心管式；（b）层绞式

不锈钢管
铝包钢丝
铝丝

不锈钢管
铝包钢丝
铝线

（a）　　　　　（b）

本 章 小 结

本章介绍了光纤基本理论分析及光缆的结构和分类。重点分析了以下问题：

（1）用射线光学理论分析阶跃型光纤和渐变型光纤的导光原理。阶跃型光纤由于纤芯中折射率分布是均匀的，因此它靠全反射原理将光射线集中在纤芯中沿定方向传输。光射线在纤芯中的行进轨迹是一条和轴线相交的平面折线。

渐变型光纤由于纤芯中折射率分布是随着半径的增加而按一定规律减小的，因此它靠折

射原理将光射线集中在纤芯中沿一定方向传输。光射线在纤芯中行进的轨迹是一条曲线。

（2）用波动理论的方法分析阶跃型光纤和渐变型光纤的导光原理。

采用波动光学理论分析光在光纤中传输性能，分析从求解满足边界条件的波动方程入手，在分析时分别介绍了标量法和矢量法两种求解的方法。采用标量近似解法可以得到光纤中各个模式的传输系数、模式的截止条件、单模传输条件、多模传输时的模式数量、模式功率分布等的简便计算公式。矢量解法是求满足边界条件的矢量亥姆霍兹方程的解答。矢量解中各个分量在直角坐标系中都满足标量的亥姆霍兹方程。而在圆柱坐标系统中，除 E_z、H_z 以外，其他横向分量都不满足标量的亥姆霍兹方程。因而矢量解法是从解 E_s、H_z 的标量亥姆霍兹方程入手，再通过场的横向分量与纵向分量的关系，求其他分量。对于渐变光纤，重点讨论了平方律型折射率分布光纤的标量近似解法。

（3）讨论光纤的传输特性——损耗特性、色散特性和非线性效应。光纤损耗是限制无中继通信距离的重要因素之一。它在很大程度上决定着传输系统的中继距离。光波在光纤中传输时，随着传输距离的增加，光功率会不断下降。光纤对光波产生的衰减作用称为光纤的损耗。衡量光纤损耗特性的参数为衰减系数。光纤的色散引起传输信号的畸变，使通信质量下降，从而限制了通信容量和通信距离。光纤色散的种类主要分为模式色散、材料色散和波导色散 3 种。此外，在单模光纤中还存在偏振模色散。光纤中的非线性效应对于光纤通信系统有正反两方面的作用，一方面可引起传输信号的附加损耗、波分复用系统中信道之间的串话、信号载波的移动等；另一方面又可以被利用来开发如放大器、调制器等新型器件。

（4）分析单模光纤的结构特点、特性参数及分类。对于在系统中应用较多的单模光纤从结构、性能和分类上做了介绍。单模光纤是指在给定的工作波长上只传输单一基模的光纤。由于单模光纤只传输基模，不存在模式色散，因此它具有相当宽的传输带宽，使其适用于长距离、大容量的光纤通信系统。

（5）介绍光纤的制造工艺和光缆的构造，最后介绍了电力特种光缆的分类。

习　　题

1．阶跃光纤和渐变型光纤的主要区别是什么？

2．什么是弱导波光纤？

3．数值孔径是如何定义的？其物理意义是什么？

4．计算 n_1=1.48 及 n_2=1.46 的阶跃折射率光纤的数值孔径。如果光纤端面外介质折射率 n=1.00，则允许的最大入射角 θ_{max} 为多少？

5．设一多模阶跃光纤的纤芯直径为 50μm，纤芯折射率 n_1=1.48，相对折射率差 Δ=0.01，试计算在工作波长为 0.84μm 时的归一化频率 V 是多少？光纤中存在多少个导波模式？

6．一阶跃多模光纤的纤芯半径 a=25μm，数值孔径 NA=0.22，当工作波长为 850、1310、1550nm 时，试问该光纤可以传输的导播模式的数量是多少？

7．一阶跃折射率光纤，纤芯半径 a=25μm，纤芯折射率 n_1=1.5，相对折射率差 Δ=0.01，光纤长度 L=1km。求：

（1）光纤的数值孔径。

（2）子午光线的最大时延差。

（3）若将光纤的包层和涂敷层去掉，求裸光纤的数值孔径和子午光线的最大时延差。

8．阶跃光纤的 $n_1=1.48$，$n_2=1.478$，归一化频率 $V=2.4$，$\lambda=850nm$，计算纤芯直径、数值孔径和模场直径。

9．一根数值孔径为 0.20 的阶跃折射率多模光纤在 850nm 波长上可以支持 1000 个左右的传播模式。试问：

（1）其纤芯直径为多少？

（2）在 1310nm 波长上可以支持多少个模式？

（3）在 1550nm 波长上可以支持多少个模式？

10．某光纤在 1300nm 处的损耗为 0.6dB/km，在 1550nm 波长处的损耗为 0.3dB/km。假设下面两种光信号同时进入光纤：1300nm 波长的 150μW 光信号和 1550nm 波长的 100μW 光信号，试问这两种光信号在 8km 和 20km 处的功率各是多少？（以 μW 为单位）

11．色散补偿的方案有哪些？

12．解释 SPM 和 XPM 现象之间的区别。

13．某阶跃光纤的纤芯折射率 $n_1=1.5$，相对折射率差 $\Delta=0.003$，纤芯直径为 7μm，试问：

（1）该光纤的 LP_{11} 高阶模的截止波长是多少？

（2）当纤芯内光波长为 570nm 和 870nm 时，能否实现单模传输？

14．光纤预制棒加工工艺主要有哪几种？它们有什么相同点和区别？

15．考虑一段由阶跃折射率光纤构成的 5km 的光纤链路，纤芯折射率 $n_1=1.49$，相对折射率差 $\Delta=0.01$：

（1）求接收端最快和最慢的模式之间的时间差。

（2）求由模式色散导致的均方根脉冲展宽。

（3）假设最大比特率就等于带宽，则此光纤的带宽距离积是多少？

第3章 光源和光发射机

在光纤通信系统中，光源的作用是用来产生光信号的载波信号和调节信号的，相当于无线通信系统中的无线信号发射系统的天线，光源和其调节部分共同构成了光发射机。光源是光纤通信系统中的关键器件，光纤通信技术的发展与光源技术的发展是分不开的。当前光纤通信光源主要采用半导体激光器（LD）和发光二极管（LED）。

光发射机是将电输入信号转换为相应的光信号，是各种光波系统的基本组成单元和决定光波系统性能的基本因素。光发射机的核心部件是光源，光纤通信系统均采用半导体发光二极管（LED）和激光二极管（LD）作为光源，在高速率、远距离传输系统中均采用光谱宽度很窄的分布反馈式激光器（DFB-LD）和量子阱激光器（MQW-LD），这类光源具备尺寸小，耦合效率高，响应速度快，波长和尺寸与光纤适配，并且可在高速条件下直接调制等优点。本章将讨论半导体光源的原理结构、特性及由它构成的光发送机的结构、光调制特性，以及将光信号注入光纤的耦合方式与技术。

3.1 激光原理的基本知识

原子物理学的发展对激光技术的产生和发展，做出过很大贡献。激光出现以后，用激光技术来研究原子物理学问题，实验精度有了很大提高，因此又发现了很多新现象和新问题。射频和微波波谱学新实验方法的建立，也成为研究原子光谱线的精细结构的有力工具，推动了对原子能级精细结构的研究。因此，原子物理学与激光技术的发展是相辅相成的。研究激光光纤通信，必须研究原子物理学。

3.1.1 基本概念

1. 原子的能级和晶体中的能带

（1）原子的能级。由物理学知识知道，物质由原子构成，原子由原子核及围绕原子核旋转的电子构成，这些电子只能在某些一定的、不连续的轨道上围绕原子核运动。电子沿不同

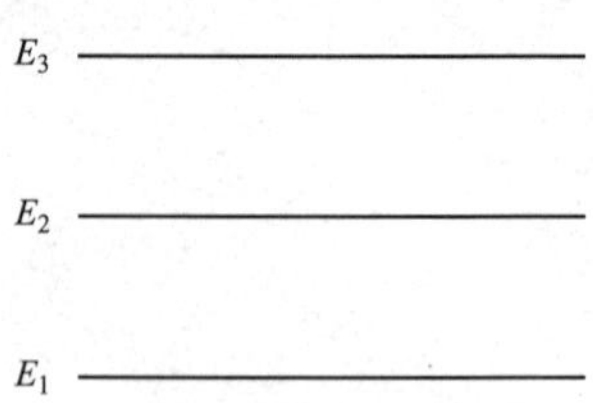

E_3 ——————————

E_2 ——————————

E_1 ——————————

图 3.1 原子的能级

轨道运行时就会具有不同的能量，这些不同的离散能量值称为原子的能级，如图 3.1 所示。

（2）晶体的能带。由于半导体材料是一种单晶体，其内部原子是紧密地按一定规律排列在一起的，并且各原子最外层的轨道又互相重叠，从而使它们的能级重叠成能带，如图 3.2 所示。

1）满带：能级最低的能带，被电子占满，满带中的电子很稳定，电子数一般不受外界激励的影响，也不影响半导体器件的外部特性。

2）导带：半导体内部自由运动的电子所填充的能带，在绝对零度时导带基本上是空的，只有在一定温度下，由于热激发、光的照射或掺杂等原因，导带中才会出现电子。

价带：价电子所填充的能带。它可能被占满，也可能被占据一部分。

3）禁带：导带底与价带顶之间不允许电子填充的这段能带宽度，用 E_g 表示。

没有任何外来杂质和晶格缺陷的理想半导体称为本征半导体。若向本征半导体材料中加入提供电子的杂质，则形成 N 型半导体，N 型半导体材料中电子浓度高，空穴浓度很低，属于电子导电型。向本征半导体材料中掺入提供空穴的杂质，则形成 P 型半导体。P 型半导体材料中空穴浓度高，电子浓度很低，属于空穴导电型。对单独的 N 型或 P 型材料，仍是电中性。当 N、P 两种半导体材料结合后，由于它们存在浓度差，必然出现电子、空穴从浓度高向浓度低的地方扩散的现象，即 N 型材料中的电子向 P 型材料扩散；P 型材料中的空穴向 N 型材料中扩散。

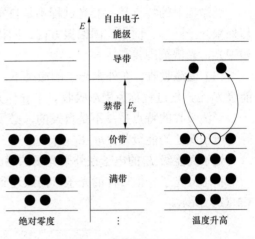

图3.2 能带结构示意图

当 P 区中的空穴扩散到 N 区后，在 P 区就留下带负电的离子；当 N 区中的电子扩散到 P 区后，在 N 区就留下带正电的离子。结果在两种材料结合的 P 侧出现一个负电荷区，N 侧出现一个正电荷区，即空间电荷区。由于空间电荷的存在，出现了一个 N 指向 P 的电场，称为内建电场。在内建电场的作用下，P 区中的电子向 N 区漂移；N 区中的空穴向 P 区漂移。这种漂移运动和扩散运动相反，当达到动态平衡时，就形成了稳定的内建电场，这时的空间电荷区内没有自由移动的带电粒子，不导电，称为 PN 结。

2. 能级跃迁

原子中的电子可以通过能级跃迁实现和外界的能量交换。若跃迁过程中交换的能量是热运动的能量，称为热跃迁；若交换的能量是光能，则称为光跃迁，光的一个基本性质是它既具有波动性，又具有粒子性。一方面，光是电磁波，有确定的波长和频率，具有波动性；另一方面，光是由大量光子构成的光子流，每个光子都有一定的能量 E，具有粒子性。光子的能量与光波频率之间的关系为

$$E=hf \tag{3.1}$$

式中：f 为光子频率；h 称为普朗克常数，$h=6.626\times10^{-34}\mathrm{J\cdot s}$（焦耳·秒）。

光可以被物质吸收，物质也可以发光。光的吸收和发射与物质内部能量状态的变化有关。研究发现，光和物质的相互作用存在着三种不同的基本过程，即自发辐射、受激辐射和受激吸收。

（1）自发辐射。处于高能级的电子不稳定，在没有外界条件的影响下，自发地从高能级 E_f 跃迁到低能级 E_i，同时，多余的能量以发光的形式释放出来，这个过程就称为自发辐射。半导体发光二极管是按照这种原理工作的，如图 3.3（a）所示。

自发辐射的特点是：发光过程是自发的，辐射出的光子频率、相位及方向都是随机的，输出的光是非相干光，光谱范围较宽。

辐射出的光子能量等于发生跃迁的两个能级差，即 $hf=E_f-E_i$。

（2）受激辐射。如图 3.3（b）所示，处于高能级的电子，在外来光子的激励下，从高能级 E_f 跃迁到低能级 E_i，同时释放出一个与外来光子全同的光子，这个过程称为受激辐射。半

导体激光器是按照这种原理工作的。

受激辐射的特点是：发光过程不是自发的，而是受外来光激发引起的。辐射出的光子是与外来光子同频、同相、同偏振方向、同传播方向的全同光子，可实现光放大，输出的光是相干光，光谱范围较窄。

（3）受激吸收。在外来光子的激励下，低能级 E_i 上的电子吸收外来光子的能量跃迁到高能级 E_f 上，这过程称为受激吸收。半导体光电检测器是按照这种原理工作的。

受激吸收的特点是：不是自发的，必须在外来光子的激励下才会产生。外来光子的能量等于电子跃迁的能级差，$hf=E_f-E_i$。

处于高能级 E_f 的电子在外来光场的感应下（外来感应光子的能量 $\varepsilon=h\nu=E_f-E_i$），发射出一个和感应光子一模一样的光子，而跃迁到低能级 E_i，该过程称为光的受激辐射过程，如图3.3（c）所示。

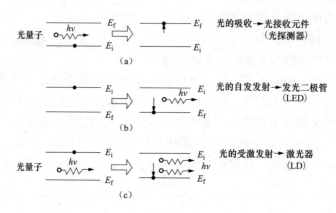

图 3.3　在半导体中与跃迁有关的三种光效应

（a）光的吸收；（b）光的自发发射；（c）光的受激发射

E_i——跃迁初态能量；E_f——跃迁终态能量

3.1.2　激光激射条件

1. 形成粒子反转

粒子数反转分布指高能态粒子数大于低能态粒子数的非热平衡状态。在热平衡状态下，粒子数按能态的分布遵循玻耳兹曼分布律：

$$N_2/N_1=g_2/g_1\exp[-(E_2-E_1)/kT]$$

式中：k 为玻耳兹曼常数，N_2、g_2 和 N_1、g_1 分别为高能态 E_2 和低能态 E_1 的粒子数和统计权重。由于 $E_2>E_1$，$T>0$，故 $N_1>N_2$，即高能态上的粒子总少于低能态上的粒子数。于是原子系统的受激吸收过程总占优势。

原子系统单位时间内从辐射场所吸收的光子数总是多于受激发射产生的光子数。如果采用适当的激励，破坏热平衡状态，使高能态粒子数多于低能态粒子数，即 $\Delta=N_2-N_1>0$，就说实现了粒子数反转，Δ 称反转粒子数。

粒子数反转是相对于热平衡分布而言的。当体系处于粒子数反转状态时，受激辐射光子数多于被吸收的光子数，因此对光子数具有放大作用。一个激光器要实现激光运转，粒子数反转是必要条件之一。

从 $\Delta>0$ 可知，体系处于粒子数反转状态时，体系的温度 $T<0$，因此体系处于负温度状

态。实际上，在热平衡状态下，T 不能取负值。但是体系处于粒子数反转状态时，它并不处于热平衡状态。实现能级之间粒子数反转分布状态的方法有多种，包括光激励法、电激励法等。

工作物质是激光器应具有的先决条件之一，工作物质在泵浦源的激发下，实现粒子数反转分布。由于高能级上的粒子不稳定，会自发跃迁到低能级上，并放出一个光子，即产生自发辐射，自发辐射的光子方向任意。这些自发辐射光在运动过程中，又会激发高能级上的粒子，从而引起受激辐射，放出与激发光子全同的光子，使光得到放大。当达到一定强度后，就从部分反射镜透射出来，形成一束笔直的激光。

目前常用半导体材料作工作物质，称为半导体激光器。半导体激光器通常采用外加正向电压作为激励源。半导体 PN 结构成光学谐振腔，由半导体材料的天然解理面抛光形成两个反射镜。

当 PN 结上外加的正向偏压足够大，使注入结区（也称为有源区）的电子足够多时，出现了粒子数反转分布状态，在 PN 结区内出现自发辐射，并引起受激辐射。产生的光子在经 PN 结构成的光学谐振腔来回反射，光强不断增加，经谐振腔选频，从而形成激光。

2. 振幅平衡条件

振幅平衡条件即阈值条件，是光的增益与损耗间应满足的平衡条件。受激辐射可以使光放大，即光波有增益。但由于工作物质不均匀造成光波散射；谐振腔反射镜不是理想的全反射，而有透射和吸收；或由于光波偏离腔体轴线而射到腔外等原因，都会造成光波的损耗。显然，只有当光波在谐振腔内往返一次的增益大于或等于损耗时，激光器才能产生自激振荡。可以将激光器能产生激光振荡的最低限度称为激光器的阈值条件。

3. 相位平衡条件

相位平衡条件是指光在光学谐振腔内形成正反馈的相位条件，并不是所有的受激辐射的光都能形成正反馈，只有那些与谐振腔轴平行，且往返一次的相位差等于 2π 的整数倍的光，才能形成正反馈，产生谐振，使光波加强，不满足这个条件的光波则会因损耗而消失。

3.2 半导体激光器

半导体激光器是一类工作物质为半导体晶体的激光器，它是光纤通信、光纤传感系统中常用的光源。由于它是通过受激发射发光，因而输出具有良好空间相干性的激光，具有辐射特性好、输出功率高、发散角小、谱宽窄、与光纤的耦合效率高等特点。半导体激光器适用于高速、长距离的光纤通信系统，还可以用作光纤放大器和固体激光器的泵浦光源。

3.2.1 结构与原理

如图 3.4 所示，一个典型的半导体激光器主要由以下几部分组成：

（1）有源区。有源区又称为增益区，是实现粒子数反转分布、存在光增益的区域。在这一区域中，只要注入光子能量满足前面公式（$hf=E_f-E_i$）的条件，则可引起导带电子

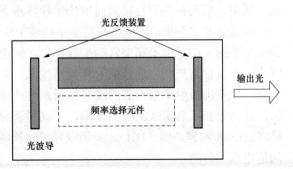

图 3.4 LD 的通用结构

跃迁到价带，并与价带中的空穴复合，同时发射光子，实现光放大。有源区采用双异质结构可以有效地提高激光器的增益效率。

（2）光反馈装置。光学谐振能够提供必要的正反馈以促进激光振荡。在最简单的法布里—珀罗激光器中，光反馈是利用晶体天然理解面的反射而形成的，其反射系数对所有纵模来说基本相同。

（3）频率选择元件。频率选择元件完成的功能是从光反馈装置决定的所有纵模中选择出一个特定模式。例如，在分布反馈式激光器中，通常采用相位光栅作为频率选择元件，利用其优良的滤波特性实现单纵模（单频）工作。所以激光器有非常好的单色性。

（4）光束的方向选择元件。光反馈装置的具体形状和位置确定了出射激光束的方向。由于谐振腔的开腔设计，只有严格与图 3.4 所示的光反馈装置中垂直的光束才能在谐振腔里来回反射，多次通过增益区，得到放大。那些角度稍微有点偏差的光束，在多次反射中将会从谐振腔中出射，不能建立起稳定的振荡。所以激光器有非常好的方向性。

（5）光波导。光波导用于引导激光器内所产生的光波在器件内部进行传输。它对激光器输出的横向模式存在较大影响。为了传输单横模，波导的厚度和宽度都必须足够小。

综上所述，设计一个实用的激光器结构至少需要具备一个有源区、一组光反馈装置和一条波导，而频率选择元件的功能是可选的，要看它是否允许多个模式存在。各部分的作用及与模式输出的关系如图 3.5 所示。

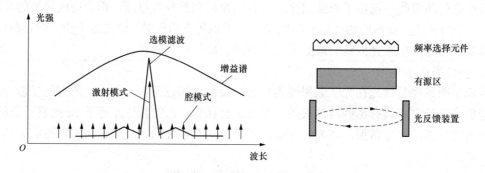

图 3.5　LD 功能组成与模式输出的关系

1. 有源区结构

半导体激光器的复合发光区域是有源区。有源区通常分为一个或多个垂直方向的 PN 结组成。根据构成 PN 结的半导体材料不同，又分为同质结、单异质结、双异质结和量子阱结构。其中，后两种类型是目前商用化半导体激光器的主要方案。

同质结是最简单的 PN 结。它是指构成 PN 结的 P 型和 N 型半导体同为一种材料，仅掺杂类型不同。由于电子和空穴的扩散作用，同质结的复合区往往分布于 PN 结两边较大的范围内，难以稳定控制。通过引入异质结技术，利用不同种类半导体材料的带隙差异所形成的势垒，以及由折射率差形成的波导结构，将载流子复合与光子传播过程约束在一定空间区域内，从而限制了有源区的有效范围，可以显著提高激光器的发光效率。异质结又包括单异质结（SH）和双异质结（DH），采用双异质结构能够实现对有源区的全面控制，达到有效降低阈值电流的目的。

图 3.6 给出一个 N-n-P 双异质结的结构示意图，该结构是由 3 种不同材料组成的多层结

构：一种重掺杂的宽带隙 N 型材料；一种非常轻掺杂的窄带隙 n 型材料；一种重掺杂的宽带隙 P 型材料。n 区夹在 N 区和 P 区中间，采用与 N 区和 P 区不同的材料，形成两个异质结。复合发光区域的宽度近似等于 n 型材料的厚度，而该宽度是在制作过程中确定的，因此可以得到完全的控制。

此外，N-n-P 三层结构还形成了一个包括高折射率波导芯（n 型材料）和低折射率包层（N 型和 P 型材料）的介质波导，光路能够限制在波导谐振腔内传播并被导引至器件端面，非常适合构造各种边发射激光器。综上所述，双异质结构对载流子及光子的有效约束机制使得激光器的阈值电流密度大大下降，在传统 F-P 腔激光器中得到了广泛的应用。

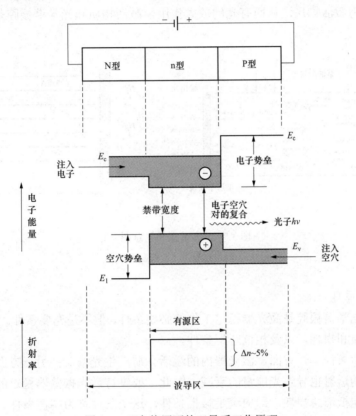

图 3.6 正向偏压下的双异质工作原理

一般双异质结构有源区的最佳厚度约为 0.15μm。如果进一步减少有源区厚度，LD 的阈值电流密度会明显增加。然而当其减至电子的德布罗意波长（约 50nm）时，半导体将会呈现量子特性，在导带和价带内产生宽度远小于深度的势阱，称为量子阱（QW）结构。量子阱结构分为单量子阱（SQW）和多量子阱（MQW）结构，实际应用的主要是多量子阱结构。多量子阱不是多个单量子阱简单累加的概念，它要求相邻两个势阱间的势垒宽度很窄，一个势阱中的电子会通过势垒隧穿进入另一个势阱。由于两个势阱中的电子相互作用，造成量子化能级的劈裂，具有完全不同于一般双异质结的能带特征。它能够有效地提高半导体激光器的发射功率，降低阈值电流和改善单模特性。

2. 谐振腔

法布里—珀罗（F-P）谐振腔是一种最简单的光学反馈装置，它由一对平行放置的平面反射镜（通常是半导体晶体材料的天然理解面）组成。如图 3.7 所示，将在泵浦源激发下，处于粒子数反转分布状态的工作物质，置于光学谐振腔内，腔的轴线应该与激活物质的轴线重合。被放大的光在谐振腔内，在两个反射镜之间来回反射，并不断地激发出新的光子，进一步进行放大。但在这个运动过程中也要消耗一部分能量（不沿谐振腔轴向传输的光波，会很快射出腔外，以及 M_2 反射镜的透射等也会损耗部分能量），当放大足以抵消腔内的损耗时，就可以使这种运动不停地进行下去，即形成光振荡。当满足一定条件后，就会从反射镜 M_2 透射出来一束笔直的强光，即是激光。综合上述分析，可得出结论：要构成一个激光器，必须具备工作物质、泵浦源和光学谐振腔三个组成部分。工作物质在泵浦源的作用下发生粒子数反转分布，成为激活物质，从而有光的放大作用，激活物质和光学谐振腔是产生激光振荡的必要条件。

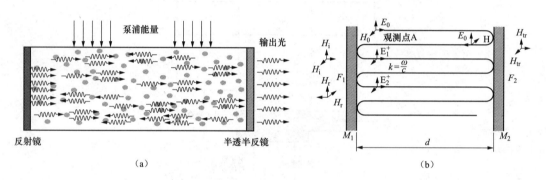

图 3.7 F-P 谐振腔示意图

（a）激射过程；（b）谐振原理

3. 激光形成原理

激活介质和光学谐振腔是激光器稳定工作的必要条件，但不是充要条件。实现激光振荡，必须综合考虑增益和损耗，以及相位匹配条件。

首先讨论阈值条件。一方面，激光器内的激活介质产生光增益；另一方面，由于腔内存在损耗，反射镜的透射也导致光能量的衰减。因此，要维持激光振荡器稳定的振荡，要求激光器的增益刚好能抵消总损耗，即应满足振幅条件，这个条件称为阈值条件。满足阈值条件的增益称为阈值增益，相应的泵浦或注入电流称为阈值电流。

图 3.8 所示为增益介质的放大作用。增益介质的输入功率（$z=0$）为 P，在距离为 z 处，光功率被放大到 P，取距离增量 dx，有功率增量 dP，且 dP 应与 P 和 dz 成正比，即

$$dP = GPdz \qquad (3.2)$$

比例系数 G 称为增益系数，表示通过单位长度的增益介质后，光功率的相对增长率，即

$$G = \frac{dP/dz}{P} = \frac{dP}{Pdz} \qquad (3.3)$$

当信号较小时，G 与 P 无关。对式（3.3）积分

$$\int \frac{dP}{P} = \int Gdz$$

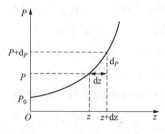

图 3.8 增益介质的放大作用

根据起始条件 $P(0)=P_0$，可得

$$P = P_e \exp(Gz) \tag{3.4}$$

增益作用使光功率随传输距离呈指数增大。再考虑激光器的损耗，激光器的损耗可用平均衰减系数 a 来描述。设输入光功率（$z=0$）为 P_0，则在坐标 z 处的光功率 $P(z)$ 为

$$P(z) = P_0 \exp(-az) \tag{3.5}$$

激光器的损耗可分为两种：一种是反射镜的透射损耗，用系数 α_t 表示；另一种是除反射镜透射损耗以外的其他所有损耗，称为内部损耗，用内损系数 α_i 表示。内部损耗的产生与很多因素有关，诸如增益介质的缺陷、成分不均匀或者粒子数不均匀所产生的吸收损耗和散射损耗，也包括光偏离轴线传播，逸出腔外所引起的光能损失等。总衰减系数 α 可以写成

$$\alpha = \alpha_t + \alpha_i \tag{3.6}$$

设谐振腔长度为 L，反射镜 M_1 和 M_2 的反射系数分别为 r_1 和 r_2。则只考虑 M_1 和 M_2 透射损耗时，光沿腔的长度方向往返（经两个镜面各反射一次）传播距离为 $2L$ 时，光功率可写成

$$P(2L) = P_0 r_1 r_2 \tag{3.7}$$

按照式（3.5）的规律，可写出 $z=2L$ 时的光功率表示式

$$P(2L) = P_0 \exp(-\alpha_r \cdot 2L) \tag{3.8}$$

比较式（3.7）和式（3.8）得

$$r_1 r_2 = \exp(-\alpha_r \cdot 2L) \tag{3.9}$$

解得

$$\alpha_r = \frac{1}{2L} \ln \frac{1}{r_1 r_2} \tag{3.10}$$

代入式（3.6）有

$$\alpha = \alpha_i + \frac{1}{2L} \ln \frac{1}{r_1 r_2} \tag{3.11}$$

同时考虑增益和损耗。注意到在平衡状态时，光波经反射镜 M_1 和 M_2 各反射一次后，再回到出发点，光功率的振幅应不变，即

$$P_0 \exp(G - \alpha) \cdot z = P_0 \tag{3.12}$$

则得

$$G = \alpha \tag{3.13}$$

满足这一关系的增益系数用 G_t 表示，即

$$G_t = \alpha_i + \frac{1}{2L} \ln \frac{1}{r_1 r_2} \tag{3.14}$$

对于一个给定激光器来说，α 为一定值。在激光器开启瞬间，光信号很弱，为了建立振荡，必须有 $G > \alpha$。振荡一旦建立，光功率逐渐增大。但光功率不可能无限增大，因为在这个过程中，高能级向低能级的受激发射导致粒子数反转数目减少，因而受激发射作用减弱，使 G 减小，直到 $G=\alpha$，满足振幅平衡方程时，激光器维持一个稳定的振荡，输出稳定的光功率。可见 G_t 是保证激光器起振的最低限度，称这一条件为阈值条件。

下面讨论相位平衡条件。在谐振腔内，由反射镜 M_1 射向 M_2 和由 M_2 射向 M_1 的单频率光波，传播方向相反，将叠加而产生干涉。多次往返反射，会发生多光束干涉。干涉的结果：光波在某些点上始终是加强，而在某些点上始终是减弱，形成驻波状态。显然，要在腔内形成谐振，势必要求多光束干涉应是加强以形成反馈，即要求反射波与初始波的相位差 $\Delta\phi$ 等于 2π 的整数倍

$$\Delta\phi = \frac{2\pi}{\lambda_k} \cdot 2L = 2\pi \cdot k \qquad (3.15)$$

式中：λ_k 为谐振腔中光波在激活物质中传播的波长；L 为腔长；$k=1$，2，3，…或者腔长为光波半波长的整数倍，则

$$L = k \cdot \frac{\lambda_k}{2} \qquad (3.16)$$

式（3.15）或（3.16）为激光器的相位平衡条件，通常称为光腔谐振条件或驻波条件。若腔内激活介质的折射率为 n，此时的光波波长 λ_k 是光在真空中的波长 λ 的 $1/n$，则光腔的谐振波长为

$$\lambda = n\lambda_k = \frac{2nL}{k} \qquad (3.17)$$

谐振频率为

$$f = \frac{c}{\lambda} = k\frac{c}{2nL} \qquad (3.18)$$

从式（3.18）可以看出，对于给定的谐振腔，只有某些特定频率（当 $k=1$，2，3，…时）的光，能够满足谐振条件而形成激光，其他频率不能形成激光。这里光学谐振腔起到了选频作用。式（3.18）还表明，当 k 值不同时，对应不同的谐振频率，相应的场有不同的纵向分布。或者说，k 值决定驻波场的一个模式，把这些驻波沿轴向的分布状态称为纵模。

相邻两个纵模间的谐振频率之差称为纵模频率间隔，即

$$\Delta f = f_{k+1} - f_k = \frac{C}{2nL} \qquad (3.19)$$

相应的波长间隔 $\Delta\lambda$ 为

$$\Delta\lambda = \lambda_{k-1} - \lambda_k \approx \frac{\lambda^2}{2nL} \qquad (3.20)$$

若忽略 n 与频率的关系，对于某一特定的光腔，Δf 为常数，表明各纵模的谐振频率是按等间隔均匀排列分布，如图 3.9（a）所示。L 越长，纵模间隔越小，谐振频率越多。必须指出的是，这些只是光谐振腔允许存在的谐振频率，它们并不一定都会形成激光。正如前面提及的一样，要建立起稳定的振荡，输出激光，必须同时满足相位条件和阈值条件。在前面的讨论中，视受激发射为单一频率，该频率由激活介质的能级差决定。实际上，由于受激活介质内原子的热运动和碰撞等因素的影响，造成频率偏移，受激发射分布在一定的频带内。对于受激发射是在两个能带之间进行的半导体激光器，频带会更宽。用增益曲线—增益与频率的关系曲线表示，如图 3.9（b）所示，呈抛物线形。可用高斯函数来表示，即

$$G(\lambda) = G(0)\exp\left[-\frac{(\lambda - \lambda_0)^2}{2\sigma^2}\right] \qquad (3.21)$$

式中：$G(0)$ 为正比于粒子数反转的最大增益；λ 为增益谱中心波长；σ 为增益谱宽度。在图 3.9（a）所示的满足相位平衡条件的纵模中，只有那些频率落在增益曲线范围内，且其小信号增益系数大于平均损耗系数的模式才能形成激光，同时各模式的发光强度不相同，如图 3.9（c）所示。

3.2.2 半导体激光器分类

1. F-P 腔激光器

（1）按垂直于 PN 结方向的结构分类。按垂直于 PN 结方向的结构的不同，FP 腔激光器可分为同质结激光器、单异质结激光器、双异质结激光器和量子阱激光器。它们结构和性质上的差别，如图 3.10 所示。

对图 3.10（a）中所示的 GaAs 同质结激光器，由于 PN 结两边是同种材料，没有带隙差存在有源区两边的折射率差是由掺杂不同（载流子浓度不同）所决定的。因此，同质结构对各层的掺杂要求很严格，各层必须都是重掺杂的。由于没有带隙差，折射率差很微小（0.1%～1%），有源区对载流子和光子的限制作用很弱，致使阈值电流密度很大。同质结激光器是不能实现室温下连续工作的。单异质结（SH）激光器是同质结构和双异质结构之间的过渡形式。

在双异质结（DH）激光器中，图 3.10（c）所示的 GaAs 双异质结激光器，窄带隙的有源区（GaAs）材料被夹在宽带隙的 GaAlAs 之间，带隙差形成的势

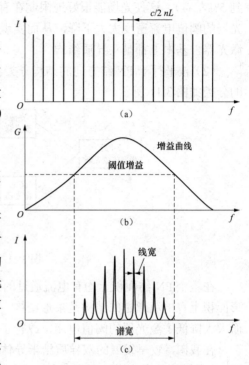

图 3.9 激光器的选频原理

垒对载流子有限制作用，它阻止了有源区里的载流子逃离出去。此外，双异质结构中的折射率差是由带隙差决定的，基本上不受掺杂的影响，有源区可以是重掺杂的，也可以是轻掺杂的。有源区里粒子反转的条件靠注入电流来实现。由于带隙差所决定的折射率差较大（可达

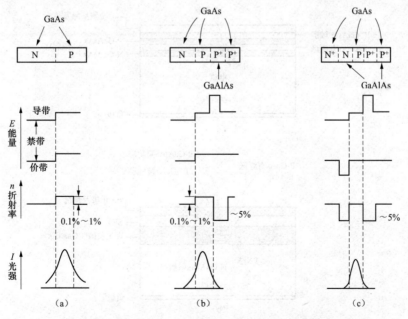

图 3.10 同质结、异质结激光器的能带示意图

（a）同质结；（b）单异质结；（c）双异质结

到 5%左右），这使光场能很好地限制在有源区里。载流子的限制作用和光子的限制作用使激光器的阈值电流密度大大下降，从而实现了室温下连续工作。目前光纤通信中使用的 FP 腔激光器，基本上都是双异质结构。

（2）按平行于 PN 结方向的结构分类。按平行于 PN 结方向的结构的不同，半导体激光器的分类如图 3.11 所示。

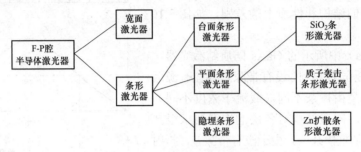

图 3.11　半导体激光器分类

在整个 PN 结面积上均有电流通过的结构是宽面结构，只有 PN 结中部与解理面垂直的条形面积上有电流通过的结构是条形结构。条形结构提供了平行于 PN 结方向的电流限制，因而大大降低了激光器的阈值电流，改善了热特性。

在我国，较早发展的双异质结半导体激光器多采用质子轰击平面条形结构，如图 3.12 所示。这种结构的条形是这样形成的：用金丝或钨丝将所需要的条形区域（典型宽度 10～15μm）掩蔽起来，用高速质子流轰击其余部分，经过质子轰击部分的电阻率将增加两个数量级以上，这样就限制了注入电流在未被轰击的条形之内，从而使有源区也限制在条形之内，使光场在横向（平行于结的方向）也受到限制。

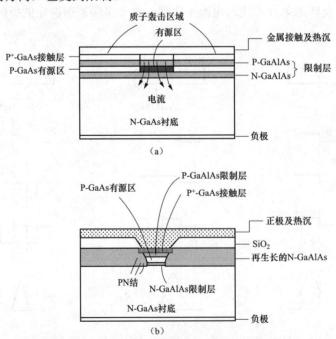

图 3.12　GaAlAs/GaAs 窄条形异质结半导体激光器

（a）质子轰击双异质结激光器；（b）隐埋异质结构激光器

对于质子轰击条形激光器，在 y 方向，条形区域依靠增益形成微小的折射率差，所以这种波导也称为增益波导，即靠增益导向。由于增益波导没有可靠的折射率导向，侧向光场的漏出还是较严重的，这不仅增加了谐振腔的损耗，而且不利于控制激光器的横模性质。

另一种性能较好的条形激光器是隐埋条形半导体激光器。这种结构将有源区用禁带既宽、折射率又低的材料沿横向（y 方向）和垂直于结的方向（x 方向）包围起来，形成折射率导向波导。这种结构不仅具有低阈值电流、高输出光功率、高可靠性等优点，而且能得到稳定的基横模特性，从而受到广泛的重视。

条形激光器的有源区构成矩形介质波导谐振腔（见图 3.13），在 x 方向，是 PN 结形成的方向；在 y 方向，条形存在；在 z 方向，晶体的两个天然解理面形成法布里-珀罗谐振腔。

2. 分布反馈激光器

随着技术的进步，高速率光纤通信系统的发展和新型光纤通信系统（如波分复用系统）的出现，都对激光器提出更高的要求。和由 F-P 谐振腔构成的 DH 激光器相比，要求新型半导体激光器的谱线宽度更窄，并在高速率脉冲调制下保持动态单纵模特性；发射光波长更加稳定，并能实现调谐；阈值电流更低，而输出光功率更大。具有这些特性的动态单纵模激光器有多种类型，其中性能优良并得到广泛应用的是分布反馈（Distributed Feed back，DFB）激光器。

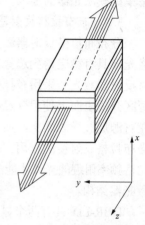

图 3.13 激光器结构示意图

普通激光器用 F-P 谐振腔两端的反射镜，对激活物质发出的辐射光进行反馈，DFB 激光器用靠近有源层沿长度方向制作的周期性结构（波纹状）衍射光栅实现光反馈。这种衍射光栅的折射率周期性变化，使光沿有源层分布式反馈，所以称为分布反馈激光器（Distributed Feedback Laser Diode，DFB LD）。

如图 3.14 所示，由有源层发射的光，从一个方向另一个方向传播时，一部分在光栅波纹峰反射（如光线 a）；另一部分继续向前传播，在邻近的光栅波纹峰反射（如光线 b）。如果光线 a 和 b 匹配，相互叠加，则产生更强的反馈，而其他波长的光将相互抵消。虽然每个波纹峰反射的光不大，但整个光栅有成百上千个波纹峰，反馈光的总量足以产生激光振荡。

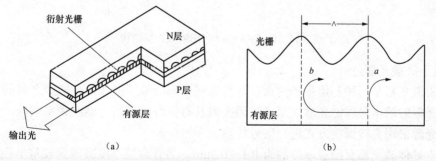

图 3.14 分布反馈激光器

（a）结构；（b）光反馈

光栅周期 Λ 为

$$\Lambda = m\frac{\lambda_{\mathrm{B}}}{2n_{\mathrm{e}}}$$

（3.22）

式中：n_e 为材料有效折射率；λ_B 为布喇格波长；m 为衍射级数。在普通光栅的 DFB 激光器中，发生激光振荡的有两个阈值最低、增益相同的纵模，其波长为

$$\lambda_{1,2} = \lambda_B \pm \left(\frac{1}{2} \frac{\lambda_B^2}{2 n_e L} \right) \tag{3.23}$$

式中：L 为光栅长度，其他符号和式（3.22）意义相同。在普通均匀光栅中，引入一个$\lambda/4$ 相移变换，使原来的波峰变波谷，波谷变波峰，可以有效地提高模式选择性和稳定性，实现动态单纵模激光器的要求。

3. 分布布拉格反射器激光器

分布布拉格反射器激光器（Distributed Bragg Reflector Laser Diode，DBR-LD）利用布拉格光栅具有稳定得到选择固定波长的功能，从而获得稳定的单纵模激光的激光器。分布布拉格反射器激光器采用布拉格光栅代替 F-P LD 的解理端面作为反射镜，布拉格光栅是通过在有源区介质表面上使用全息光刻等工艺，制作出周期性的波纹光栅。DBR-LD 的周期性沟槽不在有源层波导表面上，而是在有源层波导两外侧的无源波导层上，这两个无源的光栅波导充当布拉格反射镜的作用。由于有源波导的增益特性和无源周期波导的布拉格发射，只有在布拉格频率附近的光波才能满足振荡条件，从而发射出激光。图 3.15 所示为 GaAs/AlGaAs DBR 激光器结构。

DBR-LD 具有两个显著的特点：①利用布拉格光栅的优越选频功能，可以获得具有非常好的单色激光；②由于采用布拉格光栅代替 F-P LD 的解理端面作为反射镜，从而容易实现激光器件的集成化。

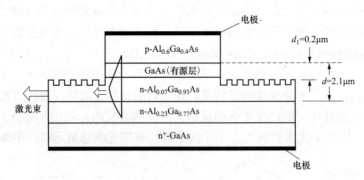

图 3.15　GaAs/AlGaAs DBR 激光器结构

4. 量子阱激光器

量子阱激光器是一种利用量子约束在其有源层中形成量子能级，使能级之间的电子跃迁支配其受激辐射的半导体激光器。量子阱激光器具有良好的小信号调制频率响应，能作为高速光通信光源采用直接调制方式进行信号传输。

一般半导体激光器有源层厚度约为 0.1～0.3μm，当有源层厚度减薄到玻尔半径或德布罗意波长数量级时，就出现量子尺寸效应，这时载流子被限制在有源层构成的势阱内，该势阱称为量子阱，这导致了自由载流子特性发生重大变化。量子阱激光器比起其他半导体激光器具有更低的阈值、更高的量子效率、极好的温度特性和极窄的线宽。量子阱激光器的研制始于 1978 年，已制出了从可见光到中红外的各种量子阱激光器。

图 3.16（a）所示为单量子阱（SQW）结构。有源区只有一个势阱，是由位于中间的超

薄层窄带隙材料，其两侧是由宽带隙材料形成的势垒。由于势阱结构对电子和空穴运动的量子化限制，落入势阱中的载流子位于一系列分离的能级中。其中，接近导带底部的 E_1 是基态电子能级，接近价带顶部的 E_1' 能级是基态空穴能级。这些能带特点决定了量子阱激光器可以在较小的注入电流情况下实现粒子数的反转分布，从而产生受激辐射形成激光的出射。

　　如果超薄层窄带隙材料与超薄层宽带隙材料交替生长，那么形成多量子阱（MQW）结构，如图 3.16（b）所示。由于量子化能级的劈裂，而在导带和价带中出现的子能带分布。MQW 结构能够使光学声子更有效地参与电子跃迁，更好地发挥量子阱激光器的优势。

　　图 3.16（c）所示为应变多量子阱（MQW）结构，即在有源区外的覆盖层生长了数层带隙不同的材料，并且越远离有源区，带隙越大，因此在导带底和价带顶形成梯形结构。应变多量子阱技术可进一步提高量子阱激光器的性能。

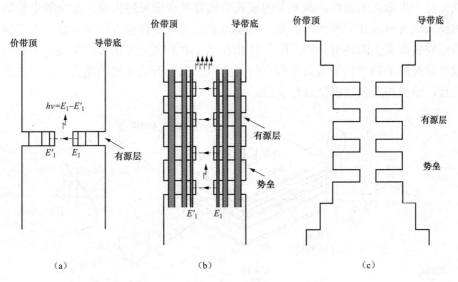

图 3.16　量子阱方案的能带示意

（a）SQW；（b）MQW；（c）应变 MQW

5. 垂直腔面发射激光器

　　垂直腔面发射激光器（Vertical Cavity Surface Emitting Laser，VCSEL）及其阵列是一种新型半导体激光器，它是光子学器件在集成化方面的重大突破。VCSEL 与常规的侧向出光的端面发射激光器在结构上有很大不同。端面发射激光器的出射光垂直于芯片的解理平面；与此相反，VCSEL 的发光束垂直于芯片表面。这种光腔取向的不同导致 VCSEL 的性能大大优于常规的端面发射激光器。这种性能独特的 VCSEL 易于实现二维平面列阵，而端面发射激光器由于是侧面出光而难以实现二维列阵。小发散角和圆形对称的远、近场分布，使其与光纤的耦合效率大大提高，现已证实与多模光纤的耦合效率大于 90%；而端面发射激光器由于发散角大且光束的空间分布是非对称的，因此，很难提高其耦合效率。图 3.17 所示

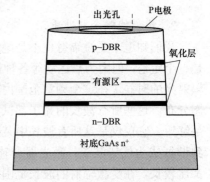

图 3.17　VCSEL 激光器的结构

为 VCSEL 激光器的结构。

由于 VCSEL 的光腔长度极短，导致纵模间距拉大，可在较宽的温度范围内得到单纵模工作。动态调制频率高，腔体积减小，使得其自发辐射因子较普通端面发射激光器高几个数量级，这导致许多物理特性大为改善。如能实现极低阈值甚至无阈值激射，可大大降低器件功耗和热能耗。由于从表面出光，无须像常规端面发射激光器那样必须在外延片解理封装后才能测试，它可以实现"在片"测试，这样使得工艺简化，从而大大降低制作成本。此外，其工艺与平面硅工艺兼容，便于与电子器件实现光电子集成。

3.2.3　模式概念

1. 激光器的模式

半导体激光器在结构上相当于一个多层介质波导谐振腔，当注入电流大于阈值电流时，形成受激辐射产生激光的出射，激光器的模式即辐射光在谐振腔内建立起来的电磁场模式。激光器的模式包含纵模和横模两个方面，纵模表示沿谐振腔传播方向上的驻波振荡特性，横模表示谐振腔横截面上的场型分布。图 3.18 所示为 F-P 腔激光器的模式类型。半导体激光器的介质波导谐振腔的物理模型与其结构有很大关系，在分析激光器的模式时，应考虑激光器的结构特点，根据相应物理模型进行求解。

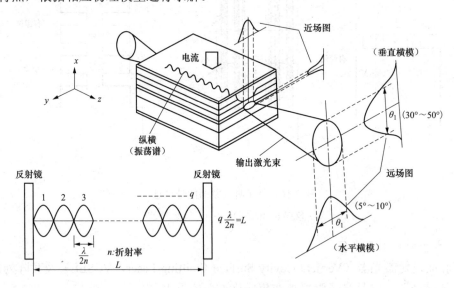

图 3.18　F-P 腔激光器的模式类型

2. 纵模的概念与性质

我们知道，受激辐射也不是绝对的单一波长，而是有一个很窄的频宽（虽然电子的能级是一个定值，但因为热运动等各种原因，能级会展宽）。当激光器工作物质被激发，发出受激辐射光的时候，在这个频宽范围内各种波长的光子都有，其数量是以中心频率为对称轴的正态分布。这些所有波长的光子都试图在谐振腔中得到谐振，从而成为优势波长。如果谐振腔足够短，它仅仅是这所有波长中某一特定波长的整数倍，那么就只有这一特定波长的光子得到谐振成为优势波长，激光器会输出真正的单色光，这就是单纵模。但实际的谐振腔通常都比较长，在受激辐射的波长范围内，它可能同时是好几个波长的整数倍，因此会有好几种波长都得到谐振，这样的激光器就会输出好几种波长的光（由于受激辐射带宽本身很窄，因此这几个波长也非常接近），这就是多纵模。图 3.19 所示为典型的 LD 多模和单模输出谱的形状。

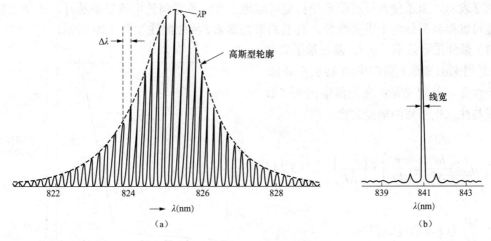

图 3.19 激光器的多模及单模输出谱

（a）多模输出谱；（b）单模输出谱

当 F-P 腔激光器仅注入直流电流时，随注入电流的增加，纵模数减少。当结温升高时，半导体材料的禁带宽度变窄，因而使激光器发射光谱的峰值波长移向长波长。对激光器进行直接的强度调制，会使发射谱线增宽，振荡模数增加。

3. 激光器的横模

与纵模的意义不同，横模反映的是由于边界条件的存在，对腔内电磁形态的横向空间约束作用。激光器的横模决定了输出光束的空间分布。横模分为水平横模和垂直横模两种类型。水平横模反映出有源区中平行于 PN 结方向光场的空间分布，主要取决于谐振腔宽度、边壁材料及其制作工艺。垂直横模表示与 PN 结垂直方向上的电磁场的空间分布。激光器的横模决定了激光光束的空间分布，它直接影响到器件与光纤的耦合效率。为了在保持单纵模特性的同时又具备良好的输出耦合性能，希望激光器仅工作于基横模振荡的状态。通常采用近场图和远场图来表示横向光场的分布规律。

如果激光器的谐振腔两反射面及工作物质端面都是理想平面，就不会有除了基模以外的其他横模输出。这种情况下只有一个以工作物质直径为直径的基模输出，因为此时只有基模状态下的光才能形成多次反射谐振的条件。但是事实上，反射面和端面都不可能是理想平面，尤其是在固体激光器中，工作物质受热发生凸透镜效应，导致腔内经过工作物质、与基模方向略有差异的某些光，也可能符合多次反射的谐振条件，于是激光器会输出几个方向各不相同的光束（这个方向差异通常非常小）。多横模损害了激光器输出的良好方向性，对聚焦非常不利，因此在需要完美聚焦的情况下，应当尽量减少横模。

减少横模的主要途径：①改善谐振腔反射镜与工作物质端面所形成光路的等效平面性，如果产生了凸透镜效果，则应要想办法补偿；②减小谐振腔和工作物质直径。

3.2.4 基本特性

1. 激光器的 P-I 特性

激光器的 P-I 特性，表明了激光器输出光功率随注入电流变化的关系。当注入电流小于某一值时，激光器输出荧光，功率很小，且随电流增加缓慢；当注入电流达到某一值时，激光器开始振荡，光功率将急剧增加，输出激光，这个使激光器发生振荡的电流值称为阈值电流，用 I 表示。为了使光纤通信系统稳定可靠地工作，希望阈值电流越小越好。从 P-I 特性曲线还可以得到另外两个重要参数。典型的激光器 P-I 特性曲线如图 3.20 所示。

（1）微分量子效率（η_d）。微分量子效率（η_d）是用来衡量激光器的电/光转换率高低的一个参量，其定义是：激光器输出光子数的增量与注入电子数的增量之比，即

$$\eta_d = \frac{\frac{\Delta P}{hf}}{\frac{\Delta I}{e}} = \left(\frac{e}{hf}\right) \cdot \left(\frac{\Delta P}{\Delta I}\right) \quad (3.24)$$

式中：$\dfrac{\Delta P}{\Delta I}$ 为 P-I 曲线的斜率。

曲线越陡，微分量子效率越大。有时并不希望微分量子效率很大，而是选取一个适当值。因为当微分量子效率过大时，器件会产生不稳定工作现象，如自脉动或自脉冲现象，一般室温条件下 GaAlAs 激光器的 η 为 40%～50%。

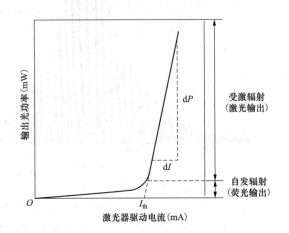

图 3.20　典型的激光器 P-I 特性曲线

（2）功率转换效率（η_p）。功率转换效率（η_p）是用来衡量激光器的电/光转换率高低的另一个参量，其定义：激光器的输出光功率与器件消耗的电功率之比，即

$$\eta_p = \frac{P_0}{I^2 R_S + IV} \quad (3.25)$$

式中：P_0 为在电流为 I 时的发射光功率；V 为 PN 结的正向电压；R_S 为激光器的串联电阻。从功率转换效率的角度看，器件电阻不能太大，同时由于发热的原因，串联电阻太大也将会影响到器件的工作寿命。一般要求器件的串联电阻不大于 0.5Ω。通常，半导体激光器的功率转换效率为 40%～50%。

2. 光谱特性

光谱特性是指激光器输出的光功率随波长的变化情况，一般用光源谱线宽度来表示。光谱宽度取决于激光器的纵模数，对于存在多个纵模的激光器，可以画出输出光功率的包络线，其谱线宽度定义为输出光功率峰值下降 3dB 时的半功率点对应的宽度。对于单纵模激光器，则以光功率峰值下降 20dB 时的功率点对应的宽度评定。一般要求多纵模激光器光谱特性包络内含有 3～5 个纵模，即 $\Delta\lambda$ 值为 3～5nm；较好的单纵模激光器 $\Delta\lambda$ 值约为 0.1nm，甚至更小，$\Delta\lambda$ 值越小越好。

半导体激光器的光谱宽度还随着注入电流而变化。当 $I < I_{th}$ 时，发出的是荧光，光谱很宽，可达数百安培；当 $I > I_{th}$ 时，发出的是激光，光谱变窄，谱线中心强度急剧增加。

3. 调制特性

在对激光器进行直接调制时，其输出光功率与调制信号频率的关系为

$$P(f) = \frac{P(0)}{\sqrt{1-\left(\dfrac{f}{f_r}\right)^2 + 4\zeta^2\left(\dfrac{f}{f_r}\right)^2}}$$ (3.26)

式中：$P(0)$ 为频率是 0 时 LD 的输出光功率；$P(f)$ 为频率是 f 时 LD 的输出光功率；f_r 为 LD 的共振频率；ζ^2 为 LD 的阻尼因子。

由于 f_r 可以很大，所以 LD 具有非常大的带宽，一般在几百兆赫兹到几十吉赫兹，通常用于高速的光纤通信系统中。

4. 温度特性

激光器的阈值电流和输出光功率随温度变化的特性称为温度特性。阈值电流会随温度的升高而加大，一般温度每升高 10℃，阈值电流就会增大 5%～25%，P-I 特性曲线随温度升高向右平移，其变化情况如图 3.21 所示。可见温度对激光器的影响很大，为了使光纤通信系统稳定、可靠地工作，一般都要采用自动温度控制电路来稳定激光器的阈值电流和输出光功率。此外，激光器的阈值电流也和使用时间有关，随着使用时间的增加，阈值电流会逐渐加大。当阈值电流上升到开始启动时的阈值电流的 1.5 倍时，就认为激光器寿命终止。

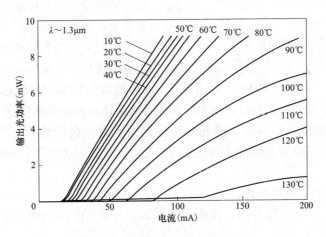

图 3.21 激光器的变温 P-I 特性曲线

3.3 半导体发光二极管

半导体发光二极管（LED）是低速短距离光波系统中常用的光源。相对激光器而言，其原理和构造都比较简单。发光二极管是用直接带隙的半导体材料制作的正向偏置的 PN 结二极管，电子空穴对在耗尽区辐射复合发光，属于自发辐射发光。LED 所发出的光是非相干光，具有较宽的光谱宽度（30～150mm）和较大的发散角（≈120°）。发出的部分光耦合进入光纤供传输信息使用。本节从通信应用角度出发，介绍 LED 的结构、原理与特性。

1. LED 的工作原理

发光二极管是非相干光源，它的发射过程主要对应光的自发发射过程。在发光二极管的结构中，不存在谐振腔，发光过程中 PN 结也不一定需要实现粒子数反转。当注入正向电流时，注入的非平衡载流子在扩散过程中复合发光，这就是发光二极管的基本原理。

2. LED 的分类和结构

LED 是应用非常广泛的一类光电器件，按发射波长不同，目前 LED 被划分为 3 个波段，即可见光 LED，A=400～700mm；近红外短波长 LED，A=800～900nm；近红外长波长 LED，λ=1000～1700nm。可见光 LED 包括红色光、橘黄色光、黄色光、绿色光和蓝色光 LED，主要用作指示灯、数字与字母显示、阵列和平板显示屏等，是目前使用最多、最广泛的 LED。此外，白光 LED 在近几年也飞速发展，成为 21 世纪最有希望替代传统照明光源的新型节能环保光源。本节主要介绍光纤通信中常用的近红外 LED，其波长处在光纤通信的 3 个窗口，是光纤通信系统最简易和廉价的光源。

从基本结构来分类，LED 可分为面发光 LED 和边发光 LED 两大类，分别表示从平行于结平面的表面和从结区的边缘发光。图 3.22 所示为两种 LED 的结构。两种 LED 都既能用 PN 同质结制造，也能用有源区被 P 型和 N 型限制层覆盖的异质结制造，但后者能控制发射面积，且消除了内吸收，因而具有更优良的性能。为了获得高辐射度，发光二极管常采用双异质结构。

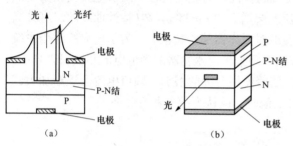

图 3.22　发光二极管的结构
(a) 面发光型；(b) 边发光型

面发光二极管是在电极部分开孔，光通过透明窗口自孔中射出，发光面大小与多模光纤芯径差不多，一般为 35～75m，为了提高与光纤的耦合效率，大多采用透镜边发光二极管发光的方向性比面发光二极管好，与光纤的耦合效率比面发光二极管高，发光亮度也高，但由于它的发光面积小，所以输出的光功率只比面发光二极管稍高一些。为了增大入射光纤的光能量，发光二极管必须做成高亮度的光源。因此，发光二极管的驱动电流要比激光器的高。

3. LED 光源的特点及应用范围

从 LED 光源的特性可以看出，作为在光纤通信中使用的半导体光源，具有如下一些优点：

(1) 线性度好。LED 发光功率的大小基本上与其工作电流成正比关系，也就是说 LED 具有良好的线性度。因数字通信只是传输"0""1"信号序列，所以对线性度并没有过高的要求，因此线性度好只对模拟通信有利。

(2) 温度特性好。所有的半导体器件对温度的变化都比较敏感，LED 自然不例外，其输出光功率随着温度的升高而降低。但相对于激光二极管（LD）而言，LED 的温度特性是比较好的。在温度变化 100℃范围内，其发光功率降低不会超过 50%，因此在使用时不需加温控措施。

(3) 使用简单、价格低、寿命长。LED 是一种非阈值器件，所以使用时不需要进行预偏置，使用非常简单。此外，与 LD 相比，它价格低廉，工作寿命长。对于 LED 而言，当其发光功率降低到初始值的一半时，便认为寿命终结。

很显然，LED 在光纤通信中应用时也存在一些缺点，主要表现在如下几方面：

1) 谱线较宽。由于 LED 的发光机理是自发辐射发光，所以它所发出的光是非相干光，其谱线较宽，一般在 10～50nm 范围。这样宽的谱线受光纤色散作用后，会产生很大的脉冲展宽，因此 LED 难以用于大容量光纤通信中。

2）与光纤的耦合效率低。一般来讲，LED 可以发出几毫瓦的光功率，但 LED 和光纤的耦合效率是比较低的，一般仅有 1%～2%，最多不超过 10%。耦合效率低意味着输入到光纤中的光功率小，系统难以实现长距离传输。

由于 LED 的谱线较宽，受光纤色散的作用后，会产生很大的脉冲展宽，所以它难以用于大容量的光纤通信。另外，由于它与光纤的耦合效率较低，输入到光纤中进行有效传输的光功率较小，所以难以用于长距离的光纤通信，但由于 LED 使用简单、价格低廉、工作寿命长等优点，它广泛应用在较小容量、较短距离的光纤通信中。并且由于其线性度甚佳，也常常用于对线性度要求较高的模拟光纤通信中。

除了上面介绍的几种发光二极管外，还有高速发光二极管。对于诸如局域网（LAN）和类似短距离网络系统（如计算机数据线路）应用而言，系统设计者总是希望使用 LED，而不愿使用 LD，其原因是 LED 除有低成本外，还具有高的温度稳定性、高的可靠性、宽的工作温度范围、低的噪声和简单的控制电路等优点。但是，LED 的宽带宽和进入光纤的光功率又限制它只能在上述短距离、小容量系统中应用。研究、开发出工作于数百兆比特每秒到数吉比特每秒速率的 LED 和相应的驱动电路，将会对短距离电话用户环路和局域网数据光纤系统带来极大的方便性和经济性，特别是对即将到来的宽带综合业务数字网络具有更大的吸引力。目前，已有直接调制速率可达到 300Mbit/s 以上的高速 LED 产品问世。

3.4　光源的调制

光纤通信系统中，光发送机将承载业务信息的电信号转换为光信号的过程，实际上是将业务信号加载到光源的发射载频光束上，即进行光调制。按照调制与光源的关系，光调制方式可以分为直接调制和间接调制两类。直接调制是指将调制信号直接作用在光源上，控制光源输出的光载频特性；间接调制是指将调制信号作用在调制器上，通过调制器控制由光源输入的光载频特性。外调制技术主要基于电光、声光和磁光等物理效应，对光波导中的光流实施控制。

3.4.1　直接调制

1. 调制方式

直接调制方式中，光电转换过程和调制过程同时在光源器件内部完成，也称为内调制。直接调制方式的方法有两种。一种是电源调制法，即将调制电流作为光源的工作电流，直接改变光源的输出光强，使之随调制（电流）信号变化。这种方法只适用于半导体光源（LD 和 LED），是一种强度调制（简称 IM）形式，具有调制电路简单、经济实用的特点，在目前的光纤传输系统中被大量应用。另一种直接调制的方法适用于激光器，是在激光器的谐振腔内放置调制元件，用调制电流控制调制元件的物理特性以改变谐振腔的特性参数，从而改变激光器的输出特性。

半导体光源的直接强度调制通过改变注入电流来实现，根据（电）调制信号形式的不同，可以分为模拟调制和数字调制两种类型。每种类型的直接强度调制可分为基带强度调制和频带强度调制等形式。实际系统几乎均为数字信号的强度调制，是用已调制的离散数字信号对光源器件进行强度调制，即用二进制"1"码和"0"码对光载波功率进行发光强度的幅度键控。图 3.23 给出了一个用数字脉冲信号对两种半导体光源进行数字调制后的输出波形图。

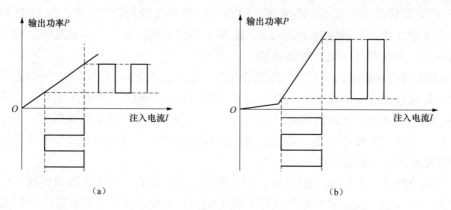

（a）　　　　　　　　　　　　　　　　（b）

图 3.23　数字信号的直接强度调制

（a）LED 的数字强试调制；（b）LD 的数字强度调制

2. LD 瞬态性

与稳态特性不同，电源接通或关闭等其他条件的影响，会引起 LD 的调制信号及注入电流随时间变化，使有源区内的载流子密度和折射率因此随时间变化，导致 LD 的特性随之变化。图 3.24 给出了当 LD 的注入电流为阶跃电流时，有源区内的自由电子密度 n 和辐射光子密度 s 随时间变化的曲线。n_{th} 表示电子密度的稳态值。

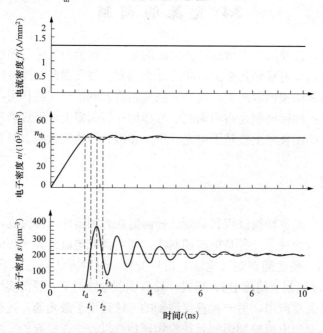

图 3.24　LD 阶跃电流调制的频率响应特性

分析表明，当阶跃电流 I 在 $t=0$ 时注入激光器并在瞬间增加到阈值以上，随着增益积累和稳态激光振荡的建立，激光器的输出呈滞后的重复衰减式振荡并逐步趋向稳态值。

由于谐振腔内自由电子和光子间的相互作用，从光子输出到稳态激光振荡所经历的电子和光子密度衰减式的过冲击振荡过程，称为张驰振荡或驰豫振荡。由于高速调制时前一个脉冲注入的电子尚未完全复合，有源层电子密度较前一个"1"脉冲大，使得后续连续"1"脉冲的时延缩短，对应光脉冲的幅度和宽度增加；如果是连续"0"脉冲后的"1"脉冲，其输出光脉冲幅度则显著下降，这种效应称为码型效应。调制速率越高，码型效应越明显。设置预偏置电流 I_B 可以有效抑制张驰振荡，同时也可以降低码型效应。

3. 动态调制谱特性

LD 的光谱特性随注入电流 I 的改变而变化，如图 3.25 所示。当 I 较小时，输出光谱呈自发辐射的宽谱特性；当 I 增加到阈值以上时，输出光谱呈现一个或几个纵模的振荡模式，光谱突然变窄，谱线中心强度急剧增加，单色性加强；当 I 进一步增加时，主模增益增加而边模被抑制，振荡模式减少，主模向长波长方向移动；I 增加至某个数值时，主模可能跳变到另一个相邻的长波长边模。

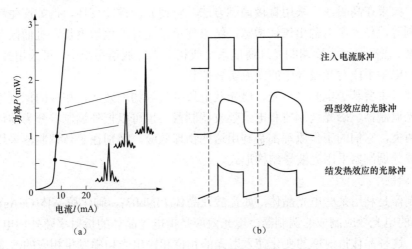

图 3.25　LD 调制特性

（a）直流调制的动态光谱特性；（b）高速脉冲调制效应

可见随着注入电流的增大，模式选择性增强，边模得到抑制。这种在总强度不变的情况下，模式间相对强度改变的效应称为模式分配效应。对于脉冲调制，则表现为整个单脉冲持续周期内，在上升沿和下降沿出现模式的脉动现象。如高速调制下出现模式数目增加导致动态多纵模输出，则引起动态谱线展宽；即使是单纵模 LD，还会产生输出（峰值）波长的漂移和强度的变化，这种光源的输出频率随时间变化引起的动态线宽增加的效应，称为频率啁啾。对同样起源于载流子密度变化的啁啾，同样可采用加预偏置电流的方法来减少振荡。

4. 结发热效应

LD 是温度敏感器件，在"1"脉冲持续周期内，由于持续注入电流引起通过 PN 结时的发热现象，会导致光脉冲幅度随时间下降；热平衡后，输出功率将稳定在降低后的幅度；脉冲过后，温升、阈值电流和脉冲幅度下降，幅度则随时间减小，导致调制脉冲的波形失真，如图 3.25 所示。结发热效应与调制频率和注入脉冲电流的大小有关：当码元间隔与 PN 结的热时间常数相当时，结发热效应明显；当调制电流幅度 I_m 与预偏置电流 I_B 相差较大时，结发热效应显著。

适当增加预偏置电流幅度，可减小结发热效应。当预偏置电流 I_B 接近 I_{th} 时，仅需较小的调制电流 I_m 即可保证激光输出，可有效消除结发热效应。

5. 噪声特性

小信号条件下 LD 光源的调制噪声主要有：工作特性不稳定引起的噪声，如跃迁能级变化引起的频偏、*P-I* 特性随时间和温度变化等；调制过程引起相位或频率变化的噪声，如温度和电流变化等引起的频率漂移、动态线宽增加等；模式和模式分配变化引起的模式噪声，如调制电流变化引起的跳模和动态谱线展宽等。此外，与光纤耦合时的反射光进入，将会使激光振荡产生输出功率或发光波长的附加噪声，可采用光隔离器予以消除。

大信号调制时，还可能引起复杂的非线性调制失真。

3.4.2　光源的外调制

光源的直接调制具有简单、经济和容易实现等优点。但是，直接调制都是借助电子器件来实现的，由于电子器件的工作速率有限，这就使直接调制的调制信号速度一般被限于几个 Gbit/s 以下；如果在高码速下采用直接调制方法，将使光源性能变坏，例如产生频率啁啾效应、混合调制等，使光源的输出谱线增宽，结果使单模光纤的色散增加，进而限制了光纤传输容量。因此，在高码速强度调制光纤通信系统或相干光纤通信系统中，可采用外调制方式。这种方式借助电学手段对光波导中的光流实施控制。

外调制技术主要基于电光、声光、磁光及电致吸收等物理效应，相应的调制器称为电光调制器、声光调制器、磁光调制器和电致吸收调制器。也可以把外调制器分为体调制器和光波导调制器两类，它们的工作原理都是利用这些物理效应，区别在于体调制器采用体型材料制作，而光波导调制器采用光波导结构形式。

1. 电光调制

电光调制器是利用某些电光晶体，如铌酸锂晶体(LiNbO3)、砷化镓晶体(GaAs)和钽酸锂晶体(LiTaO3)的电光效应制成的调制器。电光效应是指电光晶体的折射率随外加电场而变化的物理现象，这种晶体折射率的变化使入射光的相位和输出光功率发生相应的改变，从而可实现电光调制。可制作电光调制器的晶体材料有多种，如铌酸锂、钛酸锂、磷酸三氰钾与磷酸二氢钾等。如图 3.26 为波导型电光相位调制器。当晶体的折射率与外加电场幅度成线性变化时，称为线性电光效应，即普科尔（Pockel）效应；当晶体的折射率与外加电场幅度的平方成比例变化时，称为克尔（Kerr）效应。电光调制器主要利用普科尔效应。

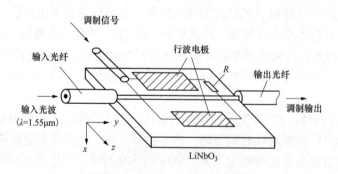

图 3.26　波导型电光相位调制器

2. 声光调制

声光调制技术是利用声光相互作用原理即声光效应，使激光光束被超声束调制，通过控制以达到开关调制或强度调制的目的。声光效应是声波作用于某些晶体时，产生光弹性作用使其密度发生变化，从而使折射率随之变化的物理现象。这种相互作用的结果，表现为光波通过晶体时被晶体介质中的超声波衍射或散射。声光调制器的工作原理是：当电调制信号变化时，压电效应使晶体产生机械振动形成超声波，引起介质折射率的变化而形成变化的光栅，使通过其中的光载波强度随之发生变化，光波被调制。图 3.27 为波导布喇格声光调制器示意图。其工作原理是将调制电信号加到超声换能器上，产生相应的声波，介质的介电常数在声波的作用下发生周期性变化，在薄膜波导形成一个相位光栅，入射光波经耦合器耦合至薄膜波导，当满足布喇格衍射条件时将产生布喇格衍射，使强衍射光束偏离入射光传输方向 2θ 角输出，并且输出光的光强受到调制信号的调制。布喇格角 θ 可由下式确定：

$$\sin\theta = \frac{\lambda}{2n\Lambda} \qquad\qquad (3.27)$$

式中：λ 为光波波长；n 为声光材料折射率；Λ 为声波波长。

3. 磁光调制

磁光调制主要是利用磁光旋转效应,让入射光的偏振态发生变化。磁光效应又称法拉第效应，是指当光通过介质传播时，若在光传播方向上加一垂直方向的强磁场，则使光的偏振面产生偏转的现象，其旋转角与介质长度、外加磁场强度成正比。基于磁光效应的磁光调制器原理是：入射光经起偏器形成的偏振光通过磁光晶体时，其偏转角随调制电流变化，使起偏器的输出光强随调制电流变化，实现了光的强度调制。

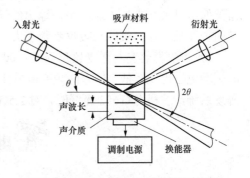

图 3.27　波导布喇格声光调制器示意图

基于不同调制效应的外调制器分为体调制器和波导调制器，其主要性能要求包括调制带宽、调制功率、插入损耗、耦合效率和稳定性等。图 3.28 为磁光调制的简单结构。

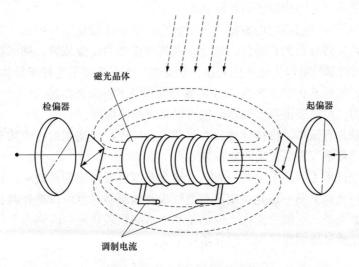

图 3.28　磁光调制的简单结构

图 3.28 所示的原理是磁光晶体棒放置在沿轴线方向的传输光路里，它的上面缠绕有高频线圈，高频线圈受调制电流信号的控制，磁光晶体棒的前后为起偏器和检偏器。当光信号通

过磁光晶体时，其偏转角与调制电流有关。当调制电流为零时，输出信号的偏振方向与检偏器的透光轴相互平行，检偏器输出的光强度最大；随着调制电流的增加，旋转角度加大，透过检偏器的光逐渐下降。

4. 电致吸收

电致吸收作用是利用 Franz-keldysh 效应和量子约束 Stark 效应产生材料吸收边界波长移动的效应。Franz-keldysh 效应是 Franz-keldysh 在 1958 年提出的，指在电场作用下半导体材料的吸收边带向长波长移动（红移）的理论，该理论在 1960 年被实验室证实。20 世纪 90 年代以来，随着高速率、长距离通信系统的发展，对电吸收调制器的研究受到重视，从而迅速发展起来。

电致吸收（EA）调制器是一种损耗调制器，EA 调制器的基本原理是：改变调制器上的偏压，使多量子阱（MQW）的吸收边界发生变化，进而改变光束的通断，实现调制。当调制器无偏压时，光束处于通状态，输出红绿最大；随着调制器上的偏压增加，MQW 的吸收边移向长波长，原光束波长吸收系数变大，调制器成为端状态，输出功率最小。

EA 调制器容易与激光器集成在一起，形成体积小、结构紧凑的单片集成组件，而且需要的驱动电压也比较低。但它的频率啁啾比 M-Z 调制器要大，不适合传输距离特别长的高速率海缆系统，当利用 G.652 光纤时，对 2.5Gbit/s 系统，EA 调制器的传输距离可达 600km 左右。

本 章 小 结

本章主要介绍光源和光源的调制。半导体激光器和发光二极管是光纤通信中最常见的光源，而半导体激光器又是高速率、大容量的光纤通信系统中主要采用的光源。半导体激光器是阈值器件，只有当注入电流达到阈值电流后，激光器才开始激射。激光器激射必须满足以下两个条件：

（1）有源区里产生足够的粒子数反转分布。

（2）在谐振腔里建立起稳定的振荡。一个典型的半导体激光器应由如下几个功能部件组成：实现了粒子数反转分布的有源区，建立光振荡所需要的反馈装置、频率选择器件和光波导。根据选择不同的部件可以构成不同类型的激光器。本章论述了各种半导体激光器的结构、工作原理和性质，包括 F-P 腔激光器、DFB 激光器和量子阱激光器等。

对半导体光源，可以采用直接调制，也可以采用间接调制。

（1）直接调制具有简单、价格低廉和容易实现的特点，但调制过程中频率啁啾严重，因此，高速率、大容量系统需要采用间接调制。

（2）间接调制技术主要基于电光、声光、磁光及电致吸收等物理效应，相应的调制器称为电光调制器、声光调制器、磁光调制器和电致吸收调制器。也可以把外调制器分为体调制器和光波导调制器两类，它们的工作原理都是利用这些物理效应。区别在于体调制器采用体型材料制作，而光波导调制器采用光波导结构形式。

习 题

1. 激光出射的条件是什么？

2．光发射机的主要性能指标有哪些？

3．间接调制的工作原理是什么？

4．GaAs 半导体材料制作的激光二极管，已知 GaAs 的导带和价带的禁带宽度 E_g=2.176×$10^{-19}J$（焦耳），试求：

（1）发出的激光波长是多少？

（2）用 eV（电子伏特）作为单位时的 E_g 是多少？

5．已知某 GaAs 激光二极管的中心波长为 850nm，谐振腔的长度为 0.5mm，材料的折射率为 3.7，试求该激光器的纵模波长间隔是多少？

6．已知 GaAs 激光二极管的中心波长为 850nm，谐振腔的长度为 0.4mm，材料的折射率为 3.7。如果激光器波长在 800nm≤λ≤850nm 范围内，该激光器的光增益大于谐振腔的总衰减，试求该激光器中可以激发的纵模数量。

7．已知某 GaAs 激光二极管的中心波长为 850nm，谐振腔的长度为 0.35mm，谐振腔介质的光强损耗系数为 $1200m^{-1}$，腔端面反射为 0.5，试求谐振腔的与阈值增益。

8．比较 LD 与 LED 的区别。

9．试述量子阱激光器的工作原理。

10．试述 VCSEL 激光器的工作原理。

第4章 光电检测器与光接收机

发射机发射的光信号，在光纤中传输时会出现幅度衰减、脉冲的波形被展宽和波形变形等现象。光接收机的作用是：探测经过传输的微弱光信号，将光信号成比例地放大成电信号，再生成原传输的信号。

本章首先介绍光检测器的原理及分类，接着介绍光接收机的组成及各部分的作用，最后分析光接收机的性能指标，如噪声、信噪比、灵敏度及动态范围等。

4.1 光 电 检 测 器

光电检测器的实质是一种光电传感器的探测部分。光电检测器的作用是把接收到的光信号转换成电流信号。光纤通信中最常用的光电检测器是光电二极管（PD）和雪崩光电二极管（APD）两种类型。

4.1.1 光电二极管

1. 工作原理

光电二极管（PD）是一个工作在反向偏压下的 PN 结二极管，它的工作原理，可以用光电效应来解释。光电效应是指当光子照射到物体上的时候，它的能量可以被物体中的某个电子全部吸收。若该电子吸收的能量足够大，可以克服脱离原子所需的能量（即为电离能）和脱离物体的表面的逸出功，这样电子就从物体表面脱逸出来，变成了光电子。这个现象就是光电效应。利用了光电效应，光电二极管就可以将光信号转换为电信号。图 4.1 显示了 PN 结的形成过程。P 区的多数载流子是空穴，N 区的多数载流子是电子。当 P 型半导体和 N 型半导体结合后，由于浓度差，多数载流子会发生扩散运动。

当 PN 结上加有反向偏压时，外加电场的方向和空间电荷区里电场的方向相同，外场使势垒加强，PN 结的能带如图 4.2 所示。由于光电二极管加有反向电压，因此在空场使势垒加强，间电荷区里载流子基本上耗尽了，这个区域称为耗尽区，指载流子耗尽了。

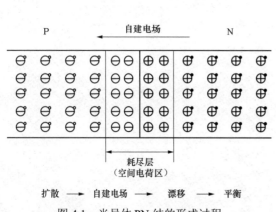

图 4.1 半导体 PN 结的形成过程

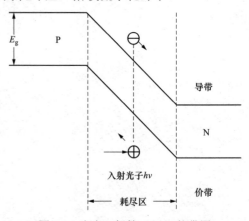

图 4.2 光电二极管（PD）能带图

当光束入射到 PN 结上,且光子能量 $h\nu$ 大于半导体材料的禁带宽度 E_g 时。价带上的电子光生的"电子—空穴"对在耗尽区里产生,那么在电场的作用下,电子将向 N 区漂移,而空穴将向 P 区漂移,这形成了漂移电流。而在耗尽区两侧没有电场的中性区,因为热运动的原因,部分光子与空穴会扩散至耗尽层,然后在电场的作用下形成扩散电流,扩散电流的方向和漂移电流方向相同。扩散电流与漂移电流的和就是光生电流。

当入射光变化时,光生电流随之做线性变化,从而把光信号转化为电信号。这种由 PN 结构成,在入射光作用下,由于受刺激吸收过程产生的"电子—空穴"对的运动,在闭合电路中形成光生电流的器件,就是简单的光电二极管。

然而,当入射光子的能量小于 E_g 时,价带上的电子吸收的能量不足以跃迁到导带上去,所以,不论入射光多么强光电效应也不会发生。也就是说,光电效应必须满足条件

$$h\nu > E_g \text{ 或者 } \lambda < \frac{hc}{E_g} \tag{4.1}$$

式中:c 为真空中的光速;λ 为入射光的波长;h 为普朗克常量;E_g 为材料的禁带宽度。

2. 光电二极管的波长效应

由光电效应的条件可知,对任何一种材料制作的光电二极管,都有上截止波长,定义为

$$\lambda_c = \frac{hc}{E_g} \approx \frac{1.24}{E_g} \tag{4.2}$$

式中:E_g 单位为电子伏特,eV。

不同的材料有不同的禁带宽度,所以不同材料对 Si 材料制作的光电二极管,$\lambda_c = 1.06\mu m$ 对 Ge 材料制作的光电二极管 $\lambda_c \approx 1.6\mu m$。

光电二极管除了有上截止波长以外,还有下截止波长。当入射光波长太短时,光电转换效率会大大下降,这是因为材料对光的吸收系数是波长的函数。当入射波长很短时,材料对光的吸收系数变得很大,结果使得大量的入射光子在二极管表面层里被吸收。而反向偏压主要是加在 PN 结的结区附近的耗尽层里,光电二极管的表面层里往往存在着一个零电场区域。在零电场区域里产生的电子—空穴对不能有效的转换成光电流,从而使光电转换效率降低。在光电二极管中,入射光子被吸收产生"电子—空穴"对,若 $x = 0$ 时,光功率为 $p(0)$ 经过 x 距离后吸收的光功率为

$$p(x) = p(0)[1 - e^{-a(\lambda)x}] \tag{4.3}$$

$\alpha(\lambda)$ 是材料的吸收系数,它是波长的函数。图 4.3 给出 3 种材料的 $\alpha(\lambda) - \lambda$ 曲线。

从图 4.3 中可以看出,当入射光波长很短时,材料的吸收系数变得很大。结果使大量的入射光子在光电二极管的表面层里就被吸收。光电二极管的表面层往往存在着一个零电场的区域,当电子—空穴对在零电场区(如图 4.2 中的 P 区)里产生时,少数载流子首先要扩散到耗尽区,然后才能被外电路收集。但在这个区域中,少数载流子的寿命时间很短,扩散速度又慢,"电子—空穴"对往往在被检测器电路收集以前就已被复合掉,从而使检测器的光电转换效率降低。因此,某种材料制作的光电二极管对波长的响应有一定的范围。Si 光电二极管的波长响应范围大约从 0.5~1.0μm,Ge 和 InGaAs 光电二极管的波长响应范围为 1.1~1.6μm。

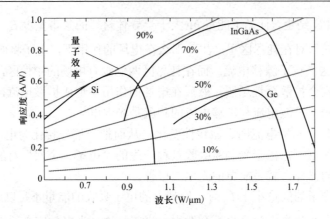

图 4.3　三种材料波长响应曲线

3. 光电转换效率

工程上常用量子效率和响应度来衡量光电转换效率。

入射光束在光电二极管的表面有一定的反射，设入射表面的反射率是 R 时，在零电场的表面层里产生的电子一空穴对不能有效地转换成光电流，因此.当入射功率为 p_0 时，光生电流可以表示为

$$I_{\mathrm{p}} = \frac{e_0}{hv}(1-R)p_0 \exp(-\alpha\omega_1)[1-\exp(-\alpha\omega)] \tag{4.4}$$

式中：ω_1 为零电场的表面层的厚度；ω 为耗尽区的厚度。

光电二极管的量子效率表示入射光子能够转换成光电流的概率。当入射功率中含有大量光子时，量子效率可用转换成光电流的光子数与入射的总光子数的比来表示，即

$$\eta = \frac{I_{\mathrm{p}}/e_0}{p_0/hv} = (1-R)\exp(-\alpha\omega_1)[1-\exp(-\alpha\omega)] \tag{4.5}$$

式中：e_0 为电子电荷。

光电转换效率可以用光生电流 I_{p} 和入射光功率 p_0 的比值来表示。由于该比值表示了输出（I_{p}）对输入（p_0）的响应，因此称其为响应度，即为

$$R = \frac{I_{\mathrm{P}}}{P_0} = \frac{\eta e_0}{hv} \tag{4.6}$$

量子效率的光谱特性取决于半导体材料的吸收光谱。图 4.3 给出了几种材料制作的光电二极管的响应度与量子效率。可以看出 Si 适用于 0.8～0.9μm 波段；Ge 和 InGaAs 适用于 1.3～1.6μm。

根据前面的分析可以知道要得到高量子效率，必须采取如下措施。

（1）尽量减小入射表面的反射率，增加入射到光电二极管中的光子数目。

（2）尽量减小光子在表面层被吸收的可能性，增加耗尽区的宽度，使光子在耗尽区被充分地吸收。

为得到高量子效率，光电二极管往往采用 PIN 结构。图 4.4 中 I 层是一个接近本征的、掺杂很低的 N 区。在这种结构中，零电场的 P⁺ 和 N⁺ 区非常薄，而低掺杂的 I 区很厚，耗尽区几乎占据了整个 PN 结，从而使光子在零电场区被吸收的可能性很小，而在耗尽区里被充分吸收。对 InGaAs 材料制作的光电二极管，还往往采用异质结构，耗尽区（InGaAs）夹在宽

带隙的 InP 材料之间，而 InP 材料对入射光几乎是透明的，从而进一步提高了量子效率。

4. 响应速度

光电二极管的另一重要参数是它的响应速度。响应速度常用响应时间（上升时间和下降时间）来表示。影响响应速度的主要因素有以下几点。光生电流脉冲由前沿最大幅度的 10%上升到 90%、后沿的 90%下降到 10%时间定义为脉冲上升时间和脉冲下降时间。

（1）光电二极管和它的负载电阻的 RC 时间常数。光电二极管是一个电流源，它的等效电路如图 4.5 所示。C_d 是它的结电容，R_s 是它的串联电阻。一般情况下，R_s 很小，是可以忽略的。结电容与耗尽区的厚度，及结区面积 A 有关，即

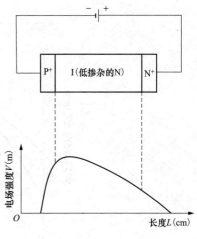

图 4.4　PIN 光电二极管

$$C_d = \frac{\varepsilon A}{\omega} \tag{4.7}$$

式中：ε 为介电常数；C_d 和光电二极管的负载电阻的 RC 时间常数限制了器件的响应速度。

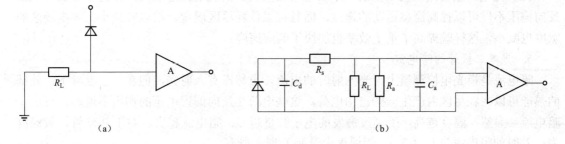

图 4.5　光电二极管等效电路

（a）接收电路；（b）等效电路

（2）载流子在耗尽区里的渡越时间。在耗尽区里产生的"电子—空穴"对在电场的作用下进行漂移运动。漂移运动的速度与电场强度有关，如图 4.6 所示，当电场较低时，漂浮运动的速度 V_d 正比于电场强度 E，当电场强度达到某一值 E_s（大约为 10^6V/m）后，载流子的漂移运动的速度不再变化，即达到极限漂移速度。若想使载流子能以极限漂移速度渡越耗尽区，反向偏压须满足

$$V > E_s \omega \tag{4.8}$$

由于漂移速度远大于扩散运动的速度，因此，一般来说，漂移运动的渡越时间不是影响 PIN 响应速度的主要因素。

（3）耗尽区外产生的载流子由于扩散而产生的时间延迟。扩散运动的速度比漂移运动的速度慢得多。若在零电场的表面层里产生较多的电子—空穴对，那么其中的一部分将被复合掉，还有一部分先扩散到耗尽区，然后被电路吸收。这部分载流子作扩散运动的附加时延会使检测器输出的电脉冲的下降沿的拖尾加长，从而明显地响应光电二极管的响应速度。

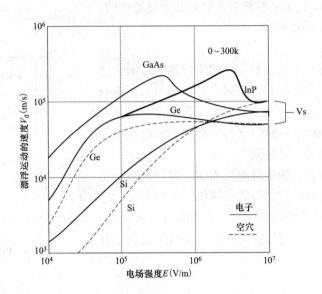

图 4.6　漂移速度与电场强度的关系

PIN 光电二极管是全耗尽型的,不仅量子效率高,而且响应速度快。在光电二极管上加反向偏压不仅可以提高漂移运动的速度,而且可以使耗尽区展宽、结电容减小、零电场区的宽度也减小,这样既提高了量子效率也加快了响应速度。

5. 光电二极管的暗电流

暗电流是指光电检测器上无光入射时的电流。虽然没有入射光,但在一定温度下,外部的热能可以在耗尽区内产生一些自由电荷,这些电荷在反向偏置电压的作用下流动,形成了暗电流。显然,温度越高,受温度激发的电子数量越多,暗电流越大。对于 PIN 管,设温度为:T_1 时的暗电流为 I_d(T_1),当温度上升到 T_2 时,则有

$$I_d(T_2) = I_d(T_1) \times 2^{(T_2 - T_1)/C} \tag{4.9}$$

式中:C 是经验常数。

暗电流决定了被检测到的最小光功率,也就是光电二极管的灵敏度。根据所选的半导体材料不同,暗电流的变化范围在 0.1～500nA 之间。

解得ω=37μm。

4.1.2 雪崩光电二极管

1. 工作原理

与光电二极管不同,雪崩光电二极管(APD)在结构设计上已考虑到使它能承受高反向偏压,从而在 PN 结内部形成一个高电场区。光生的电子或空穴经过高场区时被加速,从而获得足够的能量,它们在高速运动中与晶格碰撞,使晶体中的原子电离,从而激发出新的“电子—空穴”对,这个过程称为碰撞电离。通过碰撞电离产生的“电子—空穴”对称为二次电子—空穴对。新产生的电子和空穴在高场区中运动时又被加速,又可能碰撞别的原子,这样多次碰撞电离的结果,使载流子迅速增加,反向电流迅速加大,形成雪崩倍增效应。也就是说,一个光子最终产生了许多载流子,使得光信号在光电二极管内部就获得了放大。

为进一步说明雪崩倍增效应,定义电子和空穴的电离系数分别为 βe 和 βh,它们分别表

示电子和空穴在单位距离上激发一个"电子—空穴"对的概率。电离系数随电场强度的增加而迅速加大，随温度的升高而减小。

电离系数的倒数 $1/\beta_e$（或 $1/\beta_h$）意味着电子（或空穴）发生两次碰撞电离之间的平均距离。某种材料的电子电离系数和空穴电离系数并不相同，定义材料的电离系数比为

$$k = \beta_h / \beta_e \tag{4.10}$$

对于不同的半导体材料，k 在 0.01～100 之间。

2. APD 的结构

如图 4.7 所示光纤通信在 0.85μm 波段常用的 APD 有保护环型（GAPD）和拉通型（RAPD）两种，保护型 APD 的结构如图 4.8 所示。为防止扩散区边缘的雪崩击穿，制作时先淀积一层环形 N 型材料，然后高温推进，形成一个深的圆形保护环，保护环和 P 区之间形成浓度缓慢变化的缓变结，从而防止了高反向偏压下 PN 结边缘的雪崩击穿。

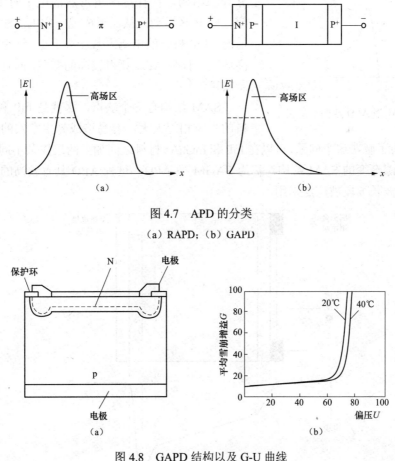

图 4.7　APD 的分类

（a）RAPD；（b）GAPD

图 4.8　GAPD 结构以及 G-U 曲线

（a）GAPD 结构；（b）偏压与增益的关系

GAPD 具有高灵敏度，但它的雪崩增益随偏压变化的非线性十分突出。如图 4.8 所示，要想获得足够的增益，必须在接近击穿电压下使用，而击穿电压对温度是很敏感的，当温度变化时，雪崩增益也随之发生较大变化。

拉通型（RAPD）在一定程度上克服了这一缺点。RAPD 具有 N$^+$Pπ P$^+$ 层结构，当偏压加

大到某一值后，耗尽层拉通到二区一直抵达 P^+ 接触层。在这以后若电压继续增加，电场增量就在 P 区和 π 区分布，使高场区电场随偏压的变化相对缓慢，RAPD 的倍增因子随偏压的变化也相对缓慢，G-U 曲线的非线性有所改善。同时，由于耗尽区占据了整个 π 区，RAPD 也具有高效、速度快、噪声低的优点。

　　另一种在长波长波段使用的 APD 的结构称为 SAM（Separated Absorption and Multiplexing）结构，如图 4.9 所示。这是一种异质结构，高场区是由 InP 材料构成，InP 材料是一种宽带隙材料，截止波长为 0.96μm，它对 1.3～1.6μm 波段的光信号根本不吸收。

　　吸收区是用 InGaAs 材料构成的，若光信号从 P 区入射，将透明地经过高场区，在 InGaAs 材料构成的耗尽区里被充分吸收，从而形成吸收区和倍增区分开的结构。在耗尽区里形成的电子向 N 区运动，空穴向 P 区运动，从而形成纯空穴电流注入高场区的情况。InP 材料的电离系数比大于 1，纯空穴电流注入高场区不仅使 APD 获得较高的增益，而且可以减少过剩噪声。

　　SAM 结构有一个缺点，那就是 InP 和 InGaAs 材料的带隙相差太大，容易造成光生空穴的陷落，影响器件的性能。为了解决这个问题，可以在 InP 和 InGaAs 材料之间加上两层掺杂不同的 InGaAsP 材料，构成带隙渐变的 SAM 结构，称为 SAGM 型 APD。这种 APD 具有较高的增益、较低的噪声。在长波长波段被广泛采用。

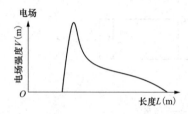

图 4.9　SAM 型 APD 结构示意图

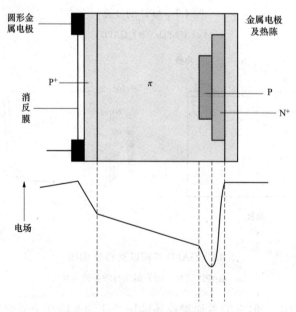

图 4.10　拉通型 Si APD 结构

3. APD 的过剩噪声

雪崩倍增过程是一个复杂的随机过程，必将引入随机噪声。定义 APD 的过剩噪声系数为

$$F(G) = \frac{\langle g^2 \rangle}{\langle g \rangle^2} = \frac{\langle g^2 \rangle}{G^2} \tag{4.11}$$

符号 <> 表示平均值，随机变量 g 是每个初始的"电子—空穴"对生成的二次"电子—空穴"对的随机数（包括初始电子—空穴对本身），G 是平均雪崩增益，$G=<g>$。当电子注入高场区时，过剩噪声系数为

$$F_e(G) = G_e[1 - (1-k)(G_e - 1)^2 / G_e^2] \tag{4.12}$$

当空穴注入高场区时有

$$F_h(G) = G_h\left[1 + \frac{1-k}{k} \cdot \frac{(G_h^2 - 1)^2}{G_h^2}\right] \tag{4.13}$$

在工程上，为简化计算，常用过剩噪声指数 x 来表示过剩噪声系数，即

$$F(G) \approx G^x \tag{4.14}$$

从式（4.12）和式（4.13）可以知道，为减小过剩噪声系数，对 $k \ll 1$ 的光电二极管，应在结构设计上尽量使电子电流注入高场区，这样不仅可以得到高的雪崩增益（因为电子电离系数很大），而且可以降低过剩倍增噪声。反之，若某种材料制作的光电二极管的 $k \gg 1$ 时，应尽量使空穴电流注入高场区。在实际的二极管中，应尽量避免 $k=1$ 的情况。这样可以使倍增噪声较小，增益也比较稳定。例如，对硅（Si）半导体材料，k 在 0.02～0.1 之间，如图 4.10 所示的拉通型结构对噪声性能是比较有利的。入射光子从 P$^+$ 区注入，在耗尽 π 区里被充分吸收，而光生暗电流和过剩噪声都较大。它的可用的雪崩增益只有 10 倍左右。因此，在长波长波段。经常用 III-V 族化合物（例如 InGaAs 材料）制作光电二极管、APD 以及 PIN-FET 混合集成组件。

过剩噪声指数 x 与器件所用的材料和制造工艺有关。Si-APD 的 x 约为 0.3～0.5；Ge-APD 的 x 约为 0.8～1.0；InGaAs-APD 的 x 约为 0.5～0.7。表 4.1 中列出了 PIN 光电检测器与 APD 光电检测器的典型指标。APD 是有增益的光电二极管，在光接收灵敏度要求较高的场合中采用 APD 有利于延长系统的传输距离。而 PIN 则可以应用在灵敏度要求不高的场合。

表 4.1　　　　　　　　　　　　　　光电检测器的典型指标

指　　标	InGaAs-PIN	InGaAs-APD
工作波长（μm）	1.31	1.55
量子效率（%）	75	75
响应度（A/W）	0.78	0.94
暗电流（nA）	0.1	20
检测带宽（GHz）	2.0	3.0
结电容（pF）	1.1	0.5

4.2 光 接 收 机

信号从光电检测器中出来往往都是十分微弱的，要想使用这些信号，则需要对这些信号

进行放大。而放大的同时，噪声也会同步放大，这样会使一些微弱的信号被噪声所淹没。

接收机不是对任何微弱的信号都能正确接收的，这是因为信号在传输、检测及放大的过程中，总会受到一些无用的干扰，并不可避免地引进一些噪声。电磁干扰来自自然环境、空间的无线电波及周围的电气设备。电磁干扰对接收机的危害，可以通过屏蔽等方法减弱或防止。但随机噪声是接收系统内部产生的，是信号在检测、放大的过程中引进的，人们只能通过电路的设计和工艺尽量减小它，却不能完全消除它。由于噪声的存在，限制了接收机接收弱信号的能力。尽管放大器的增益可以做得足够大，但在弱信号被放大的同时，噪声也被放大了，当接收信号太弱时，必定会被噪声所淹没。光接收机的灵敏度表征接收机接收微弱信号的能力，它主要由检测器和放大器的噪声所决定。

本节先介绍光接收机的组成及各部分的作用，然后介绍光接收机的性能指标，即噪声、误码率、灵敏度及动态范围等。

4.2.1 光接收机的组成

光接收机是光纤通信系统的重要组成部分，光信号在光纤中经过长距离传输，会受到损耗、色散和非线性的影响，不仅幅度被衰减，而且脉冲的波形也被展宽和变形。即使只考虑传输过程中 0.2dB/km 损耗，经过 50km 的传输，光功率也要降低到原来的十分之一。因此，光接收机的首要任务是能检测到微弱光信号，将光信号成比例地转换成电信号，同时还要能对接收到的电信号进行整形、放大以及再生。

下面以直接检测的数字光接收机为例，介绍其重要组成部分，如图 4.11 所示。

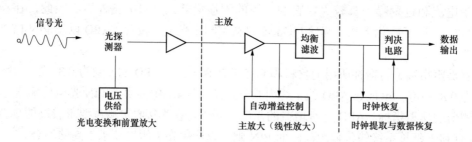

图 4.11　数字光接收机原理组成

光接收机可以分为以下三部分：

（1）光检测器和前置放大器合起来称为接收机前端，是光接收机的核心。

（2）主放大器、均衡滤波器和自动增益控制组成光接收机的线性通道。

（3）光接收机的判决、再生部分。

接收机的前端部分由光检测器和前置放大器组成，光电检测器负责光电转换，实现光信号转换成电信号，也就是对光进行解调；前置放大器负责对光电检测器产生的微弱电流信号进行放大。由于前端的噪声对整个放大器的输出噪声影响甚大，因此前置放大器必须是低噪声和高带宽的，其输出一般是 mV 量级。

光接收机的线性通道由主放大器、均衡滤波器和自动增益控制组成，主放大器要提供足够的增益，将输入信号放大到判决电路所需要的电平（峰—峰值一般为 1～-3V）；AGC 电路可以控制主放大器的增益，使得输出信号的幅度在一定范围内不受输入信号幅度的影响；均衡滤波器的作用是对主放大输出的失真数字脉冲进行整形，保证判决时不存在码间干扰，以得到最小的误码率。

　　光接收机的判决、再生部分由判决器、译码器和时钟恢复组成，判决器和时钟恢复电路负责对信号进行再生。为了精确地确定判决时刻，需要从信号码流中提取准确的时钟信息作为标定，以保证与发送端一致。如果在发射端进行了线路编码（或扰乱），那么，在接收端需要有相应的译码（或解码）电路。

4.2.2　光接收机前端

　　接收机的前端部分由光检测器和前置放大器组成，其作用是将耦合入光电检测器的光信号转换为时变电流，然后进行预放大，以便后级作进一步处理。它是光接收机的核心。光检测器通常采用 PIN 光电二极管和 APD 光电二极管，是实现光电变换的关键器件，直接影响光接收机的灵敏度。

　　光接收机中的光检测器的选择要视具体应用场合而定。

　　PIN 光电二极管具有良好的光电转换线性度，不需要高的工作电压，响应速度快。APD 最大的优点是：它具有载流子倍增效应，其探测灵敏度特别高，但需要较高的偏置电压和温度补偿电路。

　　从简化接收机电路考虑，一般情况下多喜欢采用 PIN 光电二极管作为光探测器。

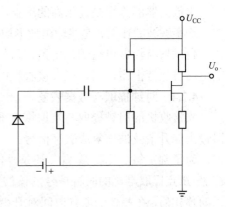

　　前置放大器的设计要求在带宽和灵敏度之间进行折中。光电二极管产生的信号光电流流经前置放大器的输入阻抗时，将产生信号光电压，使用大的负载电阻 R_L，可使该输入电压增大，因此，常常使用高阻抗前置放大器，如图 4.12 所示。而且，从后面的介绍可以看到，大的偏置电阻可减小热噪声和提高接收机灵敏度。

图 4.12　高阻抗前置放大器

高输入阻抗前置放大器的主要缺点是它的带宽窄，因为 $\Delta f = (2\pi R_L C_T)^{-1}$，$C_T$ 是总的输入电容，包括光电二极管结电容和前放输入级晶体管输入电容。假如 Δf 小于比特率 B，就不能使用高输入阻抗前置放大器。

　　为了扩大带宽，有时使用均衡技术。均衡器扮演着滤波器的作用，它衰减信号的低频成分多，衰减信号的高频成分少，从而有效地增大了前置放大器的带宽。假如接收机灵敏度不是主要关心的问题，人们可以简单地减小偏置电阻，增加接收机带宽，这样的接收机就是低阻抗前置放大器，如图 4.13 所示。

　　跨阻抗（也称为互阻型）前置放大器实际上是电压并联负反馈放大器，如图 4.14 所示，跨阻型前置放大器提供高灵敏度、宽频带的特性，它的动态范围比高阻抗前置放大器的大。负载电阻跨接到反向放大器的输入和输出端，尽管 R_f 仍然很大，但是负反馈使输入阻抗减小了 G 倍，这里 G 是放大器增益。于是，带宽也比高阻抗放大器的扩大了 G 倍，因此，光接收机常使用这种结构的前放。它是通过牺牲一部分增益，使放大器的频带得到明显的

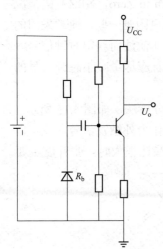

图 4.13　低阻抗前置放大器

扩展，它的主要设计问题是反馈环路的稳定性。

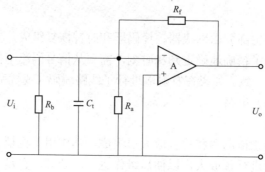

图 4.14 跨阻抗前置放大器

4.2.3 线性通道

光接收机的线性通道由主放大器、均衡滤波器和自动增益控制电路组成。

主放大器的作用是提供高的增益，将信号放大到适合于判决电路判决的电平上。

均衡滤波的作用就是将输出波形均衡成具有升余弦频谱函数特性，做到判决时无码间干扰。

自动增益控制电路的作用是，可根据输入信号（平均值）大小自动调整放大器增益，使输出信号保持恒定，用以扩大接收机的动态范围。

4.2.4 时钟提取与数据恢复

光接收机的时钟提取与数据恢复部分包括判决电路和时钟恢复电路。它的任务是把均衡器输出的升余弦波恢复成数字信号。

为了判定每一比特是"0"还是"1"，首先要确定判决的时刻，这就需要从升余弦波形中在 $f=B$ 点提取准确的时钟信号，该信号提供有关比特时隙 $T_B=1/B$ 的信息，时钟信号经过适当的移相后，在最佳的取样时间对升余弦波进行取样，然后将取样幅度与判决阈值进行比较，确定码元是"0"还是"1"，从而把升余弦波形恢复再生成原传输的数字信号。最佳的判决时间应是升余弦波形的正负峰值点，这时取样幅度最大，抵抗噪声的能力最强。在归零（return to zero，RZ）码调制情况下，接收信号中，在 $f=B$ 处，存在着频谱成分，使用窄带滤波器，如表面声波滤波器，很容易提取出时钟信号。但非归零（Non Return to Zero，NRZ）码情况下，因为接收到的信号在 $f=B$ 处缺乏信号频谱成分，因此时钟恢复更困难一些。通常采用的时钟恢复技术是在 $f=B/2$ 处对信号频谱成分平方律检波，然后经高通滤波而获得时钟信号。时钟提取电路不仅应该稳定可靠，抗连"0"或连"1"性能好，而且应尽量减小时钟信号的抖动。时钟抖动在中继器的积累会给系统带来严重的危害。

在实验室里观察码间干扰存在的最直观、最简单的方法是眼图分析法，如图 4.15 所示。均衡滤波器输出的随机脉冲序列输入到示波器的 y 轴，用时钟信号作为外触发信号，就可以观察到眼图。眼图的张开度受噪声和码间干扰的影响，当输出端信噪比很大时，张开度主要

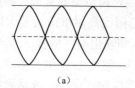

(a)

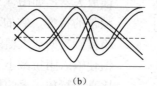

(b)

图 4.15 NRZ 码数字光接收机眼图

（a）理想的眼图；（b）有信号畸变的眼图

受码间干扰的影响。因此，观察眼图的张开度，就可以估计出码间干扰的大小，这给均衡电路的调整提供了简单而适用的观测手段。由于受噪声和码间干扰的影响，误码总是存在的，数字光接收机设计的目的就是使这种误码减小到最小，通常误码率的典型值为 10^{-9}。

4.3　光接收机的性能指标

光接收机主要的性能指标是误码率（BER）、灵敏度以及动态范围。

4.3.1　光接收机的噪声

光接收机使用光电二极管，将入射光功率 P_{in} 转换为电流。$I_P = RP_{in}$ 是在没有考虑噪声的情况下得到的。然而，即使对于设计制造很好的接收机，当入射光功率不变时，散粒噪声和热噪声两种基本的噪声，也会引起光生电流的起伏。假如 I_P 是平均电流，$I_P = RP_{in}$ 关系式仍然成立。然而，电流起伏引入的电噪声却影响接收机性能。本节将讨论接收机的噪声机理和信噪比。

光接收机中存在各种噪声源，可分成散粒噪声和热噪声两类，是接收机中各元器件产生的各种自脉动，会干扰信号的传输与处理，降低信噪比。在接收机中，前端信号很弱，影响最大的是接收机前端（包括光电二极管负载电阻和前置放大器）产生的噪声。这些噪声源及其引入部位如图 4.16 所示。

1. 散粒噪声

散粒噪声包括量子噪声、暗电流噪声、漏电流噪声及 APD 倍增噪声。

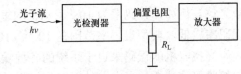

图 4.16　接收机的噪声及其分布

量子噪声的产生是由于光信号入射到光检测器上时，光电子的产生和收集过程具有统计特性（泊松分布）。光电效应产生的光生载流子数是随机起伏的，这是光检测过程的基本特性，从而使当其他条件都达到最佳化时，接收机灵敏度具有一个最低极限。

（1）暗电流噪声：当没有光信号照射光检测器时，外界的一些杂散光或热运动也会产生一些电子——空穴对，光检测器还会产生一些电流，这种残留电流称为暗电流。

（2）漏电流噪声：当光检测器表面物理状态不完善和加有偏置电压时，会引起很小的漏电流噪声，但这种噪声并非本征性噪声，可通过光检测器的合理设计、良好的结构和严格的工艺降低。

（3）APD 倍增噪声：当使用雪崩光电二极管时，倍增过程的随机特性产生附加的噪声。

光生电流是一种随机产生的电流，散粒噪声是由检测器本身引起的，它围绕着一个平均统计值而起伏，这种无规则的起伏就是散粒噪声。入射光功率产生的光电二极管电流为

$$I_s = I(t) - I_P + i_s(t) \tag{4.15}$$

式中：$I_P = RP_{in}$ 为平均信号光电流；$i_s(t)$ 为散粒噪声的电流起伏，与之有关的均方散粒噪声电流为

$$\sigma_s^2 = \langle i_s^2(t) \rangle = 2qI_P\Delta f \tag{4.16}$$

式中：Δf 为接收机带宽；q 为电子电荷。当暗电流 I_d 不可忽略时，均方散粒噪声电流应该为

$$\sigma_s^2 = 2q(I_P + I_d)\Delta f \tag{4.17}$$

为了降低 σ_s^2 对系统的影响，通常在判决之前使用低通滤波器，使接收信道的带宽变窄。

2. 热噪声

热噪声是指在有限温度下，导电媒质内自由电子和振动离子间热相互作用引起的一种随机脉动。由于电子在光电二极管负载电阻 R_L 上随机地热运动，即使在外加电压为零时，也产生电流的随机起伏。这种附加的噪声成分就是热噪声电流，记为 $i_T(t)$，与此有关的均方热噪声电流 σ_T^2 为

$$\sigma_T^2 = \langle i_T^2(t) \rangle = (4k_B T / R_L)\Delta f \tag{4.18}$$

该噪声电流经放大器放大后要扩大 F_n 倍，这里 F_n 是放大器噪声指数，于是式（4.18）变为

$$\sigma_T^2 = (4k_B T / R_L)F_n\Delta f \tag{4.19}$$

总的电流起伏 $\Delta I = I - I_P = i_s + i_T$，因此可以获得总的均方噪声电流为

$$\sigma^2 = \langle \Delta I^2 \rangle = \sigma_s^2 + \sigma_T^2 = 2q(I_P + I_d)\Delta f + (4k_B T / R_L)F_n\Delta f \tag{4.20}$$

此式可被用来计算光电流信噪比。

4.3.2　光接收机的误码率

误码率是指在一定的时间间隔内，发生差错的脉冲数和在这个时间间隔内传输的总脉冲数之比。例如，误码率为 10^{-9} 表示平均每发送十亿个脉冲有一个误码出现。光纤通信系统的误码率较低，典型误码率范围是 $10^{-12} \sim 10^{-9}$。

光接收机的误码来自于系统的各种噪声和干扰。这种噪声经接收机转换为电流噪声叠加在接收机前端的信号上，使得接收机不是对任何微弱的信号都能正确接收。

光接收机的误码主要由散粒噪声、热噪声等综合的总噪声引起。误码的多少及分布不仅和总噪声的大小有关，还与总噪声的分布有关。入射光子在 PIN 内产生的电子或在 APD 内产生的一次电子通常服从泊松分布。但经过电子倍增，再经放大、均衡后，噪声分布变得很复杂。所以要精确计算误码率及灵敏度就比较困难。为此对总噪声的概率分布作了近似，以便简化计算。S.D.Personick 提出假定总噪声的概率分布为高斯分布的方法，大大简化了计算。

由于噪声的存在，接收机放大器的输出是一个随机过程，判决时的取样值也是随机变量。所以在判决时可能会发生误码，把接收的"1"码误判为"0"码，或把接收的"0"码误判为"1"码。判决点上的噪声电压如图 4-17 所示。

图 4.17 中，$u_1(t)$ 为考虑噪声在内的"1"码的瞬时电压，u_m 为"1"码的平均电压值，$u_0(t)$ 为考虑噪声在内的"0"码的瞬时电压，"0"码的平均电压为 0，判决点门限值 $D = u_m/2$。

在接收"1"码时，若在取样时刻 $u_1(t) < D$，则可能被误判为"0"码；在接收"0"码时，若在取样时刻 $u_0(t) > D$，则可能被误判为"1"码。

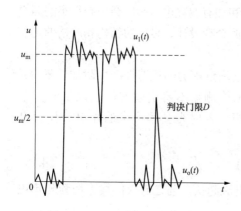

图 4.17　判决点上的噪声电压

假定噪声电压（电流）的瞬时值服从高斯分布，则其概率密度函数为

$$P(u) = \frac{1}{\sigma\sqrt{2}} \exp\left(-\frac{u^2}{2\sigma^2}\right) \tag{4.21}$$

式中：σ 为噪声电压有效值；σ^2 为噪声平均功率，$\sigma^2 = N$。

在已知光检测器和前置放大器的噪声功率，并假设了噪声的概率分布后，就可以计算"0"码和"1"码的误码率。

接收机接收"0"码时，平均噪声功率 $N_0 = N_A$，N_A 为前置放大器的平均噪声功率。因为这时无光信号输入，光检测器的平均噪声功率 $N_D = 0$（不考虑暗电流）。

由式（4.21）可知，接收"0"码时，噪声电压的概率密度函数为

$$P(u_0) = \frac{1}{\sqrt{2\pi N_0}} \exp\left(-\frac{u_0^2}{2N_0}\right) \tag{4.22}$$

在判决点上电压 V_0 超过 D 的概率，即为把"0"码误判为"1"码的概率 $P_{e,01}$ 为：

$$\begin{aligned} P_{e,01} &= P(u_0 > D) = \frac{1}{\sqrt{2\pi N_0}} \int_D^\infty \exp\left(-\frac{u_0^2}{2N_0}\right) du_0 \\ &= \frac{1}{\sqrt{2}} \int_{D/\sqrt{N_0}}^\infty \exp\left(-\frac{x^2}{2}\right) dx \end{aligned} \tag{4.23}$$

式中：$x = u_0 / \sqrt{N_0}$。

接收机接收"1"码时，平均噪声功率 $N_1 = N_A + N_D$，N_D 为检测器的平均噪声功率。这时噪声电压幅度为 $u_1 - u_m$，判决门限值仍为 D，则只要取样值 $u_m - u_1 > u_m - D$，就可能把"1"码误判为"0"码。所以把"1"码误判为"0"码的概率 $P_{e,10}$ 为

$$\begin{aligned} P_{e,10} &= P(u_m - u_1 > u_m - D) = \frac{1}{\sqrt{2\pi N_1}} \int_{-\infty}^{-(u_m-D)} \exp\left[-\frac{(u_1-u_m)^2}{2N_1}\right] d(u_1-u_m) \\ &= \frac{1}{\sqrt{2}} \pi \int_{-\infty}^{-(u_m-D)/\sqrt{N_1}} \exp\left(-\frac{Y^2}{2}\right) dY \end{aligned} \tag{4.24}$$

式中：$Y = (u_1 - u_m)/\sqrt{N_1}$。

误码率 $P_{e,01}$ 与 $P_{e,10}$ 不一定相等，但对于"0"码与"1"码等概率出现的码流，可通过调节判决门限值 D，使 $P_{e,01} = P_{e,10}$，此时获得最小的误码率。总的误码率为

$$P_e = \frac{1}{2}P_{e,01} + \frac{1}{2}P_{e,10} = P_{e,01} = P_{e,10}$$

$$P_e = \frac{1}{\sqrt{2\pi}} \int_Q^\infty \exp\left(-\frac{x^2}{2}\right) dx \tag{4.25}$$

式中

$$Q = \frac{D}{\sqrt{N_0}} = \frac{u_m - D}{\sqrt{N_1}} \tag{4.26}$$

Q 值表示判决点门限值与噪声电压（电流）有效值的比值，称为超扰比，含有信噪比的概念。不同的 Q 值对应不同的 P_e 值。由此可见，只要知道 Q 值，就可以利用下式求出误码率：

$$BER = \frac{1}{\sqrt{2\pi}} \int_Q^{\infty} e^{-\frac{x^2}{2}} dx \text{。}$$

误码率和 Q 的关系如图 4.18 所示。可以看出，当误码率要求 BER=10^{-9} 时，$Q \approx 6$；当误码率要求 BER=10^{-12} 时，$Q \approx 7$；当误码率要求 BER=10^{-15} 时，$Q \approx 8$。

4.3.3 接收机灵敏度

1. 灵敏度定义和表示方法

光接收机灵敏度是表征光接收机调整到最佳状态时，接收微弱光信号的能力。接收机灵敏度的定义为：在满足给定的误码率指标条件下，接收机允许的最小输入平均光功率 P_R，工程中一般使用绝对功率电平 S_τ（单位为 dBm）表示。

接收机的灵敏度还可用下列两种物理量来进行表示：

（1）每个光脉冲的最低平均光子数 n_0。

（2）每个光脉冲的最低平均能量 E_d。

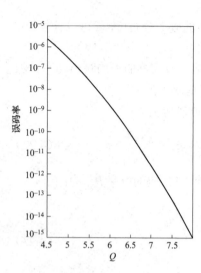

图 4.18 误码率和 Q 的关系

以上表示的方法有所不同，但表示的物理意义是一致的。对"1""0"码等概率出现的 NRZ 码光脉冲，三者之间的关系为

$$P_R = \frac{E_d}{2T} = \frac{n_0 hf}{2T}$$

式中：T 为脉冲码元时隙；hf 为一个光子能量。P_R 的单位为 W，常用 mW。

若用 dBm 来表示灵敏度 S_τ，则可写为

$$S_\tau(\text{dBm}) = 10\lg\frac{P_R}{1mW}$$

2. 灵敏度计算

PIN 光接收机是以 PIN 与 FET 互阻抗前置放大器组成的 PIN-FET 为光接收组件的接收机。PIN 无倍增噪声，其接收机中的主要噪声由 FET 互阻抗放大器的噪声所决定。由前面分析得到 FET 互阻抗放大器的噪声功率为

$$Z \approx \frac{2k\theta}{R_f}TI_2 + \frac{1.4k\theta(2\pi c)^2}{g_m T}I_3 \qquad (4.27)$$

所以，PIN 接收机的灵敏度主要受 FET 互阻抗放大器噪声的影响。

经过较为复杂的数学推导，可得出 PIN 光接收机灵敏度，即所需的平均最小光功率为

$$P_R = \frac{Q\sqrt{Z}}{R_0 T} \qquad (4.28)$$

式中：R_0 为响应度；Z 为 FET 互阻抗放大器噪声功率；T 为光脉冲宽度；Q 为表征信噪比的一个参数。

APD 光接收机是以 APD 雪崩二极管作为光检测器件的光接收机。由于 APD 的倍增作用，使得接收机的噪声特性变得十分复杂。噪声包括了放大器噪声、APD 倍增噪声、暗电流噪声等。

采用 APD 作为光检测器的接收机，如果采用 FET 互阻抗放大器作前置放大，其灵敏度

（接收机接收的最小光功率）可按下式计算：

$$P_{R} = \frac{Q^2}{2TR_0}\left(e\langle g\rangle^x \sum\nolimits_1 + 2\sqrt{e^2\langle g\rangle^{2x}\frac{{\sum\nolimits_1}^2 - I_1^2}{4} + \frac{Z}{Q^2\langle g\rangle^2}}\right) \qquad (4.29)$$

式中：$\langle g\rangle$ 为倍增的统计平均值；X 为过剩噪声指数；I_1 为波形参数

APD 的倍增 $\langle g\rangle$ 存在着一个最佳值，它可使接收机要求的接收光功率最小（即接收机灵敏度最大）。因此，对 APD 光电检测器而言，不是 $\langle g\rangle$ 越大越好。

3. 影响灵敏度的因素

由前面计算接收机最小接收光功率的公式中看出，在一定误码率条件下，影响接收机灵敏度的因素有码间干扰、消光比、暗电流、量子效率、光波波长、信号速率、各种噪声等。下面只对码间干扰、消光比、暗电流的影响进行分析。

（1）码间干扰。在光纤通信系统中，光接收机的输入光脉冲信号宽度与光发送脉冲及光纤的带宽有多模光纤，由于其带宽较窄，因此脉冲展宽引起的码间干扰对于多模系统而言是一个突出的问题。对于单模光纤系统而言，由于光纤色散的存在，对于高速率系统仍存在光脉冲展宽和码间干扰，从而会降低光接收机的灵敏度。

（2）消光比的影响。光源在直接强度调制下，由于要考虑一定的偏置电流，使得无信号脉冲时仍会有一定的输出功率。这种残留的光将在接收机中产生噪声，影响接收机灵敏度。

定义参数消光比（EXT）为

$$EXT = \frac{全0码时平均输出光功率}{全1码时平均输出光功率} \qquad (4.30)$$

一般要求 EXT≤10%。

当 EXT≠0 时，光源的残留光使检测器产生噪声。EXT 越大对灵敏度的影响也越大，其值与使用的光检测器有关。

（3）暗电流的影响。光电检测器中的暗电流对光接收机灵敏度的影响与消光比的影响相似。暗电流与光源无信号时的残留光一样，在接收机中产生噪声，降低接收机的灵敏度。

在 APD 光电检测器中，有两种暗电流，一种是无倍增的，一种是有倍增的，后者对灵敏度的影响要比前者更大一些。

另外当光纤通信系统中使用的光波长越小，信号速率越高，检测器量子效率越低，系统噪声越大，都会使接收机在一定误码率条件下的最小接收光功率增大，即降低了接收机灵敏度。

4.3.4　光接收机的动态范围和自动增益控制

1. 光接收机的动态范围

光接收机的动态范围是指在保证给定的误码率条件下，光接收机能接收到的最大和最小光功率的变化范围。动态范围和灵敏度都是实用接收机的主要性能指标。灵敏度表征接收机接收微弱功率的能力，而动态范围实际上则是反映接收机的接收强光信号的能力。接收的光信号过弱，将导致误码率恶化；接收光信号过强，将使接收机放大器过载，产生非线性失真。因此存在一个使接收机能正常工作的范围。

光接收机的动态范围用相对值表示，单位为 dB，其数学表达式为

$$D = 10\lg\frac{P_{\max}}{P_{\min}}(\text{dB}) \tag{4.31}$$

式中：$P_{\max}$ 和 $P_{\min}$ 分别表示在限定误码率条件下，光接收机能接收的平均光功率的最大值和最小值。

在实际的光纤通信系统中，光接收机的输入光功率并不是固定不变的。当中继距离发生变化、光纤损耗随温度以及维修引起变化和发射光功率变化等时，光接收机的输入光功率也产生不同程度的变化。因此，性能优良的光接收机，既要有高的灵敏度，又要有宽的动态范围。动态范围与放大器的种类、光电检测器的种类和性能有关。实际光接收机在 20dB 以上。

2. 自动增益控制

扩大光接收机的动态范围可采用自动增益控制（AGC），有两种方法：①对 APD 的雪崩增益进行自动控制；②对主放大器的电压增益进行自动控制。这两种控制都是把光接收机的均衡滤波输出信号，经峰值检波送入运算放大器，并将其输出信号作为控制信号，分别控制 APD 的偏压和主放大器的增益可调部位，形成一个负反馈控制环路。当信号强时，通过反馈环路使增益降低；当信号变弱时，将增益提高，使送入判决器的输出信号幅度不变，以利判决。

APD 的 AGC 是通过控制偏压来自动调整雪崩倍增因子，并使它与主放大器的增益同步变化。

光接收机的 APD 和主放大器同时实施自动增益控制时，其最大接收光功率的动态范围为

$$D_{\max} = 10\lg\frac{\langle g\rangle_{\text{opt}}}{\langle g\rangle_{\min}} + \frac{1}{2}D_{\text{a}} \quad (\text{dB}) \tag{4.32}$$

式中：$\langle g\rangle_{\text{opt}}$ 为 APD 的最佳雪崩增益；$\langle g\rangle_{\min}$ 为 APD 偏压受控制而达到的最小雪崩增益；D_{a} 为放大器电压增益的动态范围（用 dB 表示），换算成光功率的动态范围时为（$D_{\text{a}}/2$）。

采用 PIN 的光接收机，AGC 只对主放大器进行控制。

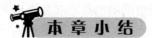

本章主要围绕光电检测器及光接收机两大部分进行讲述。

一、光电检测器

光电检测器的实质是一种光电传感器的探测部分。光电检测器的作用是把接收到的光信号转换成电流信号。光纤通信中最常用的光电检测器是光电二极管（PD）和雪崩光电二极管（APD）两种类型。

1. 光电二极管

利用光电效应，光电二极管就可以将光信号转换为电信号。

2. 雪崩光电二极管

雪崩光电二极管（APD）在结构设计上已考虑到使它能承受高反向偏压，从而在 PN 结内部形成一个高电场区。光生的电子或空穴经过高场区时被加速与晶格碰撞，使晶体中的原子电离，从而激发出新的"电子—空穴"对。新产生的电子和空穴在高场区中运动时又被加速，又可能碰撞别的原子，这样多次碰撞电离的结果，使载流子迅速增加，反向电流迅速加大，

形成雪崩倍增效应。

二、光接收机

1. 光接收机的组成

光接收机可以分为以下三部分：

（1）光检测器和前置放大器合起来称为接收机前端，是光接收机的核心。

（2）主放大器、均衡滤波器和自动增益控制组成光接收机的线性通道。

（3）光接收机的判决、再生部分。

2. 光接收机的性能

（1）光接收机的噪声。光接收机中存在各种噪声源，可分成两类，即散粒噪声和热噪声，是接收机中各元器件产生的各种自脉动，会干扰信号的传输与处理，降低信噪比。

（2）光接收机的误码率。光接收机的误码主要由散粒噪声、热噪声等综合的总噪声引起。

（3）接收机灵敏度。光接收机灵敏度是表征光接收机调整到最佳状态时，接收微弱光信号的能力。

（4）光接收机的动态范围。光接收机的动态范围是指在保证给定的误码率条件下，光接收机能接收到的最大和最小光功率的变化范围。

习　　题

1. 试解释光电二极管中产生的各种噪声的原因。

2. 已知：

（1）Si-PIN 光电二极管，量子效率 $\eta=0.7$，波长 $\lambda=0.85\mu m$。

（2）Ge 光电二极管，量子效率 $\eta=0.4$，波长 $\lambda=1.6\mu m$。

试计算它们的响应度 R。

3. 一个光电二极管，当 $\lambda=1.31\mu m$ 时，响应度为 0.6A/W，试计算其量子效率 η。

4. 已知 Si-PIN 光电二极管的耗尽区宽度为 40μm，InGaAs-PIN 光电二极管的耗尽区宽度为 4μm，两者的光生载流子漂移速度为 105m/s，结电容为 1pF，负载电阻为 100Ω。试求这两种光电二极管的带宽各为多少？

5. 什么是雪崩倍增效应？

6. 光接收机主要由哪几部分组成？简述各部分的作用。

第5章 光 放 大 器

5.1 光 放 大 器 一 般 概 念

光信号沿光纤传输一定距离后，会因为光纤的衰减特性而减弱，从而使传输距离受到限制。

光纤通信早期使用的是光—电—光再生中继器，需要进行光电转换、电放大、再定时、脉冲整形及电光转换，这种中继器适用于中等速率和单波长的传输系统。对于高速、多波长应用场合，则中继的设备复杂，费用昂贵。而且由于电子设备不可避免地存在着寄生电容，限制了传输速率的进一步提高，出现所谓的"电子瓶颈"。在光纤网络中，当有许多光发送器以不同比特率和不同格式将光发送到许多接收器时，无法使用传统中继器，因此产生了对光放大器的需要。经过多年的探索，科学家们已经研制出多种光放大器。

光纤放大器不但可对光信号进行直接放大，同时还具有实时、高增益、宽带、在线、低噪声、低损耗的全光放大功能，是新一代光纤通信系统中必不可少的关键器件；由于这项技术不仅解决了衰减对光网络传输速率与距离的限制，更重要的是它开创了 1550nm 频段的波分复用，从而将使超高速、超大容量、超长距离的波分复用（WDM）、密集波分复用（DWDM）、全光传输、光孤子传输等成为现实，是光纤通信发展史上的一个划时代的里程碑。在目前实用化的光纤放大器中主要有掺铒光纤放大器（EDFA）、半导体光放大器（Semiconductor Optical Amplifier，SOA）和光纤喇曼放大器（FRA）等，其中掺铒光纤放大器以其优越的性能现已广泛应用于长距离、大容量、高速率的光纤通信系统、接入网、光纤 CATV 网、军用系统（雷达多路数据复接、数据传输、制导等）等领域，作为功率放大器、中继放大器和前置放大器。

按照工作原理可以将光放大器分为受激辐射光放大器、受激散射光放大器和参量放大器三大类。

（1）受激辐射光放大器的基本工作原理是利用受激辐射效应完成光子倍增、实现信号放大的。这种光放大器通过外界或光的泵浦形成粒子数反转分布的有源区，当信号光经过有源区时，由于受激辐射占主导地位，从而实现对信号光的放大。属于此类的光放大器有半导体光放大器和掺杂光纤放大器，如掺铒光纤放大器（EDFA）、增益移动掺铥光纤放大器（GS-TDFA）、掺镨光纤放大器（PDFA）等。

（2）受激散射光纤放大器具有与受激辐射放大器相似的机理和过程，不同之处在于受激辐射放大器涉及的是原子核外电子的跃迁，所以具有特定的吸收和辐射光谱，而受激散射放大器涉及的是分子的振动，可以散射任意波长的光波。光通信中用的此类放大器主要指受激喇曼光纤放大器。受激辐射和受激散射光放大器的通用结构和基本原理如图 5.1 所示。

（3）参量放大器是利用介质的三阶非线性光学效应—四波混频—实现信号的放大，利用

$$hv_{p1} + hv_{p2} = hv_s + hv_i \tag{5.1}$$

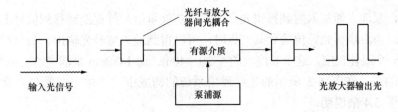

图 5.1 光放大器的通用结构

将两个泵浦光（光子能量分别为 $h\nu_{p1}$、$h\nu_{p2}$）的能量转换到信号光（光子能量为 $h\nu_s$）上，同时产生一个闲频光（光子能量为 $h\nu_i$）。与受激散射光放大相似，由于参与混频过程中的是介质分子的振动和转动，所以没有特定的吸收谱。与受激散射光放大的不同之处在于，参量放大需要满足相位匹配条件。

本节主要介绍掺铒光纤放大器、半导体光放大器和光纤喇曼放大器。

5.2 掺 铒 光 纤 放 大 器

图 5.2 中的激活介质为一种稀土掺杂光纤，它吸收了泵浦源提供的能量，使电子跃迁到高能级上，产生粒子数反转，输入信号光子通过受激辐射过程触发这些已经激活的电子，使跃迁到较低的能级，从而产生一个放大信号。泵浦源是具有一定波长的光能量源。对目前使用较为普及的掺铒光纤放大器来说，其泵浦光源的波长有 1480nm 和 980nm 两种，激活介质则为掺铒光纤。

图 5.3 示出了掺铒光纤放大器中掺铒光纤（EDF）长度、泵浦光强度与信号光强度之间的关系。

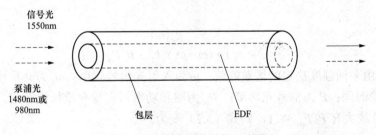

图 5.2 掺铒光纤的结构示意图

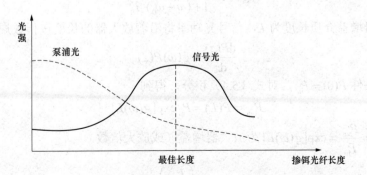

图 5.3 掺铒光纤长度、泵浦光强度与信号光强度之间的关系

　　由图可知，泵浦光能量入射到掺铒光纤中后，把能量沿光纤逐渐转移到信号上，也即对信号光进行放大。当沿掺铒光纤传输到某一点时，可以得到最大信号光输出。所以对掺铒光纤放大器而言，有一个最佳长度，这个长度大约在 20～40m。而 1480nm 泵浦光的功率为数十毫瓦。

　　需要指出的是，在图 5.2 所示的光纤通信系统的构成中，再生中继器与光放大器的作用是不同的，用图 5.4 来说明。

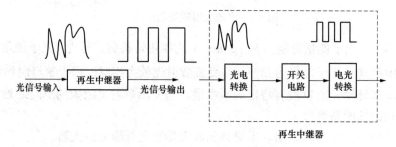

图 5.4　再生中继器的作用示意图

　　再生中继器可产生表示原有信息的新信号，消除脉冲信号传输后的展宽，将脉冲调整到原来水平，从这个意义上讲，光放大器并不能代替再生中继器。光放大器存在着噪声积累，而且不能消除色散对脉冲展宽。当信号的传输距离在 500～800km 之间时，可采用光放大器来补偿信号的衰减，当超过这个距离时，再生中继器则是必不可少的。

　　对光纤放大器的主要要求：高增益，低噪声，高的输出光功率，低的非线性失真。

5.2.1　基本概念

1. 增益系数

光放大器是基于受激辐射或受激散射的原理来实现对微弱入射光进行放大的，其机制与激光器类似。当光介质在泵浦电流或泵浦光作用下产生粒子数反转时就获得了光增益。增益系数可表示为

$$g(\omega, P) = \frac{g_0(\omega)}{1 + (\omega - \omega_0)^2 T_2^2 + P/P_{sat}} \tag{5.2}$$

式中：$g_0(\omega)$ 为由泵浦强度决定的增益峰值；ω 为入射光信号频率；ω_0 为介质原子跃迁频率；T_2 为偶极子弛豫时间；P 为信号光功率；P_{sat} 为饱和功率，它与介质特性有关。

　　对于小信号放大有 $P/P_{sat} \ll 1$，则式（5.2）变为

$$g(\omega) = \frac{g_0(\omega)}{1 + (\omega - \omega_0)^2 T_2^2} \tag{5.3}$$

　　设光放大器增益介质长度为 L，信号光功率将沿着放大器的长度按指数规律增长

$$\frac{\mathrm{d}P(z)}{\mathrm{d}z} = g(\omega)P(z) \tag{5.4}$$

　　利用初始条件 $P(0) = P_{in}$，对式（5.4）积分，得到

$$P_{out} = P(L) = P_{in} \exp[g(\omega)L] \tag{5.5}$$

　　定义 $G(\omega) = \dfrac{P_{out}}{P_{in}} = \exp[g(\omega)L]$ 为放大器增益（或放大倍数）

　　或

$$G = 10\lg\left(\frac{P_{out}}{P_{in}}\right)(\mathrm{dB})$$

由式（5.5）可见，放大器增益是频率的函数。当 $\omega = \omega_0$ 时，放大器增益为最大，此时小信号增益系数 $g(\omega)$ 也为最大。

图 5.5 画出了放大器增益曲线和其增益系数曲线。

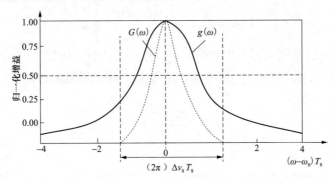

图 5.5　放大器的增益曲线和增益系数曲线

当 $g(\omega)$ 降至最大值一半时，$(\omega - \omega_0)^2 T_2^2 = 1$，记 $\Delta \omega_g = 2|\omega - \omega_0|$，则 $\Delta \nu_g = \Delta \omega_g / 2\pi$。经计算，$\Delta \nu_g = \dfrac{1}{\pi T_2}$。将 $\Delta \nu_g = \dfrac{1}{\pi T_2}$ 称作 $g(\omega)$ 的半最大值全宽 FWHM（Full Width at Half Maximum）。

记 $\Delta \nu_A$ 为 $G(\omega)$ 的 FWHM，即当 $G(\omega)$ 降至最大值一半时（即 $G(\omega) = G_0 / 2$，$G_0 = \exp(g_0 L)$）所对应的宽度。也称作光放大器的带宽。

经计算
$$\Delta \nu_A = \Delta \nu_g \left[\frac{\ln 2}{\ln(G_0 / 2)} \right]^{1/2} \tag{5.6}$$

2. 增益饱和

当输入光功率比较小时，G 是一个常数，也就是说输出光功率与输入光功率成正比，此时的增益用符号 G_0 表示，称为光放大器的小信号增益。

但当 G 增大到一定数值后，光放大器的增益开始下降，这种现象称为增益饱和，如图 5.6 所示。

当光放大器的增益降至小信号增益 G_0 的一半，也就是用分贝表示为下降 3dB 时，所对应的输出功率称为饱和输出光功率 P_{out}^{sat}。后面会看到，它与饱和功率 P_{sat} 有区别。

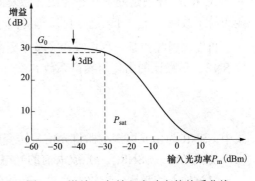

图 5.6　增益 G 与输入光功率的关系曲线

产生增益饱和的原理可由

$$g(\omega, P) = \frac{g_0(\omega)}{1 + (\omega - \omega_0)^2 T_2^2 + P / P_{sat}} \tag{5.7}$$

来解释。

当 P 较大时，分母中 P / P_{sat} 不能省略。为简化讨论，假设 $\omega = \omega_0$，则有

$$g(\omega, P) = \frac{g_0(\omega)}{1 + P / P_{sat}} \tag{5.8}$$

将上式代入 $\dfrac{\mathrm{d}P(z)}{\mathrm{d}z} = g(\omega)P(z)$，并积分，利用 $G(\omega) = \dfrac{P_{\text{out}}}{P_{\text{in}}} = \exp[g(\omega)L]$，使用初始条件 $P(0) = P_{\text{in}}$、 $P(L) = P_{\text{out}} = GP_{\text{in}}$，就可以得到大信号增益

$$G(\omega) = G_0 \exp\left[-\frac{(G-1)P_{\text{out}}}{GP_{\text{satt}}}\right] \tag{5.9}$$

式中： $G_0 = \exp[g_0(\omega)L]$ 是放大器不饱和时（ $P_{\text{out}} \ll P_{\text{in}}$）的放大倍数。

由式（5.9）分析可知，随着 P_{out} 的增加，G 值将下降。根据饱和输出光功率的定义，可求得它的表达式

$$P_{\text{out}}^{\text{sat}} = \frac{G_0 \ln 2}{G_0 - 2} P_{\text{satt}} \tag{5.10}$$

3. 放大器噪声

光放大器是基于受激辐射或散射机理工作的。在这个过程中，绝大多数受激粒子因受激辐射而被迫跃迁到较低的能带上，但也有一部分是自发跃迁到较低能带上的，它们会自发地辐射光子。自发辐射光子的频率在信号光的范围内，但相位和方向却是随机的。那些与信号光同方向的自发辐射光子经过有源区时被放大，所以叫作放大的自发辐射。因为它们的相位时随机的，对于有用信号没有贡献，就形成了信号带宽内的噪声。

光放大器的主要噪声来源是放大的自发辐射 ASE（Amplified Spontaneous Emission）。放大自发辐射功率等于

$$P_{\text{ASE}} = 2n_{\text{sp}}h\nu(G-1)\Delta\nu \tag{5.11}$$

式中： $h\nu$ 为光子能量；G 为放大器增益；$\Delta\nu$ 为光带宽；n_{sp} 为自发辐射因子，它的定义是

$$n_{\text{sp}} = \frac{N_2}{N_2 - N_1} \tag{5.12}$$

N_1 和 N_2 分别是处于基态能级和激发态能级上的粒子数。当高能级上的粒子数远大于低能级粒子数时，$n_{\text{sp}} \to 1$。这时自发辐射因子为最小值。但实际的 n_{sp} 在 1.4～4 之间。

自发辐射噪声是一种白噪声（噪声频谱密度几乎是常数），叠加到信号光上，会劣化信噪比 SNR。信噪比的劣化用噪声系数 F_{n} 表示，其定义为

$$F_{\text{n}} = \frac{\text{SNR}_{\text{in}}}{\text{SNR}_{\text{out}}} \tag{5.13}$$

式中：SNR 为由光电探测器将光信号转变成电信号的信噪比（信噪比定义为平均信号功率与噪声功率之比）；SNR_{in} 为光放大前的光电流信噪比；SNR_{out} 为放大后的光电流信噪比。

（1）输入信噪比。光放大器输入端的信号功率 P_{in} 经光检测器转化为光电流为

$$\langle I \rangle = RP_{\text{in}} \tag{5.14}$$

式中：R 为光检测器的响应度。

$$\langle I \rangle^2 = (RP_{\text{in}})^2$$

则表示检测的电功率。由于信号光的起伏，光放大器输入端噪声的考虑以光检测器的散粒噪声（即量子噪声）为限制，它可以表示为

$$\sigma_{\text{s}}^2 = 2q\langle I \rangle B \tag{5.15}$$

式中：q 为电子电荷；B 为光检测器的电带宽。由式（5.14）和式（5.15）可以得到输入信噪比

$$(\text{SNR})_{\text{in}} = \frac{(RP_{\text{in}})^2}{2q(RP_{\text{in}})B} = \frac{RP_{\text{in}}}{2qB} \qquad (5.16)$$

（2）输出信噪比。光放大器增益为 G，输入光功率 P_{in} 经光放大器放大后的输出为 GP_{in}，相应的光检测器电功率就是 $(RGP_{\text{in}})^2$。

光放大器的输出噪声主要由两部分组成，一是放大后的散粒噪声 $2q(RGP_{\text{in}})B$，二是由自发辐射与信号光产生的差拍噪声。由于信号光和 ASE 具有不同的光频，落在光检测器带宽的差拍噪声功率为

$$\sigma_{\text{S-AS}}^2 = 4(RGP_{\text{in}})(RS_{\text{ASE}}B) \qquad (5.17)$$

式中：S_{ASE} 为放大自发辐射的功率谱，由此可得输出信噪比

$$(\text{SNR})_{\text{out}} = \frac{(RGP_{\text{in}})^2}{2q(RGP_{\text{in}})B + 4(RGP_{\text{in}})(RS_{\text{ASE}}B)} = \frac{RP_{\text{in}}}{2qB} \cdot \frac{G}{1 + 2n_{\text{sp}}(G-1)} \qquad (5.18)$$

所以噪声系数为

$$F_{\text{n}} = \frac{1 + 2n_{\text{sp}}(G-1)}{G} \qquad (5.19)$$

当光放大器的增益比较大时，噪声系数可用自发辐射因子表示

$$F_{\text{n}} \approx 2n_{\text{SP}} \qquad (5.20)$$

[**例 5.1**]　假如输入信号的信噪比 SNR_{in} 为 300μW，在 1nm 带宽内的输入噪声功率是 30nW，输出信号功率是 60mW，在 1nm 带宽内的输出噪声功率增大到 20μW，计算光放大器的噪声指数。

解　信噪比定义为平均信号功率与噪声功率之比。

（1）光放大器的输入信噪比为

$$(\text{SNR})_{\text{in}} = \frac{300(\mu W)}{30(nW)} = \frac{300 \times 10^3(nW)}{30(nW)} = 10 \times 10^3$$

（2）光放大器的输出信噪比为

$$(\text{SNR})_{\text{out}} = \frac{60(mW)}{20(\mu W)} = \frac{60 \times 10^3(\mu W)}{20(\mu W)} = 3 \times 10^3$$

（3）噪声指数为

$$F_{\text{n}} = \frac{\text{SNR}_{\text{in}}}{\text{SNR}_{\text{out}}} = \frac{10 \times 10^3}{3 \times 10^3} \approx 3.33$$

或噪声指数分贝为

$$\text{dB} = 10\lg 3.33 = 5.2\text{dB}$$

由此看到，光放大器使输出信噪比下降了，但同时也使输出功率增加了，所以可以容忍输出 SNR 的下降。

掺杂光纤放大器是利用光纤中掺杂稀土引起的增益机制实现光放大的。光纤通信系统最适合的掺杂光纤放大器是工作波长为 1550nm 的掺铒光纤放大器和工作波长为 1300nm 的掺镨光纤放大器。目前已商品化并获得大量应用的是掺铒光纤放大器。

掺镨光纤放大器的工作波段在 1310nm，并与 G-652 光纤的零色散点相吻合，在已建立的 1310nm 光纤通信系统中有着巨大的市场。但由于掺镨光纤的机械强度较差，与常规光纤的熔接较为困难，故尚未获得广泛的应用。另一掺杂光纤放大器——掺铥放大器工作的波段（S

波段 1490～1530nm）为光传输开辟了新的波段资源。这里主要介绍掺铒放大器的工作机制。

5.2.2 EDFA 结构

掺铒光纤放大器 EDFA（Erbium Doped Fiber Amplifier）的增益介质是掺铒光纤，采用光泵浦，泵浦源是激光器二极管。图 5.7 为掺铒光纤放大器的典型结构。

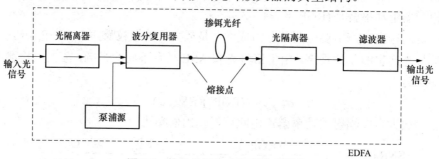

图 5.7 掺铒光纤放大器的典型结构

这里，掺铒光纤是 EDFA 的核心部件。它以石英光纤作为基质，在纤芯中掺入铒离子。在几米至几十米的掺铒光纤内，光与物质相互作用而被放大、增强。

为了提高信号光和泵浦光的能量密度，从而提高其相互作用的效率，掺铒光纤的模场直径约为 3～6μm，比常规光纤的 9～16μm 要小得多。但掺铒光纤芯径的减小也使得它与常规光纤的模场不匹配，从而产生较大的反射和连接损耗，解决的方法是在光纤中掺入少许氟元素，使折射率降低，从而增大模场半径，达到与常规光纤可匹配的程度。另外，在熔接时，通过使用过渡光纤、拉长常规光纤接头长度以减小芯径等方法来减小 MFD 的不匹配，见图 5.8。

为了实现更有效地放大，在制作掺铒光纤时，将大多数铒离子集中在纤芯的中心区域，因为在光纤中，可以认为信号光与泵浦光的光场近似为高斯分布，在纤芯轴线上光强最强，铒离子在近轴区域，将使光与物质充分作用，从而提高能量转换效率。图 5.9 为铒离子浓度与 b/a 值的关系。

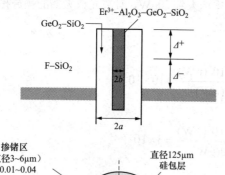

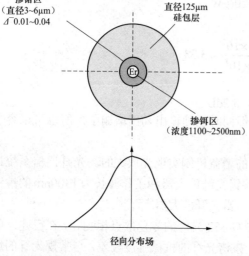

图 5.8 掺铒光纤结构和折射率分布

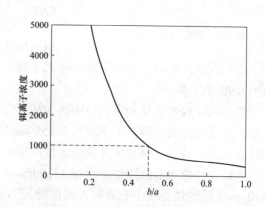

图 5.9 铒离子浓度与 b/a 值的关系

　　泵浦源是 EDFA 的另一核心部件，它为光信号放大提供足够的能量，是实现增益介质粒子数反转的必要条件，由于泵浦源直接决定着 EDFA 的性能，所以要求其输出功率高，稳定性好，寿命长。实用的 EDFA 泵浦源都是半导体激光二极管，其泵浦波长有 980nm 和 1480nm 两种，应用较多的是 980nm 泵浦源，其优点是噪声低，泵浦效率高，功率可高达数百毫瓦。

5.2.3　EDFA 工作原理

1. 能级与泵浦

EDFA 的工作机理基于受激辐射，见图 5.10。图 5.11 为掺铒石英的能级图。

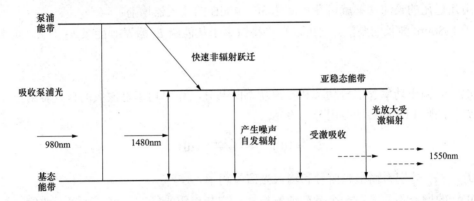

图 5.10　EDFA 中铒离子能级结构

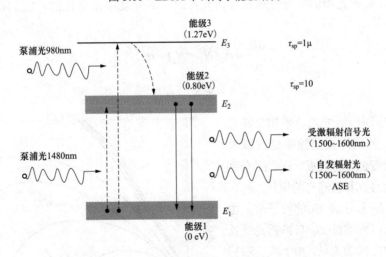

图 5.11　掺铒石英子能级图

　　这里用三能级表示。E_1 是基态，E_2 是中间能级，E_3 代表激发态。

　　若泵浦光的光子能量等于 $E_3 - E_1$，铒离子吸收泵浦光后，铒离子受激不断地从能级 E_1 转移到能级 E_3 上。

　　但是 E_3 激活态是不稳定的，在能级 E_3 上停留很短的时间（寿命约 1μs），然后无辐射地落到能级 E_2 上。由于铒离子在能级 E_2 上的寿命约为 10ms，所以能级 E_2 上的铒离子不断积累，使能级 E_2 与能级 E_1 之间形成粒子数反转。

　　若信号光的光子能量等于 $E_2 - E_1$，在输入光子（信号光）的激励下，铒离子从能级 E_2 跃迁到能级 E_1 上，这种受激跃迁将伴随着与输入光子具有相同波长、方向和相位的受激辐射，使得信号光得到了有效的放大，其波长范围从 1500nm 到 1600nm。这是 EDFA 得到广泛应用的原因。

另一方面，也有少数粒子以自发辐射方式从能级 E_2 跃迁到能级 E_1，产生自发辐射噪声，并且在传输的过程中不断得到放大，成为放大的自发辐射。

为了提高放大器的增益，应尽可能使基态铒离子激发到激发态能级 E_3。

EDFA 的增益特性与泵浦方式及其光纤掺杂剂有关。可使用多种不同波长的光来泵浦 EDFA，但是 0.98μm 和 1.48μm 的半导体激光泵浦最有效。使用这两种波长的光泵浦 EDFA 时，只用几毫瓦的泵浦功率就可获得高达 30～40dB 的放大器增益。

对于 1480nm 波长的泵浦，它可以直接将铒离子从能级 E_1 激发到能级 E_2 上去，实现粒子数反转。

2. 增益

EDFA 的输出功率含信号功率和噪声功率两部分，噪声功率是放大的自发辐射产生的，记它为 P_{ASE}，则 EDFA 的增益用分贝表示

$$G_E = 10\lg \frac{P_{out} - P_{ASE}}{P_{in}} \quad (\text{dB}) \qquad (5.21)$$

式中：P_{out}、P_{in} 分别为输出光信号和输入光信号功率。

EDFA 的增益不是简单一个常数或解析式，它与掺铒光纤的长度、铒离子浓度、泵浦功率等因素有关。泵浦光和信号光在通过掺铒光纤时，其光功率是变化的，它们相互之间满足下式

$$\frac{dP_S}{dz} = \sigma_S(N_2 - N_1) - \alpha P_S \qquad (5.22)$$

$$\frac{dP_P}{dz} = \sigma_P N_1 - \alpha' P_P \qquad (5.23)$$

式中：P_S、P_P 分别为信号光功率和泵浦光功率，σ_S、σ_P 分别为泵浦频率处受激吸收和信号频率处受激发射截面，α、α' 分别为掺铒光纤对信号光和泵浦光的损耗，N_2、N_1 分别为能级 E_2 和能级 E_1 的粒子数。由式（5.21）可以得到增益 G_E 与掺铒光纤长度 L 与泵浦功率之间的关系。由于式（5.21）是一个超越方程，所以经常用数值解或图形来反映增益与泵浦功率或掺铒光纤长度的关系（见图 5.12）。

由图可以看出，随着掺铒光纤长度的增加，增益经历了从增加到减小的过程，这是因为随着光纤长度的增加，光纤中的泵浦功率将下降，使得粒子反转数降低，最终在低能级上的铒离子数多于高能级上的铒离子数，粒子数恢复到正常的数值。再加上由于掺铒光纤本身的损耗，造成信号光中被吸收掉的光子多于受激辐射产生的光子，也引起增益下降。

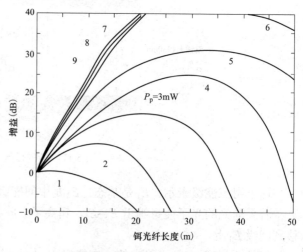

图 5.12　增益与掺铒光纤长度的关系

由上面的讨论可知，对于某个确定的入射泵浦功率，存在着一个掺铒光纤的最佳长度，使得增益 G_E 最大。

上图也显示了不同泵浦功率下增益与掺铒光纤长度的关系。如，当泵浦功率为 5mW 时，铒纤长为 30m 的放大器可以产生 35dB 的增益。

经常用下面的关系式来估算增益

$$G_E = \frac{P_{S,out}}{P_{S,in}} \leqslant 1 + \frac{\lambda_P}{\lambda_S} \frac{P_{P,in}}{P_{S,in}} \tag{5.24}$$

式中：λ_P 和 λ_S 分别为泵浦波长和信号波长；而 $P_{P,in}$ 为泵浦光入射功率；$P_{S,in}$ 和 $P_{S,out}$ 为信号光的入射功率和输出功率，mW。

图 5.13 给出了输出信号功率与泵浦功率的关系。由图可见，能量从泵浦光转换成信号光的效率很高，因此 EDFA 很适合作功率放大器。

泵浦光功率转换为输出信号光功率的效率为 92.6%，60mW 功率泵浦时，吸收效率为 88%〔（信号输出功率—信号输入功率）/泵浦功率〕。

图 5.14 给出了小信号增益与泵浦功率的关系。

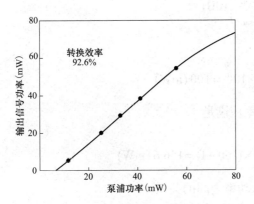

图 5.13　输出信号功率与泵浦功率的关系

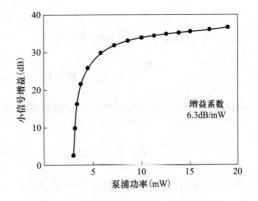

图 5.14　小信号增益与泵浦功率的关系

图 5.15 给出了小信号增益的频谱曲线。图 5.16 给出了大信号增益频谱曲线。

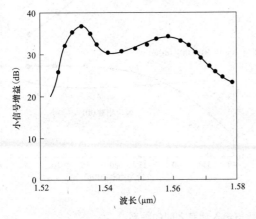

图 5.15　小信号增益的频谱曲线

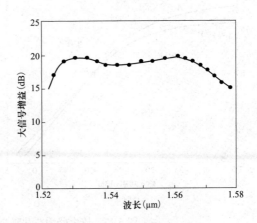

图 5.16　大信号增益频谱曲线

［**例 5.2**］　掺铒光纤的输入光功率是 300μW，输出功率是 60mW，EDFA 的增益是多少？假如放大自发辐射噪声功率是 P_{ASE}=30μW，EDFA 的增益又是多少？

解　EDFA 增益是

$$G_E = \frac{P_{out}}{P_{in}} = \frac{60 \times 10^3}{300} = 200 \text{ 或 } G_E = 10\log\left(\frac{P_{out}}{P_{in}}\right) = 53 \text{ (dB)}$$

当考虑放大自发辐射噪声功率时，EDFA 增益为

$$G = 10\log\left(\frac{P_{out} - P_{ASE}}{P_{in}}\right) \approx 53 \text{ (dB)}$$

请注意，以上结果是单个波长光的增益，不是整个 EDFA 带宽内的增益。

［**例 5.3**］　用 EDFA 做功率放大器，设其增益为 20dB，泵浦波长为 λ=980nm，输入光信号的功率为 0dBm，波长为 1550nm，求所用的泵浦源功率为多少？

解　入射功率 0dBm，即为 1mw。

忽略放大自发辐射噪声功率时，功率放大器增益表达式为

$$G_E = 10\log\left(\frac{P_{s,out}}{P_{s,in}}\right) \text{(dB)}$$

可求出 EDFA 的输出光信号功率为

$$P_{out} = P_{in} \times 10^{\frac{G_E}{10}} = 1\text{mW} \times 10^{\frac{20}{10}} = 100 \text{ (mW)}$$

由 $G_E = \dfrac{P_{S,out}}{P_{S,in}} \leqslant 1 + \dfrac{\lambda_P}{\lambda_S} \dfrac{P_{P,in}}{P_{S,in}}$，得到泵浦输入功率应满足

$$P_{P,in} \geqslant \frac{\lambda_S}{\lambda_P}(P_{S,out} - P_{S,in}) = \frac{1550}{980} \times (100 - 1) = 156.6 \text{ (mW)}$$

图 5.17 给出了放大器增益和噪声指数与输入功率之间的关系。

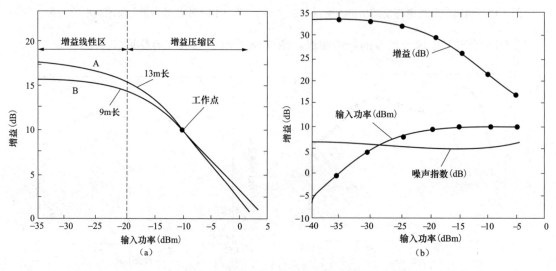

图 5.17　放大器增益和噪声指数与输入功率之间的关系

（a）表示数据模拟结果；（b）商用产品的典型特性曲线

由图 5.17 可见，当输入光信号功率增大到一定值后（一般为–20dB 左右），增益开始下降，出现了增益饱和现象；

图 5.18 给出了 EDFA 泵浦功率对放大器增益的影响。泵浦功率越大，放大器增益越大，允许铒光纤也越长。

图 5.19 给出了 EDFA 泵浦功率对噪声指数的影响。

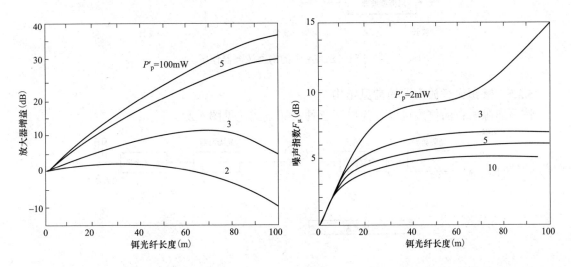

图 5.18　EDFA 泵浦功率对放大器增益的影响　　　　图 5.19　EDFA 泵浦功率对噪声指数的影响

当输入光信号功率增大到一定值后，噪声明显增加。

数值计算表明，对于强泵浦功率的高增益放大器可以得到接近 3dB 的噪声指数。实验结果也验证了这个结论。

其次，噪声指数就像放大器增益一样，与放大器长度和泵浦功率有关。

5.2.4　EDFA 增益平坦性

增益平坦性是指增益与波长的关系，很显然，我们所希望的 EDFA 应该在我们所需要的工作波长范围具有较为平坦的增益，特别是在 WDM 系统中使用时，要求对所有信道的波长都具有相同的放大倍数。但是作为 EDFA 的核心部件——掺铒光纤的增益平坦性却不理想，图 5.20 是掺铒光纤增益系数与波长的关系。

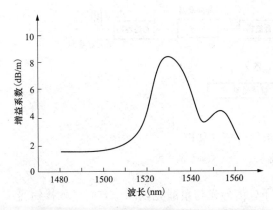

图 5.20　掺铒光纤增益系数与波长的关系

为了获得较为平坦的增益特性，增大 EDFA 的带宽，有两种方法可以采用。

一种是采用新型宽谱带掺杂光纤，如在纤芯中再掺入铝离子；

另一种方法是在掺铒光纤链路上放置均衡滤波器。如图 5.21 所示，该均衡滤波器的传输特性恰好补偿掺铒光纤增益的不均匀。

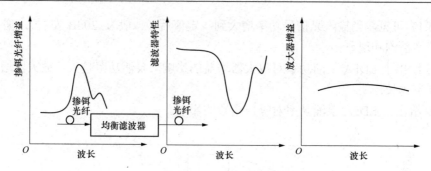

图 5.21   EDFA 中的均衡滤波器作用

5.2.5   掺铒光纤放大器的常见结构

按泵浦源所在的位置可以分为以下三种泵浦方式（见图 5.22）。

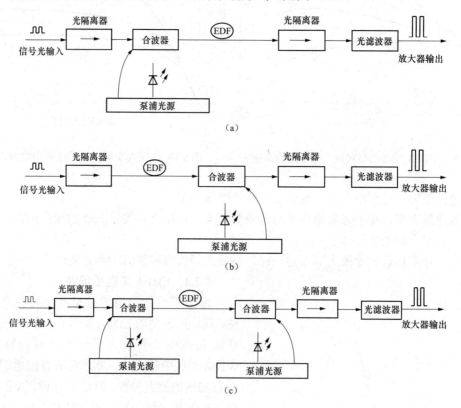

图 5.22   掺铒光纤放大器的三种基本结构

（a）前向泵浦方式；（b）反向泵浦方式；（c）双向泵浦方式

第一种称作同向泵浦（前向泵浦），这种方式下，信号光与泵浦光以同一方向进入掺铒光纤，这种方式具有较好的噪声性能。

第二种方式为反向泵浦（后向泵浦），信号光与泵浦光从两个不同的方向进入掺铒光纤，这种泵浦方式具有输出信号功率三种高的特点。

第三种方式为双向泵浦源，用两个泵浦源从掺铒光纤两端进入光纤。由于使用双泵浦源，输出光信号功率比单泵浦源要高，且放大特性与信号传输方向无关。

图 5.23 是不同泵浦方式下输出功率及噪声特性比较。图 5.23（a）为输出光信号功率与泵浦光功率之间的关系，三种泵浦方式的微分转换效率分别为 61%和 76%和 77%。

图 5.23（b）为噪声系数与放大器输出功率的关系，随着输出功率的增加，粒子反转数将下降，结果是使噪声指数增大。

图 5.23（c）为噪声系数与掺铒光纤长度之间的关系，由图可见，不管掺铒光纤的长度如何，同向泵浦方式的 EDFA 噪声最小。

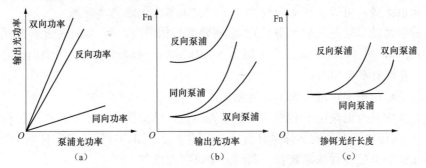

图 5.23　不同泵浦方式下输出功率及噪声特性比较

（a）转换效率的比较；（b）噪声系数与放大器输出功率的关系；（c）噪声系数与掺铒光纤长度之间的关系

5.2.6　EDFA 各部分作用

1. 掺铒光纤

光纤放大器的关键部件是具有增益放大特性的掺铒光纤，因而使掺铒光纤的设计最佳化是主要的技术关键。EDFA 的增益与许多参数有关，如铒离子浓度、放大器长度、芯径以及泵浦光功率等。

2. 泵浦源

对泵浦源的基本要求是高功率和长寿命。它是保证光纤放大器性能的基本因素。几个波长可有效激励掺铒光纤。

最先使用 1480nm 的 InGaAs 多量子阱（MQW）激光器，其输出功率可达 100mW，泵浦增益系数较高。

随后采用 980nm 波长泵浦，效率高，噪声低，现已广泛使用。

3. 波分复用器

其作用是使泵浦光与信号光进行复合，将 980/1550nm 或 1480/1550nm 波长的泵浦光和信号光合路后送入掺铒光纤。对它的要求是插入损耗低，而且对光的偏振不敏感。适用的 WDM 器件主要有熔融拉锥形光纤耦合器和干涉滤波器。

4. 光隔离器

光隔离器的功用是使光的传输具有单向性，在输入、输出端插入光隔离器是为了防止光反射回原器件，因为这种反射会增加放大器的噪声并降低放大效率。插入光隔离器可以使系统工作稳定可靠、降低噪声。对隔离器的基本要求是插入损耗低、反向隔离度大。

5. 光滤波器

光滤波器作用是滤掉工作带宽之外光放大器中的噪声，以提高系统的信噪比。

5.2.7　掺铒光纤放大器的优点

（1）工作波长恰好落在光纤通信的最佳波长区（1500nm）。

（2）因为 EDFA 的主体也是一段光纤，它与线路光纤的耦合损耗很小，甚至可达到 0.1dB。

（3）噪声指数低，一般 4～7dB。

（4）增益高，约 20～40dB，饱和输出功率大，约 8～15dBm。

（5）频带宽，在 1550nm 窗口有 20～40nm 带宽，可进行多信道传输，便于扩大传输容量，从而节省成本费用。

（6）与半导体光放大器不同，光纤放大器的增益特性与偏振状态无关，放大特性与光信号的传输方向也无关，可以实现双向放大（光纤放大器内无隔离器时）。

（7）所需泵浦功率较低（数十毫瓦），泵浦效率却相当高，用 980nm 光源泵浦时，增益效率为 10dB/mW，用 1480nm 光源泵浦时为 5.1dB/mW；泵浦功率转换为输出信号功率的效率为 92.6%，吸收效率为 88%。

（8）在多信道应用中可进行无串话传输。

（9）放大器中只有低速电子装置和几个无源器件，结构简单，可靠性高，体积小。

（10）对不同传输速率的数字体系具有完全的透明度，即与准同步数字体系（PDH）和同步数字体系（SDH）的各种速率兼容，调制方案可任意选择。

（11）EDFA 需要的工作电流比光—电—光再生器的小，因此可大大减小远供电流，从而降低了对海缆的电阻和绝缘性能的要求。

5.2.8　EDFA 的应用

1. 系统应用方式

在光纤通信系统中，EDFA 有三种基本的应用方式，分别是功率放大器（Power Booster）、前置放大器（Preamplifier）和在线放大器（In-line Amplifier）。它们对放大器性能有不同的要求，功率放大器要求输出功率大，前置放大器对噪声性能要求高，而在线放大器需要二者兼顾。

由于光放大器对信号的调制方式和传输速率等方面具有透明性，EDFA 在模拟、数字光纤通信系统以及光孤子通信系统中显示了巨大的应用前景。尤其值得一提的是，在长途数字通信系统中，波分复用（Wavelength Division-Multiplexed，WDM）技术与 EDFA 结合将大大提高系统的传输容量和传输距离，WDM+EDFA 已经成为光纤通信系统重要的应用方向。

在 WDM 系统中，为了能同时放大多路不同波长的信号，要求 EDFA 的增益平坦，为此，可以在掺铒光纤中在掺入氟和铝，来改善掺铒光纤的增益谱，或采用适当的滤波措施，以使 EDFA 得增益平坦。

在模拟系统中，EDFA 也得到了广泛的应用。与数字系统相比，模拟系统的功率预算很低，采用低损耗的长波长窗口，并使用 EDFA 可大大提高功率预算。另外更为重要的一点是，由于模拟系统多用于 CATV 网和宽带用户接入网中，迫切需要 EDFA 来补偿分路损耗，所以在未来的光纤接入网中 EDFA 将是不可缺少的部件。

2. EDFA 的级联方式

在级联 EDFA 的系统中，自发辐射（Amplified Spontaneous Emission，ASE）噪声将不断积累。由于级联方式不同，系统的噪声性能略有不同。理论分析和实验研究表明，要获得满意的信噪比应保持信号功率对 ASE 的有效抑制，在发射机后使用功率放大器能有效地提高整个系统的信噪比。

根据每级增益安排的不同，EDFA 可以有 3 种不同的级联方式。第一种级联方式是所谓的"自愈"方式，即对每级增益不做专门的控制。在这种方式下，开始几级 EDFA 的增益较大，随着信号光功率的增加和 ASE 噪声的累积，EDFA 增益饱和，最后每级 EDFA 输出功率趋于恒定，此时信号光功率不断下降，而 ASE 噪声功率不断增加。第二种方式是保证每级 EDFA 输出功率恒定，光功率的变化趋势与第一种级联方式的后半部分相同。第三种级联方式是保持每级 EDFA 的增益恰好抵消级间损耗。这种情况下每级 EDFA 输出的信号光功率恒定，但由于 ASE 噪声累积，总功率将不断上升。

3. 系统应用中的新问题

在含有 EDFA 的系统中，由于 EDFA 能提供足够的增益，信号的传输距离大大延长，随着信号速率的不断提高，光纤色散和非线性效应对系统性能的影响变得突出起来，增益的不平坦、如何补偿常规光纤中 1.55μm 波长上的色散成为亟待解决的问题。

5.3 半导体光放大器

5.3.1 半导体光放大器的机理

（1）半导体光放大器 SOA 的机理与激光器的相同，即通过受激发射放大入射光信号。

（2）光放大器只是一个没有反馈的激光器，其核心是当放大器被光或电泵浦时，使粒子数反转获得光增益。

SOA 分成法布里—珀罗腔放大器（Fabry-Perot Amplifier，FPA）和行波放大器（Traveling-Wave Amplifier，TWA）两大类。

法布里—珀罗腔放大器两侧有部分反射镜面，它是由半导体晶体的解理面形成的。其自然反射率达 32%。当信号光进入腔体后，在两个镜面间来回反射并被放大，最后以较高的强度发射出去，见图 5.24（a）。F-P 谐振腔反射率 R 越大，SOA 的增益越大。但是，当 R 超过一定值后，光放大器将变为激光器。

行波放大器在两个端面上有增透膜以大大降低端面的反射系数，或者有适当的切面角度，所以不会发生内反射，入射光信号只要通过一次就会得到放大，见图 5.24（b）。行波光放大器实际上是一个没有反馈的激光器。

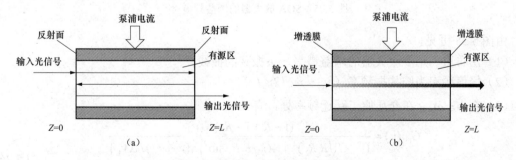

图 5.24 半导体光放大器的结构和机理

（a）法布里—珀罗腔放大器；（b）行波放大器

5.3.2 光放大器的增益

在前面讨论的放大器的特征，是针对没有反馈的光放大器。为强调放大信号仅仅沿向前方向传播，把这种放大器被称为行波（traveling-wave，TW）放大器。由于解理面发生反射（32% 反射率），半导体激光器经历较大的反馈。当它偏置在阈值以下时，可用作放大器。但是应该通过考虑法布里—珀罗（FP）腔的办法来把多重反射面包含进去。这种放大器称为法布里—珀罗（FP）放大器。利用的 FP 干涉仪的理论可以得到放大倍数：

$$G_{FP}(\nu) = \frac{(1-R_1)(1-R_2)G(\nu)}{(1-G\sqrt{R_1 R_2})^2 + 4G\sqrt{R_1 R_2}\sin^2[\pi(\nu-\nu_m)/\Delta\nu_L]} \tag{5.25}$$

式中：R_1 和 R_2 为端面反射率；ν_m 为腔共振频率（$\nu_m = mc/2n_g L$）；$\Delta\nu_L = c/2n_g L$ 为纵模间隔，也称为 FP 腔的自由光谱范围；G 为单程放大倍数，它对应于行波放大器放大倍数。当增益饱和可以忽略时，$G_0 = \exp[g_0(\omega)L]$ 由方程给出。

由上述的 $G_{FP}(\nu)$ 方程可以看到，每当入射光的频率 ν 与腔共振频率 ν_m 一致时，放大倍数 $G_{FP}(\nu)$ 达到峰值。而入射光的频率偏离腔共振频率峰时，$G_{FP}(\nu)$ 急剧下降。

图 5.25 给出了对应于不同反射率的 FP 腔 SOA 放大器的增益频谱。为方便起见，设 $R_1 = R_2 = R$。

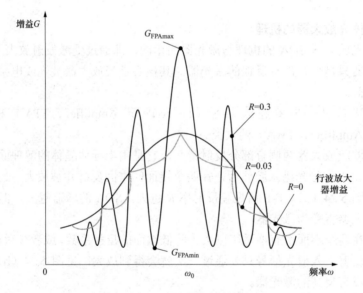

图 5.25　SOA 放大器的增益频谱

由图 5.25 可见，

（1）法布里—珀罗放大器的增益谱是一条振荡的曲线。

（2）峰值频率为腔共振频率（$\nu_m = mc/2n_g L$）。

（3）在 $\omega = \omega_0$，在介质原子跃迁频率处，有

$$G_{FP}(\nu) = \frac{(1-R_1)(1-R_2)G(\nu)}{(1-G\sqrt{R_1 R_2})^2 + 4G\sqrt{R_1 R_2}\sin^2[\pi(\nu-\nu_m)/\Delta\nu_L]} \xrightarrow[\nu=\nu_m\approx\nu_0]{} \frac{(1-R_1)(1-R_2)G(\nu)}{(1-G\sqrt{R_1 R_2})^2} \tag{5.26}$$

增益最大。如果此时 $G\sqrt{R_1 R_2} \to 1$，那么 $G_{FP}(\nu) \to \infty$，这时达到了激光振荡。

（4）随着反射系数的降低，增益振荡幅度逐渐减小。当 $R_1 = R_2 = R = 0$ 时，$G_{FP}(\nu) = G(\nu)$，由前面可知，$G(\omega) = G_0 \exp\left[-\dfrac{(G-1)P_{out}}{GP_{satt}}\right]$，即成了行波放大器的增益曲线。这时，法布里—

珀罗（FP）放大器变成了行波放大器。

考虑到有源区波导结构和吸收损耗，当增益饱和可以忽略时，单程增益 $G_0 = \exp[g_0(\omega)L]$ 可替换为

$$G_s = \exp[(\Gamma g - \alpha)L] \tag{5.27}$$

式中：Γ 为光学限制因子，它反映了有源区波导结构对辐射光子的引导作用。g 和 α 是有源区每单位长度的增益系数和损耗系数，单位是 1/m，L 为激活区长度。SOA 增益典型值为 20～30dB。

上式也是增益饱和可以忽略时的行波放大器增益的表达式。

5.3.3 光放大器的带宽

当放大器的放大倍数 $G_{FP}(\nu)$ 从峰值下降峰值一半时，即 3dB 时，对应的光频与腔共振频率 ν_m 的偏移 $\nu - \nu_m$（也称失谐）的 2 倍就定义为放大器带宽。其结果为

$$\Delta \nu_A = \frac{2\Delta \nu_L}{\pi} \sin^{-1}\left(\frac{1 - G_s\sqrt{R_1 R_2}}{(4G_s\sqrt{R_1 R_2})^{1/2}} \right) \tag{5.28}$$

为了达到较大的增益，$G_s\sqrt{R_1 R_2} \to 1$。由上式看出，这时放大器的带宽只是 FP 腔的自由的光谱范围的一小部分（$\Delta \nu_L \sim 100\text{GHz}$，$\Delta \nu_A < 10\text{GHz}$）。对应于 1550nm 的工作波长，允许的信道宽度约为 0.08nm（由公式 $|\Delta \lambda| = \frac{\lambda^2}{c}[\Delta \nu]$ 计算），而典型的 WDM 网络带宽是 30nm，即 3.746THz，所以 FP-SOA 是无法应用在这样的系统中的。FP-SOA 常用在有源滤波器、光子开关、光波长转换器和路由器等场合。以有源滤波器为例，由于 FPA 的增益具有周期性特点，各振荡峰间距 $\Delta \omega_N = \frac{2\pi \upsilon}{2L} = \frac{2\pi c}{2nL}$，通过改变泵浦电流可以改变有源区折射率，从而改变其振荡特性，便能实现可调谐的滤波。

如果消除来自端面的反射反馈，就能制造出行波 SOA，即 TW-SOA。一个减少反射的简单方法是给端面镀上增透膜（也称抗反膜）。不过，为了使 SOA 起一个行波放大器的作用，反射率必须非常小的（<0.1%）。此外，取多低的反射率还取决于放大器增益本身。为了说明这一点，考察一下 SOA 放大器的增益频谱（见图 5.25）。从图中看出，增益的最大值和最小值相差越小，就越接近 TW-SOA。

当 $\pi(\nu - \nu_m)/\Delta \nu_L = k\pi$（$k$ 整数）时，增益为最大值，则

$$G_{FP}^{\max} = \frac{(1 - R_1)(1 - R_2)G_s}{(1 - G_s\sqrt{R_1 R_2})^2} \tag{5.29}$$

当 $\pi(\nu - \nu_m)/\Delta \nu_L = \pi/2 + k\pi$（k 整数）时，增益为最小值，则

$$G_{FP}^{\min} = \frac{(1 - R_1)(1 - R_2)G_s}{(1 + G_s\sqrt{R_1 R_2})^2} \tag{5.30}$$

它们的比值为

$$\Delta G = \frac{G_{FP}^{\max}}{G_{FP}^{\min}} = \left(\frac{1 + G_s\sqrt{R_1 R_2}}{1 - G_s\sqrt{R_1 R_2}} \right)^2 \tag{5.31}$$

假如 ΔG 超过 3dB，$G_{FP}^{\max}$ 超过 $G_{FP}^{\min}$ 的 2 倍，放大器带宽将由腔体谐振谱所决定，而不是

由增益频谱所决定。为了使 $G<2$，解理面反射率必须满足条件

$$G_s\sqrt{R_1R_2}<0.17$$

通常把满足这个条件的半导体光放大器（SOA）作为行波（TW）放大器来描述。为提供 30dB 放大倍数（即 $G=1000$）的 SOA，解理面的反射率应该满足 $\sqrt{R_1R_2}<1.7\times10^{-4}$ （由 $1000\sqrt{R_1R_2}<0.17$ 得出）。即解理面反射率的数量级应该为 $R\sim10^{-4}=10^{-2}\%$。

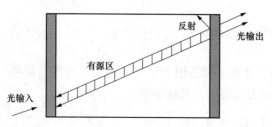

图 5.26　成角度解理面结构或倾斜条状结构

为了产生反射率小于 0.1% 的抗反射膜，人们已经做了相当大的努力。即使是这样，用可预想的常规的方法很难获得低的解理面反射率。为了减小 SOA 中的反射反馈，人们已开发出了几种替代技术。

一种方法是使条状有源区与解理面的法线倾斜，如图 5.26 所示。

这种结构称做成角度解理面结构或倾斜条状结构（angled-facet or tilted-stripe structure）。在解理面处的反射光束，因成角度解理面的缘故与前向光束分开。在实际中，使用抗反射膜加上倾斜条状结构，可以使反射率小于 10^{-3}（加上优化设计，反射率可以小到 10^{-4}）。

减小反射率的另外一种方法是，在有源层和解理面之间插入透明窗口区，如图 5.27 所示。

透明区的带隙比信号光子能量大。这意味着，尽管存在某些本征材料吸收，但受激吸收是不可能的。由于衍射，在波导中的光波在窗口区是以一定角度传播的，并在端面有部分反射。这些反射光波在空间继续扩展，因此只有一小部

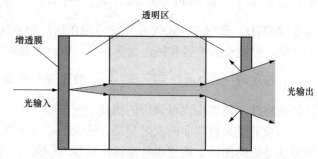

图 5.27　增加透明窗口区后示意图

分光是耦合回到有源区的。有效反射率会随着窗口区长度 L_w 的增加而降低。然而，对于较长的窗口区长度 L_w，从 SOA 到光纤的耦合效率将降低。对窗口解理面，有效反射率达到 5% 数量级是可实现的，加上抗反膜，就可能得到 $<10^{-5}$ 的反射率。

行波放大器的带宽用下式进行估算

$$\Delta\omega_{\text{TWA}}\approx\frac{c}{L\sqrt{G_s}}\sqrt{(1-R)^2/R} \tag{5.32}$$

TWA 的带宽大约是 40nm。图 5.28 画出了 FP-SOA 与 TW-SOA 的带宽比较。显然，FP-SOA 增益较大，而带宽较小；TW-SOA 增益略小，带宽较大。

[例 5.4]　如果 FP 半导体光放大器解理面的反射率为 $R=0.32$，估计它的增益是多少。

解　在 $RG<1$ 前 FP 是一个放大器，此时 $G<1/R$，因为 $R\leqslant0.32$，所以 G 必须小于 3。假定 $G=2$，由 $G_{\text{FP}}^{\max}=\dfrac{(1-R_1)(1-R_2)G_s}{(1-G_s\sqrt{R_1R_2})^2}$ 得到 $G_{\text{FP}}=7.1$，即 8.5dB。

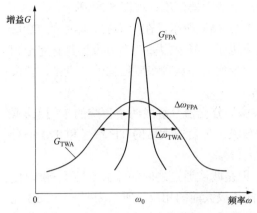

图 5.28　FP-SOA 与 TW-SOA 的带宽比较

如果 $G=3$，$G_{FP}=867$，即 29.4dB。

由此可见，改变 G 就可以得到不同大小的增益。

[**例 5.5**]　假如最大增益系数 $g=106\text{cm}^{-1}$，$\alpha=14\text{cm}^{-1}$，$\Gamma=0.8$，计算行波放大器的增益。

解　由忽略时的行波放大器增益的表达式 $G_s=\exp[(\Gamma g-\alpha)L]$ 得到

$$G_{TW}=\exp[(\Gamma g-\alpha)L]$$
$$=\exp[(0.8\times106-14)L]$$
$$=\exp[70.8(\text{cm}^{-1})L]$$

由此可见，行波光放大器的增益是由有源区的长度决定的，如果 $L=500\mu m$，则 $G_{TW}=34.5$；如果 $L=1000\mu m$，则 $G_{TW}=1187.9$，即 30.7dB。

从 [例 5.4] 和 [例 5.5] 可知，在 F P-SOA 中，有源区的长度可以很小，增益的提高是靠增加界面的反射系数 R（即减小腔体损耗 $\alpha_{mir}=1/(2L)\ln[1/R_1R_2]$）达到的。而在 TW-SOA 中，增益的提高只能靠增加有源区的长度 L 来实现。另外，F P-SOA 的增益 G_{FP} 不能大于 3，否则它就变成一个 LD；但在 TW-SOA 中，就没有这个限制，因为没有光反馈，决不会出现激光工作模式。

5.3.4　噪声系数

在前面已经提到，噪声指数主要取决于自发辐射因子 n_{sp}（$F_n\approx2n_{SP}$）。对于 SOA，有

$$n_{sp}=\frac{N}{N-N_0}\tag{5.33}$$

式中：N 为 SOA 的载流子浓度；N_0 为透明载流子浓度。考虑到内部损耗 α 使可用增益减小到 $(g-\alpha)$，所以噪声系数可以表示为

$$F_n=2\left(\frac{N}{N-N_0}\right)\left(\frac{g}{g-\alpha}\right)\tag{5.34}$$

SOA 噪声系数的范围时从 6dB 到 9dB。

5.3.5　偏振敏感性

SOA 的一个缺点是它对偏振态非常敏感，即 SOA 的增益依赖于输入信号的偏振状态。不同的偏振模式，具有不同的增益 G，横电模（TE）和横磁（TM）模偏振增益差可能达 5～8dB。造成增益对偏振依赖的原因是由于有源区的矩形形状和晶体结构所致，使得增益系数和限制因子与偏振方向有关。这就使得放大器增益对输入光的偏振态是敏感的。这是光波系统应用所不希望的。对于普通光纤，信号沿光纤传输时偏振态也在改变（除非使用偏振保持光纤），所以引起放大器增益变化。

为减小 SOA 的增益随偏振态变化的影响，已经设计下面几种方法。

方法一：使 SOA 有源区宽度和厚度大致相等。一个实验表明，使有源层厚 0.26μm、宽 0.4μm，就可以实现 TE 和 TM 模偏振的增益之差小于 1.3dB。

方法二：使用大的光腔结构，已实现增益差小于 1dB。

　　方法三：使用两个放大器或者让光信号通过同一个放大器两次，如图 5.29 所示。

　　采用两个结平面相互垂直的放大器串接，如图 5.29（a）所示，在一个放大器中的 TE 偏振信号在第二个放大器中变成 TM 偏振信号，反过来也是一样。假如两个放大器具有完全相同的增益特性，那么此时可提供与信号偏振无关的信号增益。这种串联结构的缺点是，残余解理面反射率将导致在两个放大器之间的相互耦合。

　　在图 5.29（b）表示的并联结构中，入射信号被偏振分光器分解成两个正交的 TE 模偏振信号和 TM 模偏振信号，然后被各自的放大器分别放大。最后放大后的 TE 信号和 TM 信号混合，从而产生与输入光束偏振状态完全相同的放大信号。

　　图 5.29（c）表示信号通过同一个放大器两次，但是两次通过之间的偏振旋转了 90°，使得总增益与偏振态无关。因为放大后信号的传输方向与放大前的相反，所以需要一个 3dB 光纤耦合器，以便使输出信号与输入信号分开。尽管光纤耦合器产生了 6dB 的损耗（输入信号和放大后的信号各 3dB），但是该结构从一个放大器提供了较高的增益，因为同一个放大器提供通过两次的增益。

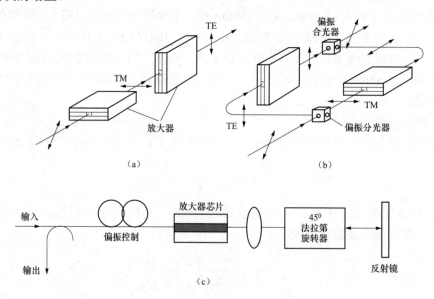

图 5.29　减小 SOA 的增益随偏振态变化的影响方法示意图

（a）两个结平面相互垂直的放大器串接；（b）两个放大器并接；

（c）光信号通过同一个放大器两次，极化旋转了 90°，使总增益与偏振态无关

5.4　拉曼光纤放大器

5.4.1　工作原理

　　1928 年，印度科学家拉曼发现了由受激辐射产生的散射现象。1972 年，美国科学家斯通伦报道，在石英玻璃中发现了受激拉曼散射现象。那时，拉曼散射被认为是传输光纤中不希望出现的非线性效应之一。然而，拉曼光纤放大器就是利用了一个强泵浦光束传过石英玻璃光纤时产生的非线性效应拉曼散射进行光信号放大的器件。通俗地讲，拉曼光纤放大器的光放大原理是当一个强泵浦光束通过传输光纤时，会引起传输光纤材料的分子振动，一部分泵

浦光被分子振动散射，某些散射会发生频移，频移的量恰好等于分子振动的频率量，其中高频段的能量转移到低频段，在低频上形成放大增益。

如图 5.30 所示绘制出了以 1450nm 强泵浦光来放大 1550nm 窗口的信号光拉曼光纤放大器的工作原理。工作波长分别为 1550nm 弱信号光和 1450nm 强泵浦光通过一个耦合器由左端注入光纤，当两束光在光纤中传输时，来自强泵浦光束通过受激拉曼散射作用，泵浦光束的能量被转换给传输光纤中的信号光束，这样从右端输出的是 1550nm 强光信号和减弱的 1450nm 泵浦光。

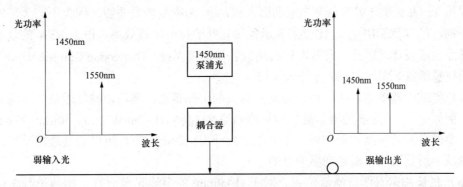

图 5.30　拉曼光纤放大器的光放大原理

人们之所以对 RFA 产生浓厚兴趣是因为 EDFA 的放大波长范围仅为 35nm（1530～1565nm），而 FRA 的放大波长范围非常宽大，约为 400nm。换言之，RFA 可以在 1270～1670nm 的波长范围实现光放大。实现宽波长范围光放大的具体做法是，通过选择合适的泵浦激光波长，选用 RFA 可以实现任意波段的宽带光放大。任意波段的宽带光放大对于进一步挖掘光纤本身具有的巨大潜在可用带宽、DWDM 系统扩容升级、降低成本和增加业务等具有十分重要的技术经济价值。

RFA 严谨的科学描述是：当光传过一个光介质材料时，一部分光受到分子（光子）振动作用而发生散射。这些散射光产生的频率位移量等于分子（光子）振动的频率。对于一些气体和晶体，这个频率位移是间断的。在玻璃中，分子是以非晶体结构排列，而且能够产生非常宽阔的范围的振动模式。频率位移峰大约是 440cm，对于波长为 1450nm 的泵浦，位移峰宽相当于 100nm；在波长为 1550nm 下，给出的增益谱带宽大约 48nm。使用掺杂剂（如硼或磷）可以使增益谱向其他频率移动。如图 5.31 所示是 RFA 的增益随波长变化的曲线。通过变换泵浦波长就可以简单地调整增益带宽（波长）位置。因此，我们只要能够在所需放大波

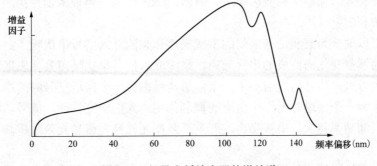

图 5.31　拉曼光纤放大器的增益谱

长有可选用的高功率泵浦激光器，RFA 就可以在光纤工作窗口（即 1270～1670nm 非常宽波长范围）任意波段实现光放大。

5.4.2　工作特性

1．增益

因为 RFA 的放大原理是利用强泵浦光源，使传输光纤产生非线性效应受激拉曼散射，所以 RFA 的增益与光纤类型，即有效面积关系密切。有效面积越小、衰减越小的传输光纤，其产生的受激拉曼效应越大。

如果用 a_p 表示光纤中的泵浦光束剖面面积，g_R 为喇曼增益系数。因为不同类型的光纤 a_p 明显不同，所以我们用 $g_R a_p$ 比值来表示各种光纤的拉曼增益效率。由于 RFA 的增益与光纤的有效面积成反比，因此，有效面积的色散补偿单模光纤（Dispersion Compensating Fiber，DCF）的拉曼增益效率比 G.652 光纤大 8 倍。

光纤拉曼放大器受到青睐的原因是其具有大的工作带宽。然而，拉曼增益与泵浦光功率成正比。例如，在 1.55μm 的增益处的拉曼增益系数 $g_R=6\times10^{-14}$m/W 且 $a_p=50\mu m^2$，1km 长的光纤所需要的泵浦功率要大于 5W。在考虑了光纤损耗的前提下，可以通过选用长光纤的方法来达到减小所需要的泵浦光功率的目的。

泵浦光波长决定着增益峰值位置。对于 1450nm 的泵浦光源而言，相当于频率位移为 100nm，放大信号波长恰好是 1550nm 的光信号波长。对于典型的 C 波段和 L 波段系统，泵浦光源的最佳泵浦光波长为 1400～1450nm 和 1450～1500nm。目前，通过采用 5 个不同波长的泵浦光源及相关技术，已经在 RFA 上获得宽度为 110nm 的宽增益谱。RFA 的诞生与发展，对超高速、超长距离 DWDM 系统的发展起到巨大的推动作用。

2．噪声

RFA 的噪声主要是 FRA 的噪声主要是自发拉曼散射噪声、瑞利散射噪声和串扰噪声等。自发拉曼散射噪声是由自发拉曼散射经泵浦光的拉曼而产生的覆盖整个拉曼增益谱的背景噪声。因此，泵浦光功率越大，自发拉曼散射噪声就越大，接收机端的光滤波器带宽越窄，自发拉曼散射噪声功率越小。

瑞利散射噪声是由光纤的瑞利散射引起的噪声。瑞利散射噪声对信号干扰的作用机理是二次（或偶数次）瑞利散射被耦合到在正向传输的信号中，从而构成了对信号的干扰。由理论分析和实验研究也已经证明，瑞利散射噪声放大器增益和传输线路长度成正比关系，即放大器增益越大，传输线路越长，瑞利散射噪声越大。现在，人们采用减小瑞利散射噪声的具体措施有：①插入隔离器反向阻止瑞利散射；②减小单个放大器增益；③缩短传输线路距离。这些措施都能够有效的抑制瑞利散射噪声。例如，FRA 作为线路放大器使用时，常采用多段放大方式抑制瑞利散射噪声。

串扰噪声可以细分为泵浦信号之间的串扰噪声和泵浦介入信号串扰噪声。前者主要是由泵浦波动引起的增益变化而造成的串扰噪声。泵浦介入信号串扰噪声具体表现为：当两个相邻的信道同时传号时，信号的增益小于一个信道传号而另一个信道空号时的增益。我们可以将这种现象看作为一个信道对另一个信道的调制作用。人们研究发现，信号功率越大，串扰噪声越严重；泵浦功率越大，串扰噪声越严重；泵浦光转换为信号光效率越高，串扰噪声越严重。

如上所述，降低泵浦信号间的串扰噪声的实质是想办法稳定泵浦。具体采用的解决措施有：①通过反馈技术来稳定泵浦；②采用后向泵浦稳定增益。减小泵浦介入信号串扰噪声的作用就是要保证是泵浦功率均匀分布到各个信道。由于后向泵浦具有使泵浦功率平均作用，所以在采用 RFA 的 DWDM 系统中，为了降低泵浦介入信号串扰噪声，应该尽量采用后向泵浦。

5.4.3 应用

1. 基本应用

由于 RFA 是利用传输光纤作为增益介质，而传输光纤的拉曼效应非常小，所以为了使 RFA 能够获得大的增益就需要长的传输光纤和泵浦功率。为此，我们可以根据 RFA 所用的增益介质光纤的长短和泵浦功率的高低不同，将 RFA 分为集中式 RFA 和分布式 RFA。

所谓集中式 RFA 是指采用长度小于 10kmd 的高增益光纤（如小有效面积的色散补偿光纤）作为增益介质，光功率为几瓦甚至十几瓦的泵浦光源，对信号光进行集中放大。集中式 RFA 主要用于对 EDFA 不能放大的波段进行放大。

分布式 RFA 则是直接利用系统长度为几十千米的传输光纤作为增益介质，使泵浦光源的光功率沿着光纤长度方向，对信号光进行分布放大。分布式 RFA 具有降低入射功率，避免非线性限制，提高光信噪比，光传输距离大于 2000km 等特点，可以作为低噪声前置放大器，以减少整个级联噪声的累计。因此，现在分布式 RFA 辅助 EDFA 可以改善系统光信噪比、系统品质因素和拓宽系统的增益带宽，以实现 DWDM 系统的超长距离和超大容量传输的目的。例如，分布式 RFA 用作 EDFA 的前置放大器，利用系统原有的传输光纤作为增益介质，这样做非常有利于在保持相同光纤的条件下，使系统的扩容升级（即由低速率升级到高速率或增加更多信道）十分方便。这也可以用于延长无中继系统或远端光泵浦放大系统传输距离。采用每 80km 间隔安装一个泵浦 EDFA 和 RFA 配合使用，已经成功地进行了 5280km×2.5Gbit/s 的传输试验。

2. 混合应用

与 EDFA 相比，RFA 具有的最大应用潜力是提高系统性能，即利用喇曼增益放大带宽和延长现有系统的传输距离。RFA 的显著优点是：①可以提供在光纤整个工作波段 1270～1670nm 任一波长的波放大，现在它主要应用在 S 波带为 1310nm 有线电视光纤线路提供光放大，E 波带为 1400nm 的 CWDM 和 DWDM 系统提供光放大，C 波带为 1550nm 窗口的 CWDM 和 DWDM 系统提供光放大；②增益介质就是传输光纤本身进行放大，可以制成低噪声的分布式的放大器；③由于 RFA 自身固有的低噪声、可全波段放大和用传输光纤作为在线增益介质等优点，所以它可以作为 EDFA 的补充，克服损耗、拓宽 DWDM 带宽，并能实现 2000km 以上超长距离 DWDM 传输。

利用 EDFA 与 RFA 混合放大形式所带来的增益互补叠加、总增益水平的提高、放大频带拓宽和增加链路配置的灵活性等，使采用混合放大的传输系统获得最佳增益。A.Carrna 等人研究发现，在最佳配置条件下，采用 EDFA+RFA 的混合放大方案所获得的系统性能要比单独采用 EDFA 或 RFA 的要好得多。例如，在相同的非线性损伤条件下，混合放大可以传输更长的距离或光纤跨距段更长。如单独使用 EDFA 的最长光纤跨距段是 80km，而使用最佳配置的 EDFA+RFA 的混合放大，光纤跨距段可以延长到 140km。

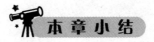

本 章 小 结

光放大器是光纤通信系统中的关键器件，它和密集波分复用（DWDM）系统的紧密结合是当前通信技术的发展主流。本章首先介绍了光放大器的一些基本概念概念，然后着重介绍当前光纤通信系统中常用的三种光放大器包括掺铒光纤放大器、半导体光放大器和光纤喇曼放大器的基本原理，以及各自的应用。

习　　　题

1．简述 EDFA 的工作原理。

2．简述拉曼光纤放大器和布里渊光纤放大器的相同点及区别。

3．假如输入信号的信噪比 SNR_{in} 为 300μW，在 1nm 带宽内的输入噪声功率是 30nW，输出信号功率是 60mW，在 1nm 带宽内的输出噪声功率增大到 20μW，计算光放大器的噪声指数。

4．掺铒光纤的输入光功率是 300μW，输出功率是 60mW，EDFA 的增益是多少？假如放大自发辐射噪声功率是 $P_{ASE}=30μW$，EDFA 的增益又是多少？

5．用 EDFA 做功率放大器，设其增益为 20dB，泵浦波长为 $\lambda=980nm$，输入光信号的功率为 0dBm，波长为 1550nm，求所用的泵浦源功率为多少？

6．EDFA 的泵浦方式有哪些？各有什么优缺点？

第6章 光无源器件

一个完整的光纤通信系统，除光纤、光源和光检测器外，还需要许多其他光器件，特别是无源器件，如光纤连接器、光耦合器、光隔离器、光衰减器、光波分复用器、光滤波器和光开关等。这些器件对光纤通信系统的构成、功能的扩展或性能的很高，都是不可缺少的。最初在点对点的光纤通信系统中，只用到光纤连接器这种光无源器件，随光纤通信的出现而出现，随光纤通信的发展而发展，至今它仍是用量最大的光通信元件。随着光通信的发展，定向耦合器和星形耦合器合器得到越来越广泛的应用。在波分复用光纤通信系统中，要用到光波分复用/解复用器，用以将不同光载波频率的信号合成与分开。在光纤与集成光路的耦合和相干光通信中要用到偏振器来改变光的偏振态。不管是高码速的强度调制光纤通信系统、相干和频分复用光纤通信系统，还是高精度的测试系统中，都离不开光隔离器等。本章主要介绍主要光无源器件的类型、原理和主要性能。

6.1 光纤连接器

在光纤通信链路中，为了实现不同模块、设备之间灵活连接的需要，必须有一种能在光纤与光纤之间进行可活动连接的器件。光纤连接器就是把光纤的两个端面精密对接起来，以使发射光纤输出的光能量能最大限度地耦合到接收光纤中去，并使由于其介入光链路而对系统造成的影响减到最小。光纤活动连接器，俗称活接头，国际电信联盟（ITU）建议将其定义为：用以稳定地，但并不是永久地连接两根或多根光纤的无源组件。它是用于光纤与光纤之间进行可拆卸（活动）连接的器件，是把光纤的两个端面精密对接起来，以使发射光纤输出的光能量能最大限度地耦合到接收光纤中去，并使由于其介入光链路而造成的衰减减到最小。

6.1.1 光纤连接器分类

光纤连接器是高精密的器件，它将光纤穿入并固定在插头的支撑套管中，将对接端口进行打磨或抛光处理后，在套筒耦合管中实现对准。插头的耦合对准用的套筒一般是由陶瓷、玻璃纤维增强塑料（FRP）或金属等材料制成的。为使光纤对得准，这种类型的连接器对插头和耦合器的加工精度要求是相当的高。光纤连接器按连接头结构类型可分为 FC、SC、ST、LC、D4、DIN、MU、MT-RJ 等型，这八种接头中我们在平时的局域网工程中最常见到和业界用得最多的是 FC、SC、ST、LC、MT-RJ，我们只有认识了这些接口，才能在工程中正确选购光纤跳线、尾纤、GBIC 光纤模块、SFP（mini GBIC）光纤模块、光纤接口交换机、光纤收发器、耦合器（或称适配器）。光纤连接器的插针研磨形式有 FLAT PC、PC、APC 等。

下面我们分别介绍局域网工程常见的光纤接口 FC、SC、ST、LC、MT-RJ 等五种接口。

1. FC 型光纤连接器（螺口）

FC 型光纤连接器是一种螺旋式的连接器如图 6.1 所示，外部是采用金属套，主要是靠螺纹和螺帽之间锁紧并对准，因此我们可简称为"螺口"。FC 类型的连接器采用的陶瓷插针的对接端面呈球面的插针（PC）。

FC 型光纤连接器多用在光纤终端盒或光纤配线架上，在实际工程中用在光纤终端盒最常见。

2．SC 型光纤连接器（方口）

SC 型光纤连接器是一种插拔销闩式的连接器如图 6.2 所示，只要直接插拔就可以对接，外壳呈矩形，因此我们可以称为"方口"。所采用的插针与耦合套筒的结构尺寸与 FC 型完全相同，其中插针的端面多采用 PC 或 APC 型研磨方式。SC 型光纤连接器多应用在光纤收发器、GBIC 光纤模块和 MSCBSC 移动通信中。

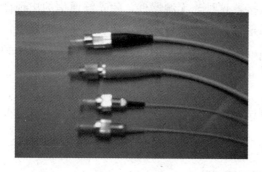

图 6.1　FC 型光纤连接器

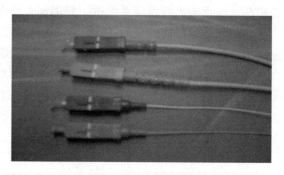

图 6.2　SC 型光纤连接器

3．ST 型连接器

ST 型光纤连接器（见图 6.3）。常用于光纤配线架，外壳呈圆形，紧固方式为螺丝扣（对于 10Base-F 连接来说，连接器通常是 ST 类型。常用于光纤配线架）。

4．LC 型连接器

LC 型连接器采用操作方便的模块化插孔（RJ）闩锁机理制成，如图 6.4 所示。其所采用的插针和套筒的尺寸是普通 SC、FC 等所用尺寸的一半，为 1.25mm。LC 型光纤连接器是为了满足客户对连接器小型化、高密度连接的使用要求而开发的一种新型连接器。它压缩了整个网络中面板、墙板及配线箱所需要的空间，使其占有的空间只相当传统 ST 和 SC 连接器的一半。特点：体积小，尺寸精度高；1.25mm 陶瓷插芯；插入损耗低；回波损耗高。目前 LC 型连接器多见应用在 SFP（mini GBIC）光纤模块中，而 SFP 模块用在提供 SFP 扩展槽的交换机中。

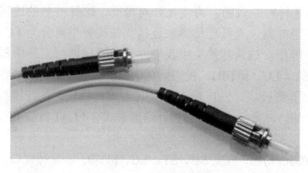

图 6.3　ST 型光纤连接器

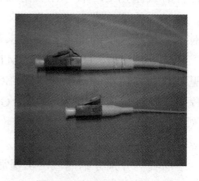

图 6.4　LC 型光纤连接器

5. MT-RJ 型连接器

MT-RJ 型连接器是一种集成化的小型连接器，是双纤的，如图 6.5 所示。它有与 RJ-45 型 LAN 电连接器相同的闪锁机构，通过安装于小型套管两侧的导向销对准光纤，为便于与光收发信机相连，连接器端面光纤为双芯排列设计，是主要用于数据传输的下一代高密度光连接器。MT-RJ 的插口很像 RJ45 口，由于它横截面小，所以多见于含有光接口的交换机中，这样在交换机的前面板上不占用太多空间。

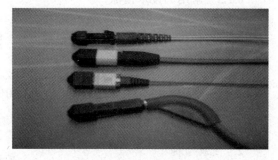

图 6.5　MT-RJ 型光纤连接器

随着光纤通信技术不断地发展，特别是高速局域网和光接入网的发展，光纤连接器在光纤系统中的应用将更为广泛。同时，也对光纤连接器提出了更多的、更高的要求，其主要的发展方向就是：外观小型化、成本低廉化，而对性能的要求却越来越高。在未来的一段时间内，各种新研制的光纤连接器将与传统的 FC、SC、ST 等连接器一起。

6.1.2　光纤固定连接方式

光纤的固定连接是光缆工程中使用最普通的一种，其特点是光纤一次性连接后不能拆卸。光纤的固定连接主要用于光缆线路中光纤之间的永久性连接。光纤的固定连接方式有熔接法和非熔接法。

1. 熔接法

熔接法是将光纤两个端头的芯线紧密接触，然后用高压电弧对其加热，使两端头表面熔化而连接。

熔接法的特点是熔接损耗低，安全可靠，受外界影响小，但需要价格昂贵的熔接机。熔接法是目前光缆线路施工和维护的主要连接方法。

2. 非熔接法

非熔接法是利用简单的夹具夹固光纤并用黏合剂固定，从而实现光纤的低损耗连接。非熔接法主要包括 V 形槽拼接法、套管连接法等。

V 形槽常用于线路抢修、短距离的线路连接、特殊环境下的光纤连接中。首先在 V 形槽中，对接光纤端面进行调整，使轴心对准之后粘接，再在上面放置压条．使两端光纤紧紧地被压在 V 形槽中，然后由套管将 V 形槽和压条一起套住。当光纤外径有差别时，在外力作用下，V 形槽将发生微量形变，可以补偿由于光纤外径存在差异而产生的核准误差。同时，由于在同一条 V 形槽中定位，两根光纤的轴向精度得以充分保证，没有轴向误差。采用截断法能获很高质量的端面，使光纤实现良好接触．基本上消除光的散射。在制作接头时，芯件的 V 形槽中放有匹配液，用来消除光纤连接时的菲涅耳反射损耗，减少光的后向反射。图 6.6 给出 V 形槽拼接法接头的侧面示意图。

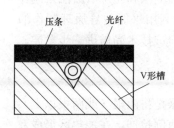

图 6.6　V 形槽拼接法示意图

V 形槽拼接法的优点是携带方便、操作简单、不需要贵重的仪表和设备。

非熔接法的特点是操作方便简单，不需要价格昂贵的熔接机，但在连接处损耗较大，一般为 0.2dB 左右。

6.1.3　常用的技术指标

1. 插入损耗

插入损耗指的是光信号通过连接器之后，其输出光功率相对输入光功率的比率的分贝数，一般以 dB 为单位，定义为

$$L = -10\log\left(\frac{P_{\text{out}}}{P_{\text{in}}}\right) \qquad (6.1)$$

式中：P_{in} 是输入光功率；P_{out} 是输出光功率。

2. 回波损耗

回波损耗指的是从无源器件的输入端口返回的光功率与输入光功率的比例，一般以 dB 为单位，定义为

$$LR = -10\log\left(\frac{P_{\text{R}}}{P_{\text{in}}}\right) \qquad (6.2)$$

式中：P_{in} 是发送到输入端口的光功率；P_{R} 是从同一个输入端口返回的光功率。

3. 反射系数

反射系数指的是在器件的给定端口的反射光功率 P_{r} 与入射光功率 P_{in} 之比，一般以 dB 为单位，定义为

$$R = 10\log\left(\frac{P_{\text{r}}}{P_{\text{in}}}\right) \qquad (6.3)$$

6.2　光 耦 合 器

光耦合器是光纤链路中最重要的无源器件之一，是具有多个输入端和多个输出端的光纤汇接器，它能使传输中的光信号在特殊结构的耦合区发生耦合，并进行再分配，实现光信号分路/合路的功能。通常用 $M×N$ 来表示一个具有 M 个输入端和 N 个输出端的光耦合器。

近年来光耦合器已形成一个多功能、多用途产品系列，从功能上看，它可分为光功率分配器以及光波长分配耦合器。按照光分路器的原理可以分为微光型、光纤型和平面光波导型三类。从端口形式可分为两分支型和多分支型。从构成光纤网拓扑结构所起的作用上讲，光耦合器又可分为星形耦合器和树形耦合器。另外，由于传导光模式不同，它又有多模耦合器和单模耦合器之分。

制作光耦合器可以有多种方法，在全光纤器件中，曾用光纤蚀刻法和光纤研磨法来制作光纤耦合器。目前主要的实用方法有熔融拉锥法和平面波导法。利用平面波导原理制作的光耦合器具有体积小、分光比控制精确、易于大量生产等优点，但该技术尚需进一步发展、完善。

6.2.1　各种光耦合器

熔锥法是制作耦合器的最普通的技术。熔融拉锥型光纤耦合器是将两根（或两根以上）光纤去除涂覆层，以一定方式靠拢，在高温加热下熔融，同时向两例拉伸，在加热区形成双锥体形式的特种波导结构，实现光功率耦合。控制拉伸锥型耦合区长度可以控制两端口功率耦合比（分光比）。

1. 星形耦合器

星形耦合器是指输入输出端口具有 $N×N$ 型的耦合器。垦形耦合器可采用多根光纤扭绞、加热熔融拉锥而形成。对于单模光纤，这种多芯熔锥式星形耦合器需要精确地调整多根光纤的耦合，这一点很困难。因而通常用另一种拼接方法来构造 $N×N$ 星形耦合器。如图 6.7 所示，利用 4 只 2×2 基本单元可以构成 4×4 耦合器，利用 12 只 2×2 基本单元可以构成 8×8 耦合器，利用 8 只 4×4 基本单元可以构成 16×16 耦合器等。

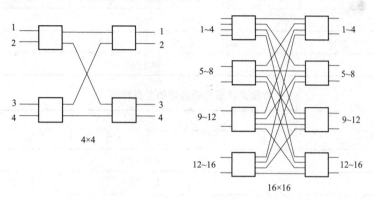

图 6.7　基于 2×2 耦合器串级的星形耦合器拼接示意图

2. 树形耦合器

树形耦合器是指输入输出端口具有 $1×N$ 型的耦合器。这种耦合器主要用于光功率分配场合，在接入网中用于光分配网。采用类似的方法，可将 1×2 或 2×2 耦合器逐次拼接，构成 $1×N$ 或 $2×N$，其拼接方案如图 6.8 所示。

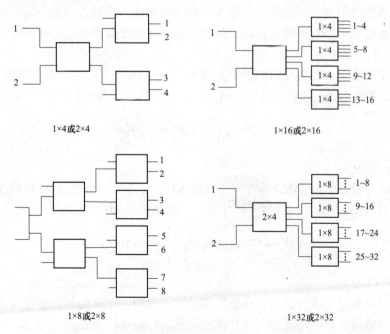

图 6.8　基于 2×2 耦合器拼接的 $1×N$ 型树形耦合器

下面介绍部分商品单模光纤耦合器的特性．分别用表 6.1 和表 6.2 展示。

表 6.1　　　　　　　　　　　　　　　　单模光纤树形耦合器的主要特性

树形 特性	1×4		1×8		1×16	
	A	B	A	B	A	B
工作波长/nm	1310 或 1550					
工作带宽/nm	$\lambda_0 \pm 20$					
附加损耗/dB	0.3	0.5	0.5	0.7	0.7	1.0
方向性/dB	>60					
均匀性/dB	±0.6	±1.0	±1.0	±1.8	±2.0	±2.5
工作温度/℃	−40～+85					

表 6.2　　　　　　　　　　　　　　　　单模光纤星形耦合器的主要特性

星形 特性	4×4		8×8		16×16	
	A	B	A	B	A	B
工作波长（nm）	1310 或 1550					
工作带宽（nm）	$\lambda_0 \pm 20$					
插入损耗（dB）	≤7.0	≤7.5	≤11.2	≤12.5	≤15.0	≤17.0
方向性/dB	>60					
均匀性/dB	±0.1	±0.6	±1.0	±1.8	±2.0	±2.5
工作温度/℃	−40～+85					

6.2.2　光耦合器的主要特性

光纤耦合器的使用将会对光纤线路带来一定的附加插入损耗，以及一定的串扰和反射。光纤耦合器性能的主要参数有插入损耗、附加损耗、分光比或耦合比、隔离度等。

1. 附加损耗（EL）

附加损耗定义为全部输出端口的输出光功率 P_{out} 总和相对全部输入端口的输入光功率 P_{in} 总和的比值。一般单位为（dB）。显然，EL 应尽可能小，可用相对功率电平表示为

$$EL = -10\log \frac{P_{in}}{P_{out}} = 10\log \frac{\sum_{i=1}^{M} P_{in\,i}}{\sum_{j=1}^{N} P_{out\,j}} \tag{6.4}$$

2. 分光比（CR）

分光比也称为耦合比，是耦合器特有的性能指标，是指某一个输出端口的输出光功率 P_{out} 占全部输出端口的输出光功率总和 P_{out} 的比值，一般单位为 dB。定义为

$$CR = \frac{P_{out\,j}}{P_{out}} \times 100\% = \frac{P_{out\,j}}{\sum_{j=1}^{N} P_{out\,j}} \times 100\% \tag{6.5}$$

3. 方向性（DL）

方向性是用来衡量光耦合器定向传输性能的特有参数，定义为耦合器正常工作时。输入端非注入端口的输出光功率与总注入光功率的比值，一般单位为 dB。定义为

$$DL = 10\log \frac{P_{out}}{P_{in}} = 10\log \frac{P_{out\,i'}}{\sum_{i \neq i'}^{M} P_{in\,i}} \tag{6.6}$$

式中：P_{out} 为输入端非注入端口的输出光功率 s；P_{in} 为除 i' 端口外的输入端口总注入光功率。

4. 均匀性（FL）

均匀性是衡量均匀分配器件"不均匀程度"的参数，定义为在器件的工作带宽范围内，各输出端口输出功率的最大变化量。一般单位为 dB。定义为

$$FL = 10\log\frac{P_{out\,j\max}}{P_{out\,j\min}} \tag{6.7}$$

5. 偏振相关损耗（PDL）

偏振相关损耗是衡量器件性能对于传输光信号偏振态敏感程度的参数，指当传输光信号的偏振态发生 360 度变化时，器件各输出端口输出光功率的最大变化量。一般单位为 dB，定义为

$$PDL = 10\log\frac{P_{out\,j\max}}{P_{out\,j\min}} \tag{6.8}$$

6.3　光　隔　离　器

6.3.1　光隔离器的工作原理

随着光通信技术向高速、大容量方向发展，光从光源到接收机的传输过程中，会经过许多不同的光学界面，在每一个光学界面处，均会出现不同程度的反射，这些反射产生的回程光最终会沿光路传回光源。当回程光的累积强度达到一定程度时，就会引起光源工作不稳定，产生频率漂移、幅度变化等问题，从而影响整个系统的正常工作，成为一个必须解决的重要问题。由此出现一种只允许光线沿光路正向传输的非互易性无源器件—光隔离器。

光隔离器是一种沿正向传输方向具有较低插损，而对反向传输光有很大衰减的无源器件，用来抑制光传输系统中反射信号对光源的不利影响。常置于光源后，是一种非互易器件。根据隔离器的偏振特性可将隔离器分为偏振相关型和偏振无关型两种。

1. 偏振相关隔离器的典型结构和工作原理

图 6.9 是空间型偏振相关隔离器的原理图。偏振片分别置于法拉第旋转器的前后两边，其透光方向彼此成 45°关系，当入射光经过第一个偏振片 P1 后，被转换成线偏光，然后经法拉第旋转器，其偏振面被旋转 45°，刚好和第二个偏振器 P2 的偏振方向一致，于是光信号顺利通过而进入光路中。反过来，由光学表面引起的反射光首先进入偏振器 P2，变成与第一个偏振器 P1 的偏振方向呈 45°夹

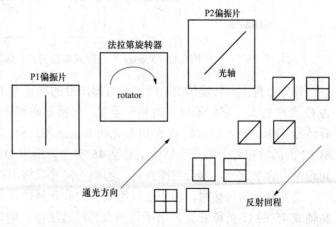

图 6.9　空间型偏振相关隔离器原理图

角的线偏振光，再经过法拉第旋转器时，由于法拉第效应的非互易性，被法拉第旋转器继续

旋转 45°，其偏振角变成 90°，即与起偏器
P1 的偏振方向正交，而不能通过起偏器 P1，
起到了反向隔离的作用。

2. 偏振无关隔离器的典型结构和工作原理

偏振无关隔离器是一种对输入光的偏振
态依赖很小的光隔离器。一般来说，偏振无
关隔离器的工作原理和结构都更复杂一些。
它采用有角度地分离光束的原理制成。图
6.10 是偏振无关隔离器的结构图。常用的结
构是 Wedge 型在线式偏振无关光隔离器，如
图 6.11 所示。

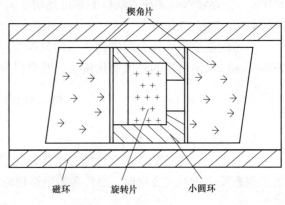

图 6.10　偏振无关隔离器结构图

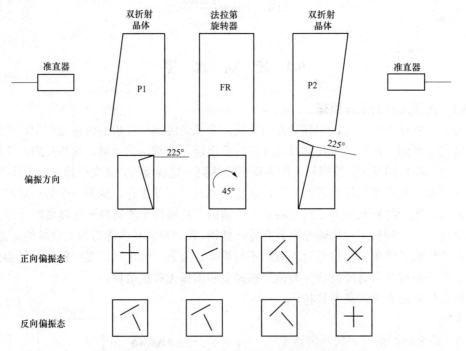

图 6.11　Wedge 型在线式偏振无关光隔离器光路原理图

首先分析正向传输情况。经过准直器出射的准直光束，进入双折射晶体 P1 后，光束被分
为 O 光和 E 光，它们偏振方向相互垂直，传播方向和光轴呈一夹角，当它们经过 45°法拉第
旋转器（FR）时，出射的 O 光和 E 光的偏振面各自向同一个方向转动 45°，由于第二个偏振
器 P2 的晶轴相对于第一个晶体正好呈 45°夹角，所以 O 光和 E 光同时被 P2 折射，合成两束
间距很小的平行光，耦合进准直器。因而正向光以极小损耗通过隔离器。

当光束反向传输时，由于法拉第效应的非互易性，首先经过晶体 P2，分成偏振面和 P1
晶轴成 45°的 O 光和 E 光，由于这两束光经过法拉第旋转器时，振动面的旋转方向由磁感应
强度 B 决定，而不受光传输方向的影响，所以偏振面仍朝与正向光旋转方向相同的方向转动
45°，相对于第一个晶体的晶轴共旋转 90°，整个逆光路相当于经过一个渥拉斯顿棱镜，出射
的两束线偏光被 P2 进一步分开一个较大的角度，不能耦合进准直器，达到反向隔离的目的。

　　为了使隔离器隔离效果更好，带宽更宽以满足网络发展的要求，于是人们发明了双级隔离器甚至更高级数的多级隔离器。其主要思路是将两个或多个单级隔离器芯组合起来，使其具有更高的隔离度，更宽的带宽。

6.3.2　光隔离器的技术指标

　　隔离器的主要技术指标有插入损耗［同式（6-6）］、隔离度［同式（6.2.3）］、偏振相关损耗、回波损耗［同式（6-7）］、偏振模色散等，以下将逐一说明：

　　1．隔离度

　　隔离器最重要指标之一，它表征隔离器对反向传输光的隔离能力，一般用 dB 表示，定义为

$$ISO = -10\log\left(\frac{P'_{\mathrm{r}}}{P'}\right) \tag{6.9}$$

式中：P'_{r} 表示反向输出的光功率；P' 表示反向输入的光功率。

　　图 6.12 所示的是光隔离器的插入损耗和隔离度之间关系曲线图。

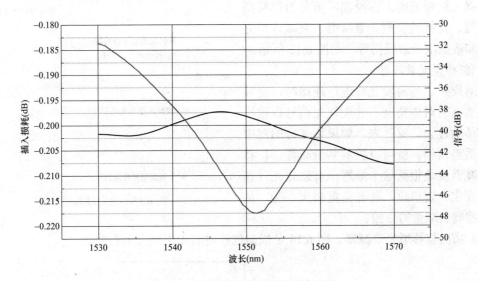

图 6.12　插入损耗及隔离度的曲线图

　　2．偏振相关损耗（PDL）

　　偏振相关损耗和插入损耗不同，它是指当输入光偏振态发生变化而其他参数不变时，器件插入损耗的最大变化量，是衡量器件插入损耗受偏振态影响的指标。

　　3．偏振模色散（PMD）

　　偏振模色散是指通过器件的信号光不同偏振态之间的相位延迟。

6.4　光 衰 减 器

　　光衰减器是用于对光功率进行衰减的器件，它主要用于光纤系统的指标测量、短距离通信系统的信号衰减以及系统试验等场合。光衰减器要求质量轻、体积小、精度高、稳定性好、使用方便等。使用光衰减器时，要保持环境清洁干燥，不用时要盖好保护帽，连接器应轻上

轻下，严禁碰撞。

6.4.1　光衰减器的作用及性能指标

光衰减器是用来在光纤线路中产生可控制衰减的一种无源器件。功能是在光信息传输过程中对光功率进行预订量的光衰减。可用于光通信线路、系统评估、研究、调整及校正等方面。

在短距离小系统光纤通信中，光衰减器用来防止到光端机的功率过大而溢出动态接收范围；在光纤测试系统中，则可用光纤衰减器来取代一段光纤以模拟长距离传输情况。

光衰减器（optical attenuator）是对光功率进行预订量衰减的器件，它可分为可变光衰减器和固定光衰减器。前者主要用于调节光功率电平，后者主要用于电平过高的光纤通信线路。对光衰减器的主要要求是：插入损耗低、回波损耗高、分辨率线性度和重复性好、衰减量可调范围大、衰减精度高、器件体积小，环境性能好。

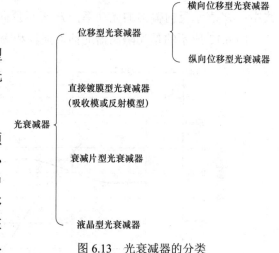

图 6.13　光衰减器的分类

6.4.2　光衰减器的工作原理

根据光衰减器的工作原理，可分为位移型光衰减器、直接镀膜型光衰减器、衰减片型光衰减器和液晶型光衰减器等，如图 6.13 所示。

1. 位移型光衰减器

众所周知，当两段光纤进行连接时，必须达到相当高的对中精度，才能使光信号以较小的损耗传输过去。反过来，如果将光纤的对中精度作适当调整，就可以控制其衰减量。位移型光衰减器就是根据这个原理，有意让光纤在对接时发生一定错位，使光能量损失一些，从而达到控制衰减量的目的。

（1）横向位移型光衰减器。图 6.14 是横向位移时的光束耦合示意图。

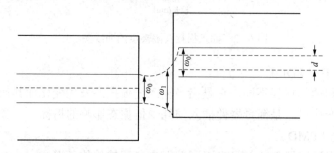

图 6.14　横向位移时的光束耦合示意图

横向位移型光衰减器就是使对接的两根光纤发生一定的横向错位，从而引入一定的损耗。经详细的理论分析，可以得到耦合损耗（L_d）与两光纤间的横向位移（d）的关系，其结果如图 6.15 所示。

根据上述 L_d–d 关系曲线，可以设计出不同损耗的横向位移参数，并通过一定的机械定位方式予以实现，得到所需要的光衰减器。

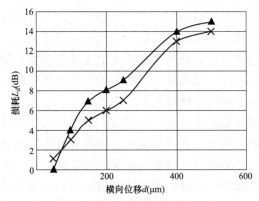

图 6.15　横向位移型光衰减器的 L_d–d 曲线

▲ 单模光纤；　✕ 多模光纤

在通常情况下，由于横向位移参数的数量级均在微毫米级，所以一般不用来制作可变衰减器，仅用于固定衰感器的制作中，并采用熔接法或粘接法。

横向位移法是一种比较传统的方法，它的优点在于回波损耗很高，通常大于 60dB。

（2）轴向位移型光衰减器。光纤端面的间隙同样也会带来光能量的损失，即使 3dB 的衰减器。对应的间隙也在 0.1mm 以上，工艺较易控制。所以目前许多厂家制作的固定衰减器均采用此原理。

图 6.16 是轴向位移时的光束耦合示意图。

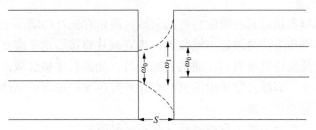

图 6.16　轴向位移时光束耦合示意图

同样，经详细的理论分析，也可以得到耦合损耗（L_d）与两光纤间的间隙（S）的关系，其结果如图 6.17 所示。

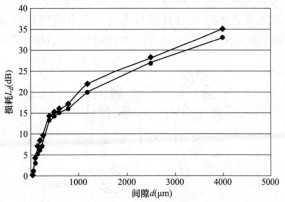

图 6.17　轴向位移型光衰减器的 L_d–d 曲线

◆ 1.55曲线；　● 1.31曲线

使用轴向位移原理来制作光衰减器时，在工艺设计上，只要用机械的方式将两根光纤拉开一定距离进行对中，就可以实现衰减的目的。一般用于固定光衰减器和一些小型可变光衰减器的制作中。此类衰减器实际可看成一个损耗大的光纤连接器。所以设计时，通常与连接器的结构结合起来考虑，目前已形成两种具有特色的光衰减器系列转换器式光衰减器和变换器式光衰减器。可直接与系统中的连接器配套。

由于此种类型的固定光衰减器实际上可以看成一个损耗大的光纤连接器，所以设计时，通常与连接器的结构结合起来考虑，由此形成了两种具有特色的光衰减器系列——转换器式和变换器式。这些类型的光衰减器可以直接与系统的连接器配套，使用于不同的场合。

转换器式光衰减器性能稳定，两端口均为转换器接口，衰减量分别为 5、10、15、20、25dB 五种。使用极为方便，可直接与各型号连接器配合使用，仅需将连接器中的转换器取下，换上同型号光衰减器即可达到衰减光信号的目的。其不足之处在于回波损耗受所配连接器影响。

变换器式光衰减器的一端为连接器插头，另一端为转换器端口，其性能及衰减量与转换器式光衰减器一样。

2. 直接镀膜型衰减器

直接镀膜型衰减器是一种直接在光纤端面或玻璃基片上镀制金属吸收或反射膜来衰减光能量的衰减器。它所用到的材料有 Al 膜、Ti 膜、Cr 膜、W 膜等。当采用 Al 膜时，常在上面加镀一层 SiO_2 或 MgF_2 薄膜作为保护膜。

3. 衰减片型衰减器

衰减片型光衰减器直接将具有吸收特性的衰减片固定在光纤的端面上和光路中达到衰减光信号的目的。具体制作方法是通过机械装置，将衰减片直接固定于准直光路中，当光信号经过四分之一节距自聚焦透镜准直后，通过衰减片时，光能量即被衰减，再被第二个自聚焦透镜聚焦耦合进光纤中。衰减片常采用的材料有红外有色光学玻璃、晶体、光学薄膜，用的比较多的是双轮式可变光衰减器。

衰减片型光衰减器可分为固定衰减器和可变衰减器两种。

（1）固定衰减器。固定衰减器对光功率衰减量固定不变，主要用于调整光纤传输线路的光损耗。固定衰减器只需在两光纤或两透镜之间贴一块精确标定损耗的光学衰减片即成。

（2）可变衰减器。可变衰减器的衰减量可在一定范围内变化，用于测量光接收机灵敏度和动态范围。可变衰减器通常是步进式衰减器与连续可变衰减器相结合工作的。

步进式可变光衰减器的结构如图 6.18 所示。在光路中插入两个具有固定衰减量的衰减圆

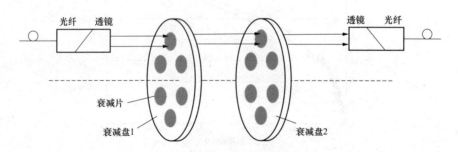

图 6.18　步进式双轮可变光衰减器结构

盘，每个衰减圆盘上分别装有 0、5、10、15、20、25dB 六个衰减片，通过旋转这两个圆盘，使两个圆盘上的不同衰减片相互组合，即可获得 5、10、15、20、25、30、35、40、45、50dB 十挡衰减量。

连续可变衰减器的总体结构和工作原理与步进式可变光衰减器相似。如图 6.19 所示。不过它的衰减元件部分做了相应的变化，它由一个步进衰减盘和一个连续变化的衰减片组合而成。步进衰减片的衰减量为 0、10、20、30、40、50dB 六挡，连续变化衰减片的衰减量为 0～15dB。因此总的衰减量调节范围为 0～65dB。这样，通过粗挡和细挡的共同作用，即可达到连续衰减光信号的目的。

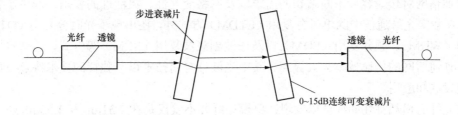

图 6.19　连续可变光衰减器结构

4. 液晶型衰减器

液晶型衰减器采用分子轴扭向排列的 P 型液晶。当液晶的两个电极不加电压的时候，从光纤入射的光信号经自聚焦透镜后成为平行光入射，该平行光被分束元件 P1 分为偏振面相互垂直的两束偏振光 o 光和 e 光，经过不加任何电压的液晶元件时，两束偏转光同时旋转 90°，旋转后的偏振光在被另一与 P1 光轴成的分束元件 P2 合为一束平行光，由第二只自聚焦透镜耦合进入光纤；当液晶的两个电极加电压的时候，液晶晶向的扭向排列产生了一定角度的偏转，使得通过液晶的 o 光和 e 光发生偏振面的旋转。其中，偏振方向旋转 90°的那部分 o 光和 e 光，被分束元件 P_2 汇合成一束平行光出射，而其他的偏振光则不能被汇合，并以一定的角度射出光路。

如果不考虑液晶的光泄露，以 I_0 表示不加电压时偏振光的总功率，那么当液晶晶向倾斜 θ 角度时，偏振面发生旋转的那部分偏振光功率为 $I' = I_0 \cos\theta$。可见，θ 越大，I' 越小。于是，随着加电场的不断增加，偏振面发生 90°旋转的那部分光功率也逐渐变小，即被自聚焦透镜耦合进入光纤的光信号也越来越小，从而实现对光信号的衰减。液晶型光衰减器的工作原理如图 6.20 所示。

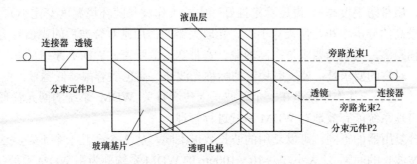

图 6.20　液晶型光衰减器的工作原理示意图

6.5　光波分复用器

光波分复用（Wavelength Division Multiplexing，WDM）技术是目前光纤通信扩容的主要手段之一，它可以使光纤通信的容量成数十倍、百倍地提高。WDM 在全光网络中具有很多优点，如传输波导对数据格式是全透明的，对网络升级和发展宽带新业务是最理想、最方便的传输手段。WDM 方式是充分挖掘光纤带宽潜力、实现超高速通信的有效途径。

6.5.1　波分复用原理

随着通信网对传输容量不断增长的需求以及网络交互性、灵活性的要求，产生了各种复用技术。在数字光纤通信中除电时分复用（ETDM）方式外，还出现了光时分复用（OTDM）、波分复用（WDM）、频分复用（FDM）以及微波副载波复用（SCM）等方式，这些复用方式的出现，使通信网的传输效率大大提高。其中光波分复用技术以其独特的技术特点及优势得到了迅速发展和应用。

目前光纤的损耗特性曲线可以发现：单模光纤并不仅仅是在 $1.31\mu m$ 和 $1.55\mu m$ 两个独立波长上是低损耗的，而是存在两个低损耗窗口，其总宽度约 200nm，所提供的带宽达 27THz。因此可以设想：如果在这两个窗口上以适当的波长间隔 $\Delta\lambda$ 选取多个波长作载波，然后通过一个器件把它们合在一起传输，到达接收闲后，再通过另一个器件将它们分离开来，这样，就可以在不提高单信道速率的情况下，使光纤中的传输容量成倍增加，从而降低每一通路的成本，避免电子瓶颈的限制。这就是光波分复用技术。

1. 光波分复用技术定义

所谓光波分复用技术就是为充分利用单模光纤低损耗区的巨大带宽资源，采用波分复用器（合波器），在发送端将多个不同波长的光载波合并起来并送入一根光纤进行传输；在接收端，再由解波分复用器（分波器）将这些不同波长承载不同信号的光载波分开的复用方式。

光波分复用系统工作原理如图 6.21 所示。从图中可以看出，在发送端由光发送机 TX_1，…，TXn 分别发出标称波长为 λ_1，λ_2，…，λ_n 的光信号。每个光通道可分别承栽不同类型或速率的信号，如 2.5Gbit/s 或 10Gbit/s 的 SDH 信号或其他业务信号，然后由光复用器把这些复用光信号合并为一束光波输入到光纤中进行传输；在接收端用光解复用器把不同光信号分解开，分别输入到相应的光接收机 RX_1，…，RX_n 中。

光波分复用系统的关键组成有三部分：合（分）波器、光放大器和光源器件。合（分）波器的作用是合（分）波，对它的要求是：插入衰耗低、具有良好的带通特性（通带平坦、过渡带陡峭、阻带防卫度高）、温度稳定性好（中心工作波长随环境温度变化小）、复用通道数多、具有较高的分辨率和几何尺寸小等。光放大器的作用是对合波后的光信号进行放大，以便增加传输距离，对它的要求是：高增益、宽带宽、低噪声。WDM 系统的光照一般采用外调制方式，对它的要求是：能发射稳定的标称光波长、高色散容限、低啁啾。图 6.21 中的 OSC 为光监控通道，其作用就是在一个新波长上传送有关 WDM 系统的网元管理和监控信息．使网络管理系统能有效地对 WDM 系统进行管理。

根据波分复用器的不同，可以复用的波长数也不同，从 2 个至几十个不等，这取决于所允许的光载波波长的间隔 $\Delta\lambda$ 大小。$\Delta\lambda=10\sim100nm$ 的 WDM 系统称为粗 WDM 系统（CWDM），采用普通的光纤 WDM 耦合器，即可进行复用与解复用；$\Delta\lambda=1nm$ 左右的 WDM 系统称为密集 WDM 系统（DWDM）。需要采用波长选择性高的光栅进行解复用，若 $\Delta\lambda<1nm$，则称为光频分复用系统（OFDM）。

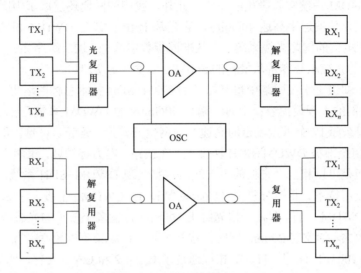

图 6.21　WDM 系统原理方框图

说明：TX_1，…，TX_n：复用通道1，…，n的光发送机；TX_1，…，TX_n：复用通道1，…，n的光接收机；
WDM：光复用/复用器（合波/分波器）；OA：光放大器（EDFA）；OSC：光监控通道。

（1）密集波分复用。较早的 WDM 技术使用的是 1310nm 和 1550nm 两个波长，波长间隔为 0.8nm。随着通信业务的迅速增长，以及光纤通信技术的不断提高，在 1550nm 窗口范围内更多波长的复用技术逐步成熟起来。在这个窗口范围内，8 波长、16 波长和 32 波长的波分复用系统已投入商业使用。根据 ITU-T 建议的波长间隔为 3.2nm、1.6nm 和 0.8nm 等，我国通信行业标准 YDN 120—1999《光波分复用系统总体技术要求》中对 32 路、16 路和 8 路的波分复用系统各中心波长进行了规范，规定 32 路波分复用系统的频带通路分配可使用连续频带（对含有掺铒放大器系统）方案或分离频带方案。

由于在有限的可用波长 1550mm 窗口范围内安排了众多的波长用于波分复用系统；为了区别较早的 WDM 系统，称这种植分复用技术为密集波分复用技术。

因为 DWDM 技术是应用在 1550nm 窗口附近范围内，而这一窗口至少有 80nm 的宽度可供利用，所以 DWDM 的扩容和提速能力还有进一步提高的可能。由于 DWDM 技术的扩容、提高能力很强，所以在光纤通信领域中获得了广泛的应用。同时，也由于这个原因，目前所谓的波分复用技术都是指 DWDM。

几年来，DWDM 系统的容量不断被提高，传输的距离越来越远，复用的波长数越来越多。在系统方面，目前已商用化的产品有 8×2.5、16×2.5、40×2.5、32×10、80×40、160×10Git/s。在实验室中超高速大容量、超长距离传输系统以及复用的波长数的记录不断被刷新，如 80×40Gbit/s．传输距离 7000km，160×40Gbit/s，传输距离 186km；273×40Gbit/s，传输距离 117km。国际上，WDM 系统的最高波道数已达到 1022 个；系统的最高传输容量达到 273×40Gbit/s=10.92Tbit/s。

我国光纤通信事业在最近几年以突飞猛进的态势发展着。经过几年的努力，SDH 光纤通信系统已在我国的电信网以及广电、铁路、电力多领域获得了广泛的应用。八纵八横国家光缆干线已基本建成。在这个基础上．将 DWDM 技术与 SDH 光纤传输网相结合，在扩容和提高传输速率方面，又获得很好的成绩。济南一青岛 8×2.5Gbit/sDWDM 系统工程、柳州市 32×10Gbit/s 的 DWDM 系统实验段相继完成。此外，我国的网通还建成了中国第一条商用宽带高速互联骨干网，传输速率高达 40Gbit/s，它是基于 IP 协议与 DWDM 相结合的全光纤高速系统。还有中国电信的国际光缆系统，已从准同步数字系列、同步数字系列过渡到 DWDM 十 SDH 系统，它的光缆承载容量从最初的 560Mbit/s 发展到 7.2Tbit/s。

我国在长途一二级主干线网络中也开始了 DWDM+SDH 技术总体的运用。例如，京汉广等 19 条一级干线网的大规模扩容；上海一南京 40Gbit/s 的 DWDM 系统已在 2000 年正式投入商业运行；我国东部 17 个重点城市的高速互通网也开始投入运营。可见，我国的八纵八横 SDH 系统不久也将全部被 DWDM+SDH 所覆盖。在铁路、电力等领域，虽然它们的光纤通信事业起步较晚，但是可以相信，它们的主干线网也将实现 DWDM+SDH 系统。

（2）粗波分复用技术。粗波分复用（Coarse WDM，CWDM）也是一种波分复用技术。它的工作原理和 DWDM 一样，即在一根光纤上，可同时传输多个波长的光载波。但是 CWDM 技术的波长间隔较大，通常为 20nm。同时，它覆盖的工作波长范围较宽，为 1270~1610nm。在 2002 年 6 月和 2003 年 11 月，ITU-T 相继通过了 G.694.2 和 G.695 文件，明确指出 CWDM 技术的应用领域为城城网。由于城域网的覆盖范围不大，一般为几十千米，因此在 CWDM 系统中，在一般场合下，就没有必要使用掺铒光纤放大器（EDFA）。这样为 CWDM 系统的使用降低了设备成本和运营成本，为 CWDM 技术的推广使用创造了一定的物质条件。

CWDM 与 DWDM 相比，最大的区别有两点：一是 CWDM 载波通道的间距较宽。其信道间隔约为 20nm，而 DWDM 的信道间隔较窄，其信道间隔值为 0.1nm~1.6m；二是 CWDM 的调制激光采用的是非冷却激光，而 DWDM 采用的是冷却激光。

冷却激光采用温度调谐，而非冷却激光则采用电子调谐。温度调谐实现起来难度很大，而且成本很高。这是因为在一个很宽的波长区段内温度分布很不均匀所致。而 CWDM 技术由于采用的是非冷却激光，从而避开了这个难点，因而其成本也必然会大幅度降低。据估算，整个 CWDM 系统的成本仅为 DWDM 的 30%。

CWDM 与 DWDM 的比较用表 6.3 示出。

表 6.3　　　　　　　　　　　　　　CWDM 与 DWDM 的技术比较

内　　容	CWDM	DWDM
每根光纤容纳波长数	8~18（O，E，S，C，L 带）	40~80（C，L 带）
波长间隔	20nm（2500GHz）	0.8nm（10GHz）
每波长容量	最多 2.5Gbit/s	最多 40Gbit/s
光纤汇聚容量	20~40Gbit/s	100~1000Gbit/s
激发器发射类型	非制冷的 DFB	带制冷的 DFB，外调制
滤波器技术	薄膜	薄膜，AWG，Bragg 光栅
传输距离	最多 80km	最多 900km
总成本	很低	很高
应用领域	城域网，企业，机关，城域接入	广域网，地区及城域核心

随着各项事业的飞速发展和人们生活水平的不断提高，各种通信的业务量和通信手段不断涌现，尤其在城市中，人们对 IP 传输新兴业务的需求也在不断地提高。例如，广大用户对网络运营商提出点到点的波长出租要求，以及众多网络运营商对宽带网建设的需求。所有这些需求使传统的电信网络在带宽供给和业务种类方面都难以适应。

低成本的 WDM 技术，在建设宽带互联网一城域网方面，却出现单链路的传输带宽过窄的问题。而若采用 DWDM 技术，则又有大材小用，形成技术和经济浪费的问题。但是，CWDM 技术恰好满足城域网对波分复用技术的要求。同时，在建设时也不必新建管道、敷设新光缆和拆除旧设备等工作。

CWDM 技术在城域网建设方面，具有以下优势。

1）容易实现。因为 CWDM 技术的波长间隔为 20nm，传输距离也较短，最大为 80km，所以只需采用多通道的激光收发器和粗波分的复用/解复用器，不必引入比较复杂的控制技术以维护较高的系统要求。

2）支持多种业务接口。虽然器件的成本和对系统的要求都降低了，使得实现起来变得更加容易，但是，CWDM 系统仍能和 DWDM 系统一样，支持多种业务的接口。

3）降低网络建设费用。在城城网采用 CWDM 技术时，不必新建管道、敷设光缆和拆除旧设备等工作，已有 G.652、G.653 和 G.655 等光纤均可使用。这样，原有的管道、光缆和设备都可利用起来。于是，网络的建设费用必然会降下来。

4）可兼容 SDH 系统。在城域网的建设前期，已建好并广泛使用的 1310nm 的 SDH 系统和以太网接口，在采用 CWDM 技术后仍可被兼容。

5）系统功率消耗低。由于 CWDM 的调制激光采用的是非冷却激光，电子调谐，所以功率消耗低。据估算，CWDM 的功率消耗约为 DWDM 的一半。

6）体积小。因为 CWDM 采用的是非冷却激光，电子调谐，所以使其整个体积变得很小。

CWDM 技术是一种具有较高传输带宽、适用中短距离、且支持多种业务以及成本较低的波分复用技术。因此，它特别适用于以下场合。

a．需要进行低成本扩容升级的场合。CWDM 技术，其成本约为 DWDM 技术的 1/3。通常，它可开通 18 个通道，即便在一般传统的光纤 G.552 上，也能开通 13 个通道。根据这一特点，凡已建城域网的地方，在考虑扩容和提高传输速率的需要时，均可考虑采用 CWDM 技术。同样地，凡要新建光纤通信城域网的地方，考虑到今后扩容、提速的必要性，应考虑直接建设 CWDM+SDH 的光纤通信网。

b．需要进行多种业务传输的场合。CWDM 技术可以支持以太网、SDH 和 ATM 等多种传输业务。一种业务占用一个工作波长，且各种业务之间不会产生相互影响的问题。因此，凡需要多种业务传输并且考虑到要扩容升级的场合，均可考虑采用 CWDM 技术，组建 CWDM 环形网。

目前，CWDM 技术的相关设备，其跨距一般可达 80km。而且以太网普遍建于一幢办公大楼内，或一个范围不太大的小区内，它们的工作范围一般不会超过几百米或几千米。对于这种场合，其业务种类较多，建立点到点的专用网是很适合的。采用这种技术，既经济又可达到扩容和承接多种业务传输的目的。特别是互联网的迅速发展，更要考虑扩容和承接多种业务的需要。在城市中，利用 CWDM 技术使 HFC 网络升级是 CWDM 技术实际应用之一。

2．光波分复用系统的基本形式

波分复用系统的基本构成主要有 3 种形式。

（1）光多路复用单芯传输。在发送端，TX_1，TX_2，…，TX_n 共 n 个光发送机分别送出波长为 λ_1，λ_2，…，λ_n 的已调光信号，通过 WDM 组合在一起，然后在一根光纤中传输。到达接收端后，通过解复用器将不同光波长的信号分开并送入相应的接收机内，完成多路信号单芯传输的任务。由于各信号是通过不同光波长携带的，所以彼此之间不会串扰，这是 WDM 系统的典型构成形式。

（2）光单纤双向传输（单芯全双工传输）。如果一个器件同时具有合波与分波的功能，就可以在一根光纤中实现两个方向信号的同时传输，如图 6.22 所示。如终端 A 向终端 B 发送信号，由波长 λ_1 携带；终端 B 向终端 A

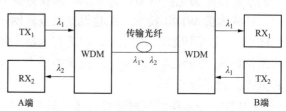

图 6.22　光单纤双向传输系统

发送信号，由波长 λ_2 携带。通过一根光纤就可以实现彼此双方的通信联络。因此也叫单芯全双工传输。

这对于必须采用全双工的通信方式是非常方便和重要的。

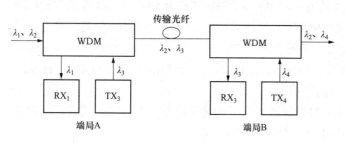

图 6.23　光分路插入传输系统

（3）光分路插入传输。光分路插入传输系统如图 6.23 所示，在端局 A，通过解复用器将波长 λ_1 光信号从线路中分离出来，利用复用器将波长 λ_1 光信号插入线路中进行传输；在端局 B，通过解复用器将波长 λ_3 光信号从线路中分离出来，利用复用器将波长 λ_4 光信号插入线路中进行传输。通过各波长光信号的合波与分波，就可以实现信息的上、下通路，从而可以根据通信线路沿线的业务分布情况，合理地安排插入或分出信号。

3. 光波分复用技术特点

光波分复用技术之所以得到如此重视和迅速发展，这是由其技术特点决定的。

（1）充分利用光纤的低损耗带宽，实现超大容量传输。WDM 系统的传输容量是十分巨大的，它可以充分利用单膜光纤的巨大带宽（27THz）。因为系统的单通道速率可以为 2.5、10Gbit/s 等，而复用光通道的数量可以是 16 个、32 个甚至更多，所以系统的传输容量可达到数百吉比特每秒甚至几十太比特每秒的水平。而这样巨大的传输容量是目前 TDM 方式根本无法做到的。

（2）节约光纤资源，降低成本。这个特点是显而易见的。对单波长系统而言，1 个 SDH 系统就需要一对光纤，而 WDM 系统来讲，不管有多少个 SDH 分系统，整个 WDM 只需要一对光纤就够了。如对于 32 个 2.5Gbit/s 系统来说，单波长系统需要 64 根光纤，而 WDM 系统仅需要 2 根光纤。节约光纤资源这一点也许对于市话中继网络并非十分重要，但对于系统扩容或长途干线，尤其是对于早期安装的芯数不多的光缆来说就显得非常难能可贵了，可以不必对原有系统做较大改动，而使通信容量扩大几十倍至几百倍，随着复用路数的成倍增加以及直接光放大技术的广泛使用，每话路成本迅速降低。

（3）可实现单根光纤双向传输。对必须采用全双工通信方式，如电话，可节省大量的线路投资。

（4）各通道透明传输、平滑升级扩容。由于在 WDM 系统中，各复用光通道之间是彼此独立、互不影响的，也就是说波分复用通道对数据格式是透明的，与信号速率及电调制方式无关，因此就可以用不同的波长携带不同类型的信号，如波长 λ_1 携带音频，波长 λ_2 携带视频，波长 λ_3 携带数据，从而实现多媒体信号的混合传输，给使用者带来极大的方便。

另外，只要增加复用光通道数量与相应设备，就可以增加系统的传输容量以实现扩容，而且扩容时对其他复用光通道不会产生不良影响。所以 WDM 系统的升级扩容是平滑的，而且方便易行，从而更大限度地保护了建设初期的投资。

（5）可充分利用成熟的 TDM 技术。以 TDM 方式提高传输速率虽然在降低成本方面具有巨大的吸引力，但也面临许许多多因素的限制，如制造工艺、电子器件工作速率的限制等。据分析，TDM 方式的 40Gbit/s 光传输设备已经非常接近目前电子器件工作速率的极限，再进一步提高速率是相当困难的。

而 WDM 技术则不然，它可以充分利用现已有的 TDM 技术（2.5Gbit/s 或 10Gbit/s），相当容易地使系统的传输容量达到 80Gbit/s 以上水平，从而避开开发更高速率 TDM 技术（如10Gbit/s 以上）所面临的种种困难。

（6）可利用 EDFA 实现超长距离传输。EDFA 具有高增益、宽带宽、低噪声等优点，在光纤通信中得到了广泛的应用。EDPA 的光放大范围为 1530～1565nm，经过适当的技术处理可扩大到 1570～1605nm，因此它可以覆盖整个 1550nm 波长的 C 波段或 L 波段。所以用一个带宽很宽的 EDFA，就可以对 WDM 系统各复用光通道信号同时进行放大，以实现超长距离传输，避免了每个光传输系统都需要一个光放大器的弊病，减少了设备数量，降低了投资。

WDM 系统的传输距离可达到数百千米，可节省大量的电中继设备，大大降低成本。

（7）对光纤的色散并无过高要求。对 WDM 系统来讲，不管系统的传输速率有多高，传输容量有多大，它对光纤色度色散系数的要求，基本上就是单个复用通道速率信号对光纤色度色散系数的要求。如 80Gbit/s 的 WDM 系统（32×2.5Gbit/s），对光纤色度色散系数的要求就是单个 2.5Gbit/s 系统对光纤色度色散系数的要求，一般的 G.652 光纤都能满足。

但 TDM 方式的高速率信号却不同，其传输速率越高，传输同样的距离要求光纤的色度色散系数越小。以目前敷设量最大的 G.652 光纤为例，用它直接传输 25Gbit/速率的光信号是没有多大问题的；但若传输 TDM 方式 10Gbit/s 速率的光信号则会遇到麻烦。

首先对系统的色度色散诸参数提出了更高的要求，主要是对光纤的色度色散数或光源器件的谱宽提出了更苛刻要求。因为色散受限的传输距离与码速率成反比例关系。

其次出现了偏振模色散（PMD）受限问题，这是过去所没有遇到过的。偏振模色散是指因在光纤的制造过程中由于工艺方面的原因使光纤的结构偏离圆柱形，材料存在各向异性，以及在实际使用中光缆中的光纤受扭曲力、压力等外部应力的作用，使光纤出现双折射现象，导致不同相位的光信号呈现不同的群速度，使接收端出现脉冲展宽。

光纤的偏振植色散是客观存在的，但对不同的传输速率有着不同的影响，而且差别颇大。对于传输速率在 10Gbit/s 以上的单波长系统或基群为 10Gbit/s 以上的 WDM 系统，必须考虑偏振模色散受限的问题。

（8）可组成全光网络。全光网络是未来光纤传送网的发展方向。在全光网络中，各种业务的上下、交叉连接等都是在光路上通过对光信号进行调度来实现的。例如，在某个局站可根据要求用光分插复用器（OADM）直接上、下几个波长的光信号，或者用光交叉连接设备（OXC）对光信号直接进行交叉连接，而不必像现在这样，首先进行光/电转换，然后对电信号进行上、下或交叉连接处理 P5 后再进行电/光转换，把转换后的光信号输入到光纤中传输。

WDM 系统可以与 OADM、OXC 混合使用，以组成具有高度灵活性、高可靠性、高生存性的全光网络。

4. 光波长区的分配

（1）系统工作波长区。石英光纤有两个低衰耗窗口，即 1310nm 波长区与 1550nm 波长区，但由于目前尚无工作于 1310nm 窗口的实用化光放大器，所以 WDM 系统都工作在 1550nm 窗口。石英光纤在 1550nm 波长区有 3 个波段可以使用，即 s 波段、c 波段与 L 波段，其中 c、L 波段目前已获得应用。s 波段的波长范围为 1460~1530nm，c 波段的波长范围为 1530~1565nm，L 波段的波长范围为 1570~1605nm。

要想把众多的光通道信号进行复用，必须对复用光通道信号的工作波长进行严格规范，否则系统会发生混乱。合波器与分波器也难以正常工作。因此在此有限的波长区内如何有效地进行通道分配，关系到是否能够提高带宽资源的利用率和减少通道彼此之间的非线性影响。

与一般单波长系统不同的是，WDM 系统通常用频率来表示其工作范围。这是因为用频率比用光波长更准确、方便。工作波长 λ 与工作频率 f 的关系 $\lambda=c/f$ 其中，c 为光在真空中的传播进度，且 $c=3\times10^8$m/s。

（2）绝对频率参考。绝对频率参考（AFR）是指 WDM 系统标称中心频率的绝对参考点。用绝对参考频率加上规定的通道间隔就是各复用光通道的中心工作频率。

ITu-TG.692 建议规定，WDM 系统的绝对频率参考（AFB）为 193.1THz。与之相对应的光波长为 1552.52nm。

AFR 的精确度是指 AFB 信号相对于理想频率的长期频率偏移；APR 的稳定度是指包括温度、湿度和其他环境条件变化引起的频率变化。

（3）通道间隔。通道间隔是指两个相邻的光伏用通道的标称中心工作频率之差。

通道间隔可以使均匀的，也可以是非均匀的。非均匀通道间隔可以比较有效地抑制 G.653 光纤的四波混频效应（FWM），但目前大部分还是采用均匀通道间隔。

一般来讲，通道间隔应是 100GHz（0.8nm）的整数倍。2002 年，ITu-T 对 DWDM 的通道间隔在 G.694.1 中进行了新的规范，从原来的 G.692 规范的 200GHz、100GHz 波道间隔，进一步缩至 50GHz 甚至 25GHz。

（4）标称中心工作频率。标称中心工作频率是指 WDM 系统中每个复用通道对应的中心工作频率。在 ITu-TG.692 建议中，通道的中心工作频率是基于 AFR 为 193.1THz、最小通道间隔为 100GHz 的频率间隔系列，所以对其选择应满足以下要求。

1）至少要提供 16 个波长。从而可以保证当复用通道信号为 25Gbit/s 时，系统的总传输容量可以达 40Gbit/s 以上的水平。但波长的数量也不宜过多，因为对众多波长的监控是一个相当复杂而又较难应付的问题。

2）所有波长都应位于光放大器增益曲线比较平坦的部分。这样可以保证光放大器对每个复用通道提供相对均匀的增益，有利于系统的设计和超长距离传输的实现。对于 EDFA 而言，其增益曲线比较平坦的部分：1540~1560nm。

3）这些波长应该与光放大器的泵浦波长无关，以防止发生混乱。目前 EDFA 的泵浦波长为 980nm 和 1480nm。

按照 ITu-TG.692 的建议，所选取的标称中心工作频率可表示为

$$f = 193.1 \pm m \times 0.1 (\text{THz}) \qquad (6.10)$$

其中 m 是整数。

另外，使用频率为基准而非波长，这是因为某些材料发射特定的已知光频，便于用作准确的基准点；而且，频率固定不变，而波长受材料折射率的影响。

（5）中心频率偏移。中心频率偏移又称频偏，是指复用光通道的实际中心工作频率与标称中心工作频率之间的允许偏差。

对于 8 通道的 WDM 系统，采用均匀间隔 200GHz（约 1.6nm）为通道间隔。而且为了将来向 16 通道 WDM 系统升级，规定最大中心频率偏移为：±20GHz（约±0.16nm）。该值为寿命终值，即在系统设计寿命终了时，考虑到温度、湿度等各种因素仍能满足的数值。

对于 16 或 32 通道的 WDM 系统，采用均匀间隔 100GHz 为通道间隔，规定其最大中心频率偏移为：±10GHz（约±0.08mm）。该值也为寿命终了值。

6.5.2　光波分复用器

上一节介绍了波分复用系统的结构及技术特点，要想实现这样一些系统，最最关键的器件即核心器件是波分复用器与解复用器，是它把几路不同波长的光波合路与分路。下面分析波分复用器的工作原理及性能。

从原理上讲，根据光路可逆原理，该器件是互易性的。只要将解复用器的输出端和输入端反过来使用，就是复用器。下面着重分析解复用器。

1．光波分复用器的主要性能参数

（1）插入损耗。插入损耗是指某特定波长信号通过波分复用器相应通道时所引入的功率损耗，对波长 λ_1，若发送到输入端口的光功率为 P_{in}，相应输出端口接收到的光功率为 P_{out}，则有

$$L_i = 10 \log \left(\frac{P_{in}}{P_{out}} \right) (\text{dB}) \qquad (6.11)$$

波分复用器件的插入损耗影响 WDM 系统的传输距离．假设波分复用器件的插损值为 7dB，那么合、分波器加在一起就近 15dB，导致系统在 1550nm 波长区的再生传输距离可能从 80km 减少到 30～40km，这样短的传输距离是很难满足实际需求的。掺铒光纤放大器的出现解决了这个难题。尽管如此，还是希望波分复用器件的插损越小越好。一般规定小于 10dB，但性能良好者可望在 5dB 以下。

（2）隔离度。波分复用器的隔离度与耦合器的隔离度（端口隔离度）不同，前者指波长隔离度或通道间隔离度，它表征分波器本身对其各复用光通道信号的彼此隔离程度，它仅对分波器有意义。

通道的隔离度越高，波分复用器件的选频特性就越好；它的串扰抑制比也越大，各复用光通道之间的相互干扰影响也就越小。

（3）通道带宽。该参数仅对分波器有意义，目前关于分波器的带宽有两个指标，即−0.5dB 带宽和−20dB 带宽。它们分别代表当分波器的侵入衰耗下降 0.5dB 和 20dB 时，分波器的工作

波长范围之变化值，但-0.5dB 带宽是描述分波器带通特性的，所以其值越大越好。而-20dB 带宽则是描述分波器阻带特性的，阻带特性曲线应该陡峭，所以其值越小越好。

2. 光波分复用器的要求

光波分复用器是 WDM 系统的重要组成部分，对它的要求如下：

（1）插入衰耗低。所谓插入衰耗是指合、分波器对光信号的衰减作用，从衰耗的角度出发，其值越小对提高系统的传输距离越有利。

（2）良好的带通特性。合、分波器实际上是一种光学带通滤波器，因此要求它的通带平坦、过渡带陡峭、阻带防卫度高。通带平坦可使其对带内的各复用通道光信号呈现出相同的特性，便于系统的设计与实施；过渡带陡峭与阻带防卫度高可以滤除带外的无用信号与噪声。

（3）高分辨串。要想把几十个光复用通道信号正确地分开，分波器应该具有很高的分辨率；只有如此才有可能在有限的光波段范围内增多复用光通道的数量，以便实现超大容量传输。目前高性能的分波器的分辨率可低于 10GHz。

（4）高隔离度。所调隔离度是指分波器对各复用光通道信号之间的隔离程度，隔离度越高，则各复用光通道信号彼此之间的相互影响越小，即所谓串扰越小，因此系统越容易包含众多数量的复用光通道。

（5）温度特性好。伴随温度的变化，合、分波器的插损、中心工作波长等特性也会发生偏移，因此要求它应该具有良好的温度特性。

3. 光波分复用器的类型

目前光波分复用器的制造技术已经比较成熟，广泛商用的光波分复用器根据分光原理的不同分为 4 种类型，分别为熔锥光纤型、干涉滤波型、衍射光栅型和集成光波导型。

（1）熔锥光纤型。熔锥光纤型 WDM 类似于 X 形光纤耦合器，即将两根除去涂覆层的光纤扭绞在一起，在高温加热下熔融，同时向两侧拉伸，形成双锥形耦合区。通过设计熔融 R 区的锥度，控制拉锥速度，从而改变两根光纤的耦合系数，使分光比随波长急剧变化。

熔锥光纤型 WDM 的特点是插入损耗低，最大值小于 0.5dB，典型值为 0.2dB，结构简单，制造工艺成熟，价格便宜，并具有较高的光通路带宽与通道间隔比以及温度稳定性，缺点是尺寸偏大，复用路数少（典型应用于双波长 WDM），隔离度较低（≈20dB）。采用多个熔锥式 WDM 器串接的方法，可以改进隔离度（约 30～40dB），适当增加复用波长数（≤6 个）。

熔锥光纤型 WDM 常用于两信道 WDM 系统（如对 1310nm 与 1550nm 两个波长进行合波与分波），还常用作光放大器泵浦光源与信号光源的复合（如 980nm 与 1550nm）。

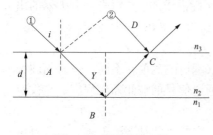

图 6.24 增透膜原理图

（2）干涉滤波型。干涉滤波型波分复用器的基本单元由玻璃衬底上交替地镀上折射率不同的两种光学薄膜制成，它实际上就是光学仪器中广泛应用的增透膜，如图 6.24 所示。

其原理是一束平行光中的两条光线投射在两层介质膜的分界面上，光线 1 的透射光在下层膜的界面 B 处反射，再从 C 点处透射出，与光线 2 在上表面的反射光相干。两列反射光的光程差为

$$\delta = n_2 2L_{AB} - n_1 L_{CD} + \frac{\lambda}{2} = 2d(n_2^2 - \sin i^2)^{1/2} + \frac{\lambda}{2} \tag{6.12}$$

当光程差 δ 为 $(2k+1)\lambda/2$ 时，反射光干涉相消，可得出单层透光膜最小厚度的设计公式为

$$d = \frac{\lambda}{2(n_2^2 - \sin i^2)^{1/2}} \tag{6.13}$$

选择折射率差异较大的两种光学材料，以式（7.2.3）表示的膜厚交替地镀敷几十层，便做成了介质膜干涉型波分复用器的基本单元。镀敷层数越多，干涉效应越强，透射光中波长为 λ 的成分相对其他波长成分的强度优势越大，将对应不同波长制作的滤光片以一定的结构配置，就构成了一个分波器。实际上此光学系统是可逆的，将图中所有光线的方向反过来就成了合波器。

当前的镀膜技术结合了材料科学、真空物理学、薄膜物理化学、计算机辅助设计等先进技术，可以将多层介质膜滤光器制成超窄带型的 DWDM 器件，其复用信道间隔可小于 1nm。迄今，已实现实用化的 0.8nm 传道间隔的 DWDM 用多层介质膜多腔干涉滤光器，是目前应用最广泛的合、分波器。表 6.4 给出了干涉薄膜滤光型 DWDM 器件的特性参数。

表 6.4　　　　　　　　　　干涉薄膜滤光型 DWDM 器件的特性参数

参数 \ 器件	四信道		八信道
中心波长（nm）	ITU-T G.692 1549.32～1560.61		
信道间隔（GHz）	400		200
最小信道带宽（nm）	±0.32（±40GHz）	±0.16（±40GHz）	±0.16（±40GHz）
插入损耗（dB）	≤3.0		≤7.0
信道隔离度（dB）	≥23		
信道内损耗起伏（dB）	≤0.5		
偏振相关损耗（dB）	≤3.0		
回波损耗（dB）	≥50		
波长稳定度（nm/℃）	<0.003		
工作温度（℃）	0～+60		

（3）衍射光栅型。所谓光栅是指具有一定宽度、平行且等距的波纹结构。当含有多波长的光信号通过光栅时产生衍射，不同波长的光信号将以不同的角度出射。

图 6.25 为体型光栅波分复用器原理图。当光纤阵列中某根输入光纤中的多波长光信号经透镜准直后，以平行光束射向光栅。由于光栅的衍射作用，不同波长的光信号以方向略有差异的各种平行光束返回透镜传输，再经透镜聚焦后，以一定规律分别注入输出光纤之中，实现了多波长信号的分路，采用相反的过程，亦可实现多波长信号合路。

图 6.25 中的透镜一般采用体积较小的自聚焦透镜（GRIN）。所谓自聚焦透镜，就是一种具有梯度折射率分布的光纤，它对光线具有汇聚作用，因而具有透镜性质。如果截取 1/4 的长度并将端面研磨抛光，即形成了自聚焦透镜，可实现准直或聚焦。

若将光栅直接刻在棒透镜端面，可以使器件的结构更加紧凑，稳定性大大提高，如图 6.26（b）所示。

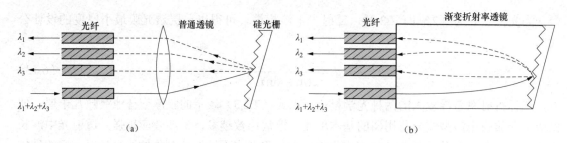

图 6.25   体型光栅波分复用器

（a）采用普通透镜的波分复用器；（b）采用棒透镜的波分复用器

　　光栅型波分复用器件优点是：高分辨率，其通道间隔可以达到 30GHz 以下；高隔离度，其相邻复用光通道的隔离度可大于 40dB；插入衰耗低，大批量生产可达到 3～6dB，且不随复用通道数量的增加而增加；具有双向功能，M 即用一个光栅可以实现分波与合波功能。因此它可以用于单纤双向的 WDM 系统之中。正因为有很高的分辨率和隔离度，所以它允许复用通道的数量达 132 个之多，故光栅型的波分复用器件在 16 通道以上的 WDM 系统中得到了应用。

　　光栅型波分复用器件的缺点是：温度特性欠佳，其温度系数约为 14pm/℃，因此要想保证它的中心工作波长稳定，在实际应用中必须加温度控制措施；制造工艺复杂，价格较贵。表 6.5 是已实现实用化、商品化、适合制作 DWDM 器件的光纤光栅特性参数。

表 6.5   光纤光栅的特性参数

中心波长（nm）	ITU-T G.692，1549.32～1560.61	
信道间隔（GHz）	400	200
1dB 最小反射带宽（nm）	± 0.3（$\lambda_0 \pm 0.15$）	
3dB 最小反射带宽（nm）	± 0.6（$\lambda_0 \pm 0.3$）	
峰值反射率	$\geqslant 99\%$	
相邻信道隔离度（dB）	>22	
中心波长温度系数（nm/℃）	标准封装：0.01 温度补偿封装：<0.002	
使用温度（℃）	$-20 \sim +60$	
外形尺寸（nm）	标准封装：$\Phi 3 \times 50$ 温度补偿封装：$\Phi 5 \times 60$	
光纤类型（μm）	9/125	

　　（4）集成光波导型。集成（阵列）波导光栅，又称为相位阵列波导，通常创作成平面结构。它包含输入、输出波导，输入、输出 WDM 耦合器以及阵列波导，如图 6.26 所示。阵列波导由规则排列的波导组成，相邻波导的长度相差固定值 ΔL，因而产生的相移随波长而变，焦点的位置亦随信号波长而变，这样，AWG 的工作类似凹面衍射光栅。由光栅方程可知，对于在某指定输入端口输入的多波长复合信号，将被分解至不同的输出端口输出，实现多波长复合信号的分接。

　　以光集成技术为基础的平面波导型波分复用器件，具有一切平面波导的优点，如几何尺寸小、重复性好（可批量生产）、可在掩膜过程中实现复杂的支路结构、与光纤容易对准等。

集成光波导型波分复用器的优点是：分辨率较高；隔离度高；易大批量生产。其缺点是：插入损耗较大，一般为 6～11dB；带内的响应度不够平坦。

因为具有高分辨度和高隔离度，所以复用通道的数量达 32 个以上；再加上便于大批量生产，所以 AWG 型的波分复用器件在 16 通道以上的 WDM 系统中得到了非常广泛的应用。目前，阵列波导光栅型 WDM 器件研究越来越被重视，该器件在众多类目的高密集型的 WDM 器件中占有明显优势。

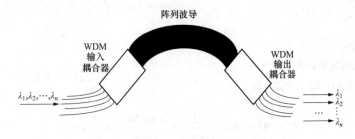

图 6.26 集成光波导型波分复用器

表 6.6 给出了 4 种波分复用器件性能的比较。

表 6.6   4 种波分复用器件性能的比较

器件类型	机理	通道数	通道间隔（nm）	串音（dB）	插入损耗/dB	主要缺点
衍射光栅型	角度色散	4～132	0.5～10	≤-30	3～6	温度敏感
介质薄膜型	干涉/吸收	2～32	1～100	≤-25	2～6	通路数较少
熔锥光纤性	波长依赖性	2～6	10～100	≤-（10～45）	0.2～0.5	通路数较少
集成光波导型	平面波导	4～32	1～5	≤-25	6～11	插入损耗大

6.6 光 滤 波 器

光滤波器是一种波长选择器件，在光纤通信系统中有着重要的应用。特别在 WDM 光纤网络中每个接收机都必须选择所需要的信道，滤波成为必不可少的部分。

滤波器分成固定滤波器和可调滤波器两大类。前者是允许一个确定波长的信号光通过，而后者是可以在一定光宽带范围内动态地选择波长，如图 6.27 所示。

严格来说，可调滤波器属于有源器件，它可以通过控制电压或温度的变化来改变滤波器的某些参数，从而达到波长动态选择的目的。可调滤波器的调谐范围、带宽应该根据要求来设计。其中，法布里-玻罗（F-P）腔型光滤波器结构最为简单，应用最为广泛，下面对其结构及工作原理进行介绍。

F-P 腔型光滤波器的主体是 F-P 谐振腔，其结构如图 6.28 所示。它由一对具有高反射率平行放置的镜面 M1 和 M2 构成，两镜面之间的距离为腔长 1，两个镜面之间介质的折射指数为 n，n' 为镜面的折射系数。当光束入射到两个介质的分界面上时，会在两个界面之间反复地发生反射和折射，反射波和透射波都是无穷多数光波的线性叠加，而叠加的结果与相邻波束的相位差有关。两束透射波 A_1 和 A_2 的路程差为

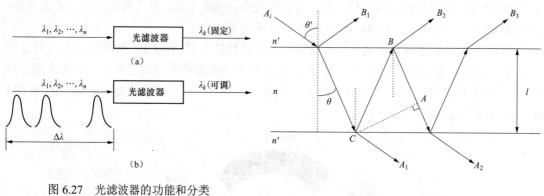

图 6.27   光滤波器的功能和分类

（a）固定滤波器；（b）可调滤波器

图 6.28   F-P 腔结构

$$\Delta l = AB + BC = \frac{l}{\cos\theta} + l\frac{\cos 2\theta}{\cos\theta} = 2l\cos\theta \qquad (6.14)$$

当垂直入射到反射镜 M1 的光波只有腔长为 $\lambda/2$ 的整数倍时，即可达到谐振，这是光学谐振腔的谐振条件。

由于量反射镜的反射系数均小于 1，因此光波在镜面有反射光也有透射光。如光波是从上端输入，则透过镜面 M1 向上方输出的为反射光，而透过镜面 M2 向下方输出的为正向传输光，两列光都产生多光束干涉而呈谐振现象，因而此器件具有频率选择性。

6.7   光   开   关

经过近十年的发展，光开关技术已经较为成熟。现在光通信中使用的光开关有微光机电系统光开关、金属薄膜光开关、热光开关、基于半导体光放大器的门型光开关和波长选择开关。下面简单介绍这些光开关的结构和性能。

6.7.1   机械式光开关

新型机械式光开关有微光机电系统光开关和金属薄膜光开关两类。

1. 微光机电系统光开关

微光机电系统光开关（Micro Electro Mechanical System，MEMS）是在半导体衬底材料上制造出可以做微小移动和旋转的微反射镜，微反射镜的尺寸非常小，约 140μm×150μm，它在驱动力的作用下，将输入光信号切换到不同的输出光纤中，如图 6.29 所示。加在微反射镜上的驱动力是利用热力效应、磁力效应或静电效应产生的。如图为 MEMS 光开关的结构。当微反射镜为取向 1 时，输入光经输出波导 1 输出；当微反射镜为取向 2 时，输入光经输出波导 2 输出。微反射镜的旋转由控制电压（100～200V）完成。

这种器件的特点是体积小，消光比（光开关处于通状态时的输出光功率与断开状态时的输出光功率之比）大，对偏振不敏感，成本低，开关速度适中，插入损耗小于 1dB。

2. 金属薄膜光开关

金属薄膜光开关的结构如图 6.30 所示。波导芯层下面是底包层，上面则是金属薄膜，金

属薄膜与波导之间是空气。通过施加在金属薄膜与衬底之间的电压，使金属薄膜获得静电力，在它的作用下，金属薄膜向下移动与波导接触在一起，使波导的折射率发生改变，从而改变了通过波导光信号的相移。

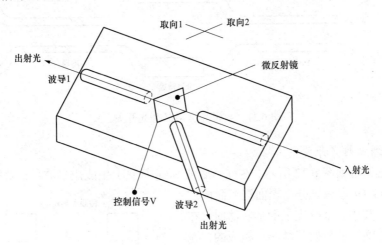

图 6.29　微光机电系统光开关

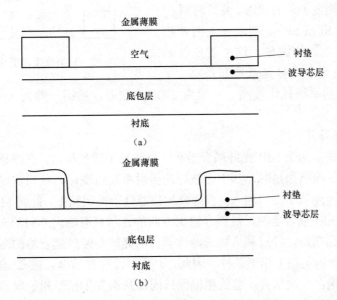

图 6.30　金属薄膜光开关

（a）未加电压时；（b）加电压时

　　图 6.31 为金属薄膜 M-Z 型开关结构示意图。如果不加电压，金属薄膜翘起，M-Z 型干涉仪的两个臂的位移相同，此时光信号从端口 2 输出；如果加电压，金属薄膜与波导接触，引起该臂产生 π 的相移，光信号从端口 1 输出。

6.7.2　热光开关

　　热光开关一般采用波导结构．利用薄膜加热器控制温度，通过温度变化引起折射率变化来改变波导性质，从而实现光开关动作。热光开关可以在硅基材料上制作，也可以利用聚合物（Polymer）来实现。热光开关的基本结构有两种：一种是 Y 型分支器结构，另一种是 Mach-Zahnder 干涉仪型（MZI）结构。

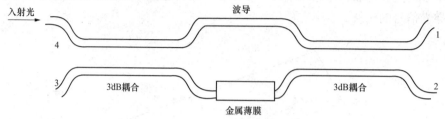

图 6.31　金属薄膜 M-Z 型光开关

1. Y 分支器型热光开关

　　Y 型分支器结构如图 6.32 所示。在硅基底或 SiO_2 基底上生成矩形波导，微加热器（薄膜加热器）由 Ti 或 Cr 在波导分支表面沉积而成。当电功率被加到其中一个分支上的加热器时。在该加热器下面的波导的折射率减小，相应的，光功率被转向另一分支，即处于开的状态。同时，在有加热棍的分支则处于关的状态。波导材料在开始阶段经常采用 Si 或 SiO_2，而现在人们则把更多的研究转向了聚合物波导，这主要是由于聚合物的导热串很低. 而热光系数却很高。Y

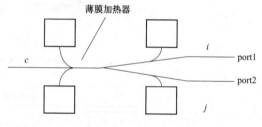

图 6.32　Y 型分支器型热光开关的结构

分支器型热光开关功率消耗比较高，一般为 200mw 左右。插损一般为 3～4dB，消光比为 20～30dB。

2. MZI 型热光开关

　　MZI 型热光开关由两个 3dB 光纤耦合器和一个波导干涉仪构成，在波导上蒸镀金属薄膜加热器。当金属薄膜通电加热时，其下面波导的折射率发生变化，从而实现光的通断。如图 5.1.4 所示，假设信号光从 1 端口输入，若薄膜加热器处于关闭状态，此时 MZI 产生的相位差为 0，但光波经过 3dB 耦合器时，沿耦合输出方向的光与直通输出方向的光相比存在 π/2 的相位滞后。在 1′输出端口，经过耦合器的两次耦合的光波与经过耦合器的两次直通的光波累积相位差为 π，从而满足相干相消条件，因此，1′端口没有光输出。在 2′输出端口，两束光分别经历了一次直通，一次耦合，总的相位保持同步从而发生相干相长现象，即入射光的能量几乎全部从 2′端口输出。整个开关的工作状态处于交叉连接状态。如果对金属膜通电使其发热，将会导致其下面的波导折射率发生变化，从而改变了 MZI 干涉臂的光程，引入相位差。调节加热温度使之形成 π 相移，那么在 1′和 2′输出端口两束光的相位关系随之发生反转，信号此消彼长，整个热光开关也由原先的交叉状态变换成平行连接状态。

6.7.3　基于半导体光放大器的门型光开关

　　由于半导体光放大器（SOA）在不同泵浦状态下对入射光表现出吸收或放大两种不同的状态，因此，SOA 可以作为一种快速（开关速度为纳秒量级，甚至更快）门型开关应用。当 SOA 的注入电流低于阈值电流时，入射光被吸收，门开关处于关断（OFF）状态；当注入电流高于阈值电流时，入射光透明地穿过 SOA，同时可以获得增益，门开关处于导通（ON）

状态。多个门开关可口构成光开关阵列，图 6.33 给出了一种基于 SOA 技术的 2×2 型光开关实现方案。图 6.33 中 2×2 型开关结构包括 4 个 SOA 单元组成的光门阵列，彼此通过波导连接。控制各路 SOA 的通断状态，可以实现信号由任意输入端到任意输出端的定向连接或广播发送功能。

SOA 是一种有源器件，泵浦增益补偿了开关损耗，还可以获得增益。此外，SOA 开关还具有消光比高（大于 50dB）、开关速度快（小于 1ns）、易于集成等特点。尽管目前价格还较高，但在未来的光网络中（尤其是构建高速分组光网络）。它代表了一类颇具潜力的光开关技术。其缺点是 ASE 噪声较大，对偏振较为敏感。

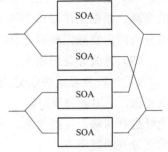

图 6.33　2×2 型半导体
光放大器开关结构

6.7.4　波长选择开关

波长选择开关（WSS）是近几年发展起来的新型光开关，被广泛应用在可重构光分插复用器（ROADM）中。基本的 WSS 应用类型为 1×N 或 N×1 型，对于光路可逆的 WSS 结构，两种类型是等同的，可以互换使用。图 6.34 给出了 1×N 型 WSS 的示意图。它可以将输入的多波长信号中的任意数目的任意波长组合输出到任意输出端口上，即在任意一个输出端口，可以从输入的 n 个波长中选择任意数量和任意的波长组合输出。

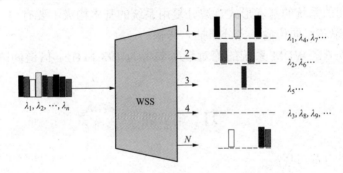

图 6.34　1×N 型 WSS 功能示意图

本章小结

本章主要介绍了光纤连接器、光耦合器、光隔离器、光衰减器、光波分复用器、光滤波器和光开关等七种无源器件。

（1）连接器是把两个光纤端面结合在一起，以实现光纤与光纤之间可拆卸（活动）连接的器件。"跳线"用于终端设备和光缆线路及各种光无源器件之间的互联，以构成光纤传输系统。接头是把两个光纤端面结合在一起，以实现光纤与光纤之间的永久性（固定）连接。

（2）耦合器的功能是把一个或多个光输入分配给一个或多个光输出。

（3）调制有直接调制和外调制两种方式。前者是信号直接调制光源的输出光强，后者是信号通过外调制器对连续输出光进行调制。

（4）光隔离器是一种只允许单方向传输光的器件，通常用于消除反射光的影响，使系统工作稳定。

（5）光开关是一种光路控制器件，在光纤通信中作光路切换之用。

（6）光衰减器是光纤通信不可缺少的光无源器件。其作用是根据需要对光信号进行精确的衰减。根据工作原理不同可分为耦合型、反射型和吸收型 3 种；根据衰减量是否可以变化可分为固定衰减器和可变衰减器两种。

（7）光波分复用原理。

1）光波分复用的定义。所谓光波分复用技术就是为充分利用单模光纤低损耗区的巨大带宽资源，采用波分复用器（合波器），在发送端将多个不同波长的光载波合并起来并送入一根光纤进行传输，在接收端，再由解波分复用器（分波器）将这些不同波长承载不同信号的光载波分开的复用方式。

2）粗波分复用和密集波分复用的应用范围。密集波分复用（DWDM）主要用于长途主干线，而粗波分复用（CWDM）的应用领域是城域网。

3）光波分复用的技术特点：①充分利用光纤的低损耗带宽，实现超大容量传输；②节约光纤资源，降低成本；③可实现单根光纤双向传输；④各通道透明传输、平滑升级扩容；⑤可充分利用成熟的 TDM 技术；⑥可利用 EDFA 实现超长距离传输；⑦对光纤的色散并无过高要求；⑧可组成全光网络。

4）光波分复用的系统的基本形式。波分复用系统的基本构成主要有 3 种形式：光多路复用单芯传输、光单芯双向传输、光分路插入传输。

5）光波长的分配。WDM 系统的绝对频率参考为 193.1THz。信道间隔为 25GHz 的整数倍。

习　　题

1. 连接器的类型有哪些？

2. 引起连接器损耗的原因有哪些？

3. 如图 6.35 所示为 X－型光纤耦合器，工作波长为 1.55m。若仅由 Input1 端口注入光功率，从 Output1 和 Output2 端口输出的分别为注入光功率的 75% 和 25%。耦合器的耦合系数为 $10cm^{-1}$，求：

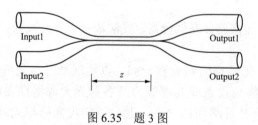

图 6.35　题 3 图

（1）在上述耦合分光比下，耦合器的最小耦合长度。

（2）若仅从 Output1 端口注入 0dBm 光功率，则从 Input1 和 Input2 端口分别输出多少光功率？

（3）假设从 Input1 输入 0dBm 光功率，Input2 输入 −3dBm 光功率时，分别从 Output1 和 Output2 输出多少光功率？

4．请画出隔离器的结构图，并简述各部分作用。

5．简述衰减器的工作原理，并列举主要的衰减器类型有哪些？

6．简述波分复用器的工作原理及作用。

第7章 光纤通信系统

7.1 模拟光纤通信

20世纪80年代末，视频信号的传输量日益增长，尤其是有线电视（CATV），需要将几十路电视信号送到千家万户。如果将这些电视信号都进行编、解码，用数字方式传输，复杂的设备和高昂的价格使人们一时难以接受。为了解决这个问题，人们一方面研究压缩编码技术，设法降低其成本；另一方面研究副载波复用（SCM）技术，寻求用较简单的设备和低廉的价格传输大量视频信号的可能性。

在模拟光纤通信系统中，对发射光源进行调制的是模拟信号，而非数字信号。从传输信号看，可以采用基带传输方式，也可以采用副载波复用（SCM）方式。所谓SCM，实际上就是将基带信号调制在一个微波频率的载波上，再将几个不同频率的载波合起来，对一个光源进行光强度调制。这里的微波频率为副载波频率，光波称为光载波，整个复用方式称为SCM。

SCM技术具有以下优点：微波信号在光纤中传输，避免了多个微波信号之间的互相干涉，也避免了拥塞的微波频率资源的分配问题，因此带宽较宽，传输容量较大；一个光载波可承载多个副载波，每个副载波可以分别传送各种不同类型的业务信号，信号之间的合成和分离很方便，所以应用非常灵活；系统对激光器的频率稳定度和谱宽要求不高，同时，微波频段的调制和解调技术都很成熟，所以系统的设备简单，成本较低。实际上，在20世纪70年代光纤通信发展的初期，就曾尝试用副载波的方式在光纤中传输多路模拟话音和视频信号，但由于当时激光器的线性较差，光源调制及光纤传输中的非线性引起的多路复用系统的谐波失真和交调失真，限制了这种技术的应用。直到80年代后期，高线性度的DFB激光器的出现，才使SCM模拟光纤通信系统得到迅速发展，尤其在有线电视中得到广泛的应用。

7.1.1 SCM系统的组成及调制方式

SCM系统的组成如图所示，在SCM光波系统中，光波为载波，电的载波为副载波。每一副载波由压控振荡器（VCO）产生，模拟信号（也可以是适当速率的数字信号）调制到副载波上，多路副载波SDH信号合成在一起，再对光源进行强度调制（M）。在接收端，经过光电检测和宽带低噪声放大后，用可调谐的本地振荡器选出所需要的频道，送入微波接收器接收。

副载波的调制方式，可以用频率调制（FM），也可以用幅度调制（AM），还可以是数字调制（FSK. PSK）。AM方式与现存的电视机接收方式匹配，其设备简单，但要求高的载噪比（CNR），对光源的线性要求很高。FM方式可以通过适当加大调制深度（即增加每一路的带宽）和预加重技术的应用而大大降低对载噪比的要求。FM信号信噪比（SNR）的改善和带宽与调制深度的关系由下式给出：

$$SNR / CNR = 3M_f^2(M_f + 1) \tag{7.1}$$

$$B_{FM} / B_{AM} = 2(M_f + 1) \tag{7.2}$$

式中：M_f 是调制深度，B_{FM} 和 B_{AM} 分别是 FM 信号和 AM 信号的带宽。当 SNR 需要达到 50dB 时，FM 调制需要的载噪比仅为 20dB 左右。由于 FM 调制需要的载噪比与数字信号相当，因此，利用 SCM 技术容易实现数模混合传输。图 7.1 为数模混合传输的 SCM 光波系统的框图。这种数模混合传输的系统对用现存的电信网传输 CATV 信号、实现三网合一的目标有重要意义。

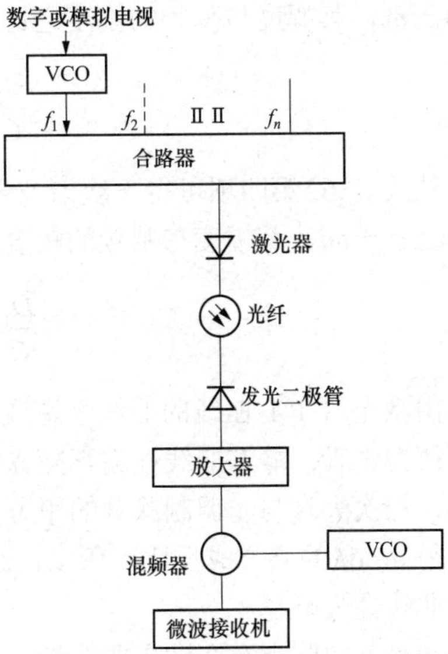

图 7.1 　数模混合传输的 SCM 光波系统的框图

7.1.2 SCM 系统的线性失真

在 SCM 系统中，由激光器的非线性和光纤色散引起的信号非线性失真是影响模拟信号信噪比的主要因素。

1. 激光器 P-I 曲线的非线性引起的失真

理想激光器工作在阈值以上时，其输出光功率与注入电流的关系应是线性的。但是，实际激光器的 P-I 曲线在阈值之上并非是完全线性的，会发生"扭折"（kink）现象。这种现象一般认为与激光器发射模式的改变及激光器内部的不均匀性有关。这种情况下，将输出功率 P 在支流偏置点附近展开：

$$P = P_b + \frac{dP}{dI}(I - I_b) + \frac{1}{2}\frac{d^2P}{d^2I}(I - I_b)^2 + \frac{1}{6}\frac{d^3P}{d^3I}(I - I_b)^3 + \cdots \tag{7.3}$$

式中：dP/dI 为激光器 P-I 曲线的斜率；d^2P/d^2I、d^3P/d^3I 分别为 P-I 曲线的二次、三次非线性失真系数。对于理想激光器，上式中只有前两项存在。

由于实际激光器的二次、三次非线性失真系数不为 0，所以在 SCM 系统中会导致高次谐波分量的存在，尤其是二次谐波和三次谐波是造成信号非线性失真的主要因素。以下简单阐述信号二次和三次谐波失真的产生。

N 路副载波的合成信号可简单表示为

$$I(t) = I_b + \sum_{i=1}^{N} I_{mi} \cos[\omega_i t + \psi_i(t)] \tag{7.4}$$

在合成信号的调制下，激光器输出的光功率可表示为

$$P(t) = P_b + mP\sum_{i=1}^{N}\cos[\omega_i t + \psi_i(t)] + \frac{1}{2}m^2 P_b^2\left[\frac{d^2P}{d^2I}\bigg/\left(\frac{dP}{dI}\right)^2\right]\left\{\sum_{i=1}^{N}\cos[\omega_i t + \psi_i(t)]\right\}^2$$
$$+ \frac{1}{6}m^3 P_b^3\left[\frac{d^3P}{d^3I}\bigg/\left(\frac{dP}{dI}\right)^3\right]\left\{\sum_{i=1}^{N}\cos[\omega_i t + \psi_i(t)]\right\}^3 + \cdots \tag{7.5}$$

式中：m 为调制深度，并假设各信道具有相同的调制深度 m。上式中，等号后第一项为激光器输出功率中的支流分量，第二项为基频分量，即有效的信号分量，第三项及第四项为导致非线性失真的高次谐波分量。

将式进一步展开，从第三项可得二次谐波失真和二次交调失真 D_2，它们的频率分别为 $2\omega_i$

和 $\omega_i \pm \omega_j$，其幅度与基频的幅度之比为

$$\frac{D_2}{C} = \frac{1}{4} m P_b \frac{\mathrm{d}^2 P}{\mathrm{d}I^2} \bigg/ \left(\frac{\mathrm{d}P}{\mathrm{d}I}\right)^2 \tag{7.6}$$

从式（7.6）第四项可得三次谐波失真和三次交调失真 D_3，它们的频率分别为 $3\omega_i$、$2\omega_i \pm \omega_j$ 和 $\omega_i \pm \omega_j \pm \omega_k$，其幅度与基频的幅度之比为

$$\frac{D_3}{C} = \frac{1}{24} m P_b \frac{\mathrm{d}^3 P}{\mathrm{d}I^3} \bigg/ \left(\frac{\mathrm{d}P}{\mathrm{d}I}\right)^3 \tag{7.7}$$

由激光器 P-I 曲线的非线性造成的信号非线性失真与副载波的频率无关，所以称之为静态非线性失真。静态非线性失真随光调制深度的增加而增大，其中二次失真与光调制深度成正比，三次失真与光调制深度的平方成正比。同时，二次失真与 $\mathrm{d}P/\mathrm{d}I$ 的平方成反比，三次失真与 $\mathrm{d}P/\mathrm{d}I$ 的立方成反比，所以，激光器 P-I 曲线的斜率越大，即 P-I 曲线越陡峭，它所造成的非线性失真越小。

激光器实际上存在动态非线性失真，这是激光器调制过程中固有的非线性所产生的。因此，"动态"非线性失真与激光器的张弛振荡频率及副载波频率有关。

实际 SCM 系统中，必须补偿与激光器有关的非线性失真。非线性补偿的方法有前馈补偿法、准前馈补偿法和预失真补偿法。一般多采用预失真补偿法，其原理是利用附加的非线性器件预先产生一个失真，这个失真与激光器产生的失真幅度相同、相位相反，从而使两种失真相互抵消，达到消除非线性失真的目的。在 SCM 系统中，预失真网络串接在输入信号与激光器之间，如图 7.2 所示。预失真网络一般利用二极管或场效应管的非线性来实现。

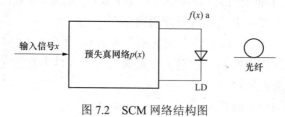

图 7.2　SCM 网络结构图

2. 光纤色散引起的非线性失真

SCM 系统中除了激光器本身所导致的非线性失真外，光纤的色散同样也能引起模拟信号的非线性失真。以强度调制为例，其原理简单阐述如下。从傅里叶分析可知，经过强度调制后，调制光包含许多高阶频率分量，$\omega_0 \pm i\omega_m$，$i=1$，2，3，…，其中 ω_0 为光载波频率，ω_m 为副载波频率。由于光纤存在色散，不同频率的光经过相同长度的光纤传输后，所产生的相位延迟不同，这样在接收端经过平方律检波，不可能无失真地恢复出原来的信号，此即光纤色散导致的非线性失真。

理论分析指出，光纤的一阶色散是影响色散导致非线性失真的主要因素。经过计算二次、三次失真系数与一阶色散的关系曲线可知：当一阶色散较小时，非线性失真系数随一阶色散的增大而增大，与光纤的色散系数、光纤长度及光载波波长有关，而且与副载波频率有关；当副载波频率较低（小于 10GHz）、传输距离较短时，光纤色散引起的非线性失真可以忽略。

7.2　数字光纤通信系统和设计

7.2.1　数字光纤通信系统基本组成

20 世纪 70 年代末，光纤通信开始进入实用化阶段，各种各样的光纤通信系统如雨后春笋般在世界各地先后建立起来，逐渐成为电信传送网的主要传输手段。近几年来，光纤通信中的各种新技术、新系统也日新月异地迅速发展首，在全球信息高速公路的建设热潮中扮演着重要角色。但就目前而言，强度调制-直接检测（IM-DD）光纤通信系统是最常用、最主要的方式，本节主要介绍数字 IM-DD 光纤通信系统的组成和基本原理。

数字光纤通信系统的基本框图如图 7.3 所示。

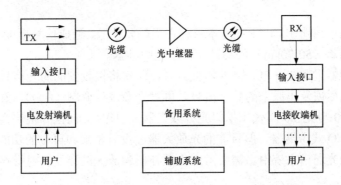

图 7.3　数字光纤通信系统

TX—光发射端机；RX—光接收端机

1. 电端机

电端机包括发送端的电发射端机和接收端的电接收端机。电发射端机的任务就是将需要传送的许多数字信号进行编码，并且按照时分复用的方式把多路信号复解、合群，从而输出高比特率的数字信号。我国准同步数字体系（PDH）以 30 路数字电话为基群（2048Mbit/s），四个基群时分复接为二次群（8448Mbit/s），四个二次群再时分复接为三次群（34 368Mbit/s）。实际上，早期的数字光纤体系统是 PDH 系统，但随着技术的进步，目前的数字光纤体系基本上均为 SDH（同步数字体系），其最低速率等级为 STM-1，标准速率为 15 520Mbit/s。在接收端，电接收端机的任务是将高速数字信号时分解复用，送给用户。

2. 光端机

电发射端机的输出信号，通过光发射端机的输入接口进入光发射机。输入接口的作用，不仅保证电、光端机信号的幅度、阻抗适配，而且要进行适当的码型变换，以适应光发射端机的要求。例如，PHD 的一、二、三次群脉冲编码调制（PCM）复接设备的输出码型是三阶高密度双极性码（HDB3）码，四次群复接设备的输出码型是信号反转码（CMI），在光发射机中，需要先变换成非归零（NRZ）码。这些变换均由输入接口完成。在接收端，光接收机首先将光信号变换为电信号，经极性放大、再生，恢复出原来传输的信号，送给电接收端机。此处同样需要考虑码型、电平和阻抗等的匹配问题。光发射端机的组成如图 7.4 所示。

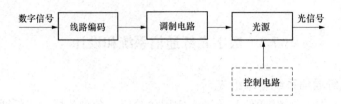

图 7.4 光发射机框图

线路编码的作用是将传送码流转换成便于在光纤中传输、接收及监测的线路码型。由于光源不可能有负光能，所以往往采用"0""1"二电平码。但简单的二电平码具有随信息随机起伏的直流和低频分量，在接收端对判决不利，因此需要进行线路编码以适应光纤线路传输的要求。常用的光线路码型大体可以归纳为 3 类. 即扰码二进制、字变换码和插入型码。

3. 光中继器

在长途光纤通信线路中，由于光纤本身存在损耗和色散，造成信号幅度衰减和波形失真。因此，每隔一定距离（50-70km）就要设置一个光中继器。

传统的光中继器采用光—电—光的转换方式，即先将接收到的弱光信号经过光电（O/E）变换、放大和再生后恢复出原来的数字信号，再对光源进行调制（E/O），发射光信号送入光纤继续传输。自 20 世纪 80 年代末掺铒光纤放大器（EDFA）问世并很快实用化，光放大器已经开始代替 O/E/O 式中继器。但目前的光放大器尚没有整形和再生的功能，在采用多级光放大器级联的长途光通信系统中。需要考虑色散补偿和放大的自发辐射噪声积累的问题。

4. 接收端机

在接收端，光接收机将光信号变换为电信号，再进行放大、再生，恢复出原来传输的信号，送给电接收端机。电接收端机的任务是将高速数字信号时分解复用，然后再还原成模拟信号，送给用户。光电接收端机之间，经过输出接口实现码型、电平和阻抗的匹配。

5. 备用系统和辅助系统

一般光纤通信系统有多个主工作系统与一个或多个备用系统。当主工作系统出现故障时，可人工或自动倒换到备用系统上工作。可以几个主用系统共用一个备用系统，当只有一个主用系统时，可采用 1+1 的备用方式，从而提高系统的可靠性。

辅助系统包括监控管理系统、公务通信系统、自动倒换系统、告警处理系统、电源供给系统等。有关辅助系统的相关内容可查相关文献。

7.2.2 数字光纤通信系统总体设计

1. 系统的总体考虑

当设计一个光纤通信系统（如一个数字段）时，首先要弄清所设计系统的整体情况，它所处的地理位置，当前和未来 3～5 年内对容量的需求，ITU-T 的各项建议及系统的各项性能指标，以及当前设备和技术的成熟程度等。在弄清楚情况的基础上，对下述问题进行具体的考虑和设计。

（1）选择路由，设置局站。对于所要设计的系统，首先要在源宿两个终端站之间选择最合理的路由、设置中继站（或转接站和分路站）。路由一般以直、近为选择的依据，同时应考虑不同级别线路（例如一级干线和二级干线）的配合，以达到最高的线路利用效率和覆盖面积。

中间站（中继站、转接站和分路站）的设置既要考虑上下话路的需要，又要考虑信号放大、再生的需要。光纤通道的衰减和色散使传输距离受限,需要在适当的距离上设置光再生器以恢复信号的幅度和波形,从而实现长距离传输的目的。

传统的 O/E/O 式再生器具有所谓的 3R 功能,即再整形(Reshaping)、再定时(Retiming)和再生(Regenerating)功能。这种再生器相当于光接收机和光发射机的组合,设备较复杂,成本高,耗电大。目前,在 1.55μm 波段运行的系统,已普遍采用掺铒光纤放大器(EDFA)代替传统的 O/E/O 再生器。虽然国际上也在研究具备 3R 功能的 EDFA,但目前实用的 EDFA 只具备光放大的功能。因此,对高速率、长距离光纤通信系统,当使用级联 EDFA 时,需考虑对色散的补偿和对放大的自发辐射(ASE)噪声的抑制。

(2)确定系统的制式、速率。目前,SDH 设备和 WDM 设备已经成熟并在通信网中大量使用,考虑到 SDH 和 WDM 设备良好的兼容性和组网的灵活性,新建设的长途干线和大城市的市话通信一般都应选择 SDH 设备或 WDM 设备,长途干线已采用 STM-16、多路波分复用的 2.5Gbit/s 系统,甚至 10Gbit/s 系统。

对于农话线路,为节省投资,也可采用速率为 34、140Mbit/s 的 PDH 系统。

(3)光纤/光缆选型。我国通信业务量持续快速增长,各电信运营商与专用通信网的光缆网络建设飞速发展,我国的电信网规模与用户数量已跃居全球第一,敷设的光缆总长已达千万公里长。下面简述各类光纤/光缆的主要性能和适用场合。

1)G.652 光纤。G.652 光纤/光缆为 1310nm 波长性能最佳单模光纤(或称非色散位移光纤),是目前最常用的单模光纤。在新敷设的情况下,G.652 光纤/光缆主要应用于城域网和接入网,不需要采用大复用路数密集波分服用的骨干网也常采用 G.652 光纤/光缆;对于速率很高、距离很长的系统,应采用有小 PMD(Polarization Mode Dispersion)的 G.652 光纤/光缆。

2)G.653 光纤。G.653 光纤/光缆为 1550nm 波长性能最佳的单模光纤/光缆。G.653 光纤将零色散波长由 1310nm 移到最低衰减的 1550nm 波长区,在 1550nm 波长区,它不仅具有最低衰减特性,而且又是零色散波长。因此这种光纤主要应用于在 1550nm 波长区开通长距离 10Gbit/s 以上速率的系统。但由于工作波长零色散区的非线性影响,容易产生严重的四波混频效应,不支持波分复用系统,故 G.653 光纤仅用于单信道高速率系统。目前新建或改建的大容量光纤传输系统均为波分复用系统,故 G.653 光纤基本不采用。

3)G.654 光纤。G.654 光纤/光缆为 1550nm 波长衰减最小单模光纤,一般多用于长距离海底光缆系统。陆地传输一般不使用。

4)G.655 光纤。G.655 光纤是非零色散位移单模光纤,是传输光线中的新成员,适合应用于采用密集波分复用的大容量的骨干网中。G.655 光纤/光缆同时克服 G.652 光纤在 1550nm 波长色散大和 G.653 光纤在 1550nm 波长产生的非线性效应不支持波分复用系统的缺点。根据对 PMD 和色散的不同要求,G.655 光缆又分为 G.655A、G.655B 和 G.655C 三种。它们支持速率大于 10Gbit/s、有光放大器的单波长信道系统,速率大于 2.5Gbit/s,有光放大器的多波长信道系统和 10Gbit/s 局间应用系统以及光传送网系统。其中,G.655A 应用于速率大于 2.5Gbit/s、有光放大器的多波长信道系统时,典型的信道间隔为 200GHz;而对 G.655B,则典型的信道间隔为 100GHz 或更小,支持 10Gbit/s 系统传输距离达 400km;G.655C 更严格的 PMD 限制使之可以支持传输距离大于 400km、传输速率分别为 10Gbit/s 的系统和 40Gbit/s 系统的工作。

光纤/光缆是传输网络的基础,光纤网的设计规划必须要考虑在未来 15～20 年的寿命期内仍能满足传输容量和速率的发展需要。从我国的国情和未来发展需要看，我国新干线建设多采用 G.655B 和 G.655C（或部分 G.655B、G.655C）光纤是合适的。

（4）选择合适的设备，核实设备的性能指标。发送、接收、中继、分插及交叉连接设备是组成光纤传输链路的必要元素，选择性能好、可靠性高、兼容性好的设备是设计成功的重要保障。目前，ITU-T 已对各种速率等级的 PDH 和 SDH 设备（发送机 S 点和接收机 R 点）和 SR 点通道特性进行了规范。系统设计者应熟悉所设计的系统的各项指标，并以 ITU-T 的建议和我国的国标作为系统设计的依据。

（5）对中继段进行功率和色散预算。功率和色散预算是保证系统工作在良好状态下所必需的，具体的预算方法在本节第 3 部分介绍。

2. 再生段的设计

光传输设计主要内容是根据应用对传输距离的需求，确定经济而且可靠工作的光接口，并根据光接口的具体参数指标进行预算，验证再生段能可靠工作且经济上尽可能低成本。一个光再生段也称作光缆线路系统。

光再生段模型包括发送机、光通道和接收机，如图 7.5 所示。

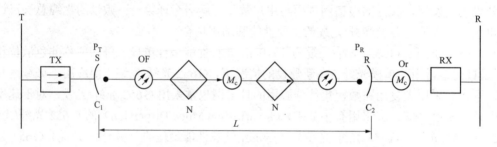

图 7.5　光再生段模型的组成

在实际组网应用中通常有 3 种光传输设计方法：最坏值设计法、联合设计法和统计设计法（包含半统计设计法），他们都能应用于光 PDH 系统和光 SDH 系统的光再生段设计。

下面主要介绍最坏值设计法和统计设计法。

（1）最坏值设计法。最坏值设计法是系统设计中最常用的方法。这种方法在设计再生段距离时，将所有参考值都按最坏值选取，而不管其统计分布如何。其优点如下：

1）可以为网络规划设计者和制造厂家分别提供简单的设计指导和明确的元件指标。

2）在最坏情况下仍能保证 100% 系统指标，不存在先期失效问题，当系统终了时，富余度用完，系统的可靠性高。

最坏值设计法的缺点是系统的总成本高。因为各项参数都为最坏值的概率极小，系统正常工作时有相当大的富余度，所以取最坏值设计法造成总成本的偏高。

（2）统计设计法。在实际的光纤通信系统中，光参数的离散性很大，分布范围很宽，若能充分利用其统计分布特性，则有可能更有效地设计再生段距离，降低总成本。近几年来已有大量文献提出了各种统计设计方法，如映射法、Monte-carlo 法、高斯近似法等。这些方法的基本思路是允许一个预先确定的足够小的系统先期失效概率，从而换取延长再生段距离的益处。例如，用映射法设计，取系统的先期失效概率为 0.1%，最大中继距离可比最坏值设计法延长 30% 以上。

统计法设计的缺点如下：

1）需付出一定的可靠性代价。

2）光通道的衰减和色散可以大于 G.957 所规范的数值，横向兼容性不易实现。

3）设计时需考虑各项参数的统计分布，较为复杂。

还有一种介于最坏法和统计法之间的设计方法，称为半统计设计方法，这种方法将统计法中得益较小的光参数（如发送光功率、接收灵敏度和活动连接器损耗等）按最坏值处理，而将统计设计中得益较大的参数（如光纤衰减系数、光纤接头损耗等）按统计分布处理，从而节省了计算量。

3. 功率预算与色度预算

再生段距离设计可分两种情况来讨论：第一种是损耗受限系统，即再生距离由发、收之间光通道的损耗决定；第二种是色散受限系统，即再生段距离由 S 和 R 点之间光通道总色散所限定。对于实际的系统，需要进行功率领算和色散预算。

（1）功率预算。如图 7.5 所示，TX 和 RX 分别表示光发送端机和光接收端机；p_T 和 p_R 分别表示 S 点和 R 点的光功率；c_1 和 c_2 表示活动连接器，用 A_C 表示活动连接器的损耗，单位为 dB；N 为再生段内光纤的固定接头，用 A_s 表示每个接头的损耗；M_c 表示光缆线路富余度（dB/km），M_e 表示设备富余度，包括发送机设备富余度 M_{eT}（通常取 1dB 左右）和光接收机设备富余度 M_{cR}（通常取 2～4dB）。

对于损耗受限的系统，可达到的最大再生距离可用下式来估算，即

$$L_1 = \frac{P_T - P_R - 2A_C - P_P}{A_f + A_s / L_f + M_c} \tag{7.8}$$

$$P_T = \sum_{i=1}^{n} a_{fi} / n \tag{7.9}$$

$$A_s = \sum_{i=1}^{n} a_{si} / (n-1) \tag{7.10}$$

式（7.8）～式（7.10）中，n 为再生段内光缆的盘数；P_P 为通道代价；a_{fi} 为第 i 盘光纤的损耗（dBkkm）；A_f 为光纤的平均损耗（dB/km）；a_{si} 为第 i 个光纤接头的损耗（dB）；A_s 为每个光纤接头的平均损耗；L_f 为每盘光缆的长度（km）。

用经过光通道传输后光接收机灵敏度的恶化量（相对于背对背的灵敏度）来表示。引起光信号损伤的原因有：色散的积累、光放大器 ASE 噪声的积累和光反射特性等。实际系统主要考虑的是色散代价和反射代价。

当用最坏值进行设计时，上式中的各参数均应该代入最坏值。对于实际的系统，合适的再生距离的选择除了应小于 L_{max} 外，还要考虑光接收机动态范围的限制。对 SDH 系统，引入最小过载点来表示保证光接收机正常工作所允许的最大接收光功率。由于富余度是预留的，当系统刚开始应用时富余度并没有用上，用最坏值法设计的系统中再生距离较短的段就有可能发生实际接收光功率超过最小过载点的情况，这一点应引起实际的系统设计者的重视。

（2）光通道的色散代价。与光纤色散有关的系统性能指标主要有以下 3 个：

1）码间干扰。光纤色散导致所传输的光脉冲被展宽，使光脉冲发生重叠，形成码间干

扰。对于使用多纵模激光器的系统，即使光接收机能够对单根谱线形成的波形进行理想均衡，但由于每根谱线产生的波形经历的色散不同而前后错开，光接收机很难对不同模式携带的合成波形进行理想均衡，从而造成光信号的损伤。

2）频率啁啾。单纵模激光器工作于直接调制状态时，由于注入电流的变化引起有源区载流子浓度变化，进而使有源区折射率发生变化。结果导致谐振波长随着时间偏移，产生频率啁啾（Chirping）。即便是采用外调制器，如电光调制器，调制电压的变化也会引起光频率的变化，产生啁啾，只不过是外调制器引起的频率啁啾远小于直接调制。由于光纤的色散作用，频率啁啾造成光脉冲波形展宽，影响到接收机的灵敏度。

一般认为，对于多数低色散系统，可以容忍的最大通道代价为 1dB；对于少数高色散系统，允许 2dB 的通道代价。系统设计者根据允许的光通道代价的要求，对不同速率的系统提出光通道要求及光源谱线宽度的指标。

（3）反射代价。反射是由于光通道折射率的不连续引起的，形成反射的因素很多，光纤本身折射率不均匀、光纤的接头（熔接接头和活动连接器等）都会引起反射，光纤微观上的不均匀还会引起瑞利散射。光反射对系统性能影响主要分为以下两种不同情况。

1）光反馈。光反馈是反射光进入激光器的情况。反馈光不仅使激光器的输出功率发生波动，而且使激光器的谐振状态受到扰乱，工作状态变得不稳定，形成较大的强度噪声和相位噪声。

2）多径干扰（MPI）。光在两个反射点之间产生多次反射，反射光与主信号光相互更加，产生干涉强度噪声，对高速系统产生较大影响。

为了控制上述两种不同机理所形成的反射影响，规定了两种不同的反射指标，即 S 点的最小回波损耗和 S-R 点之间的最大离散反射系数。前者反映了从整个光缆设施（包括离散反射和分布式散射）反射回来的功率影响，而后者反映单个离散反射点的影响。对于 STM-16以上的等级，有时需要采用光隔离器来减小反射对激光器的严重影响。

（4）光缆线路富余度 M_c。光缆线路富余度 M_c 包括如下几点：

1）将来光缆线路配置的修改，例如附加的光纤接头、光缆长度的增加等，一般长途通信按 0.05～0.1dB/km 考虑。

2）由于环境因素造成的光缆性能变化，例如低温引起的光缆衰减的增加。直埋方式可按 0.05dB/km 考虑，架空方式随具体环境和光缆设计而异。

3）S-R 点之间光缆线路所包含的活动连接器和其他无源光器件的性能恶化。

ITU-T 并没有对光缆富余度进行统一规范，各国电信部门可根据所用的光缆性质、环境情况和经验自行确定。对我国长途传输，M_c 可选用 0.05～0.1dB/km；对于市内局间中继和接入网则常用 0.1～0.2dB/km，或以 3～5dB 范围内的固定值给出。我国光接入网标准规定，传输距离小于 5km 时富余度不少于 1dB；传输距离 5～10km 时，富余度不少于 2dB；传输距离大于 10km 时，富余度不少于 3dB。

（5）色散预算。对于色散受限系统，可达到的最大再生距离可用下式估算（最坏值法）：

$$L_{\max d} = D_{SR} / D_m \qquad (7.11)$$

式中，D_{SR} 为选定的标准光接口的 S 点和 R 点之间允许的最大色散值，单位为 ps/nm；D_m 为工作波长范围内的最大的光纤色傲，单位为 ps/（nm·km）。

　　若光设备的参数为非标准值，例如光源谱宽与规定值相差较大时，则色散受限的再生段距离需要重新计算。色散受限距离的更基本的实用公式（最坏值法）为

$$L_{maxd} = 10^6 \varepsilon / (BD_m \delta \lambda_m) \tag{7.12}$$

　　当光源为多纵横激光器时，$\varepsilon = \sigma / T$，取 0.115，当光源为发光二极管时，ε 取 0.306（啁啾代价另算）。对于采用单纵横激光器的系统，色散代价主要是啁啾所致，上式的计算意义不大。这种情况下，假设光脉冲为高斯波形，允许的脉冲展宽不超过发送脉冲宽度的 10%，则系统的色散受限距离的工程近似计算公式为

$$L_{maxd} = 71400 / (\alpha D_m \lambda^2 B^2) \tag{7.13}$$

式中：α 为啁啾系数；λ 为波长，nm；B 为比特速率，Tbit/s。

　　上述的工程近似计算公式与实测结果略偏保守，但简单易行，而且又足够安全。例如，对 2.5Gbit/s 系统，工作在 1550nm 波段，$D_m = 17$ps/（nm·km），采用普通量子阱激光器（设 $\alpha = 3$）和 EA 调制器（设 $\alpha = 0.5$），则再生距离可分别达 90km 和 560km。

7.3　数字光纤传输系统的性能指标

　　目前，ITU-T 已经对光纤通信系统的各个速率、各个光接口和电接口的各种性能给出具体的建议，系统的性能参数也有很多，这里介绍系统最主要的两大性能参数：误码性能和抖动性能。

1. 误码性能

　　误码的产生是由于在信号传输中，衰变改变了信号的电压，致使信号在传输中遭到破坏，产生误码。噪音、交流电或闪电造成的脉冲、传输设备故障及其他因素都会导致误码。

　　系统的误码性能是衡量系统优劣的一个非常重要的指标，它反映数字信息在传输过程中受到损伤的程度，通常用长期平均误码率、误码的时间百分数和误码秒百分数来表示。

　　长期平均误码率简称误码率，它表示传送的码元被错误判决的概率。在实际测量中，常以长时间测量中误码数目与传送的总码元数之比来表示 BER。对于一路 64kbit/s 的数字电话，若 BER ≤ 10^{-6}，则话音十分清晰，感觉不到噪声和干扰；若 BER 达到 10^{-3}，则在低声讲话时就会感觉到干扰存在，个别的喀喀声存在；若 BER 高达 10^{-3}，则不仅感到严重的干扰，而且可懂度也会受到影响。

　　BER 表示系统长期统计平均的结果，它不能反映系统是否有突发性、成群的误码存在，为了有效地反映系统实际的误码特性，还需引入误码的时间百分数和误码秒百分数。

　　在较长时间内观察误码，设了（1min 或 1s）为一个抽样观察时间，设定 BER 的某一门限值为 M，记录下每一个 T 内的 BER，其中 BER 超过门限 M 的 T 次数与总观察时间内的可用时间的比，秒为误码的时间百分数，常用的有劣化分百分数（DM）和严重误码秒百分数（SES）。

　　通信中有时传输一些重要的信息包，希望一个误码也没有。因此，人们往往关心在传输成组的数字信号时间内有没有误秒，从而引入误码秒百分数的概念。在 1s 内，只要有误码发生，就称为 1 个误码秒。在长时间观测中误码秒数与总的可用秒数之比，称为误码秒百分数（ES）。DM、SES、ES 的定义及 64kbit/s 业务在全程全网上需满足的指标见表 7.1。

表 7.1　　　　　**DM、SES、ES 的定义及 64kbit/s 业务在全程全网上需满足的指标**

类别	定义	门限值	抽样时间	全程全网指标
劣化分（DM）	误码率劣于门限的秒	1×10^{-6}	1min	时间百分数 <10%
严重误码秒（SES）	误码秒劣于门限的秒	1×10^{-3}	1s	时间百分数 <0.2%
误码秒（ES）	出现误码的秒	0	1s	时间百分数 <8%

BER 和 DM、SES、ES 的换算关系，可以用概率论的知识来进行计算，假设数字序列中各个比特是相互独立的，对于每一比特，要么被错误接收，要么没有发生错误，而且在单位时间里大量比特被传送，这种只有两种选择的稠密性过程，通常用泊松分布来描述误码随机发生的统计性质，即在 n 比特序列中发生 m 个误码的概率为

$$P_{m/n} = (n \cdot \text{BER})^m \text{e}^{-n \cdot \text{BER}} / m! \tag{7.14}$$

式中：$n \cdot \text{BER}$ 为 n 比特序列中产生误码的平均数。在 n 比特序列中出现不多于 k 比特误码的概率为

$$P_{0\sim k/n} = P(m \leqslant k) = \sum_{m=0}^{k} (n \cdot \text{BER})^m \text{e}^{-n \cdot \text{BER}} / m! \tag{7.15}$$

根据以上两式，可以对 BER 和误码时间百分数之间的关系进行换算，例如，求 ES 和 BER 的关系，我们可以先求出一秒钟内无误码（$m=0$）概率为

$$\text{EFS} = P_{0/n} = \text{e}^{-B \cdot \text{BER}} \times 100\% \tag{7.16}$$

式中：EFS（Error Free Second）为无误码秒，B 为比特速率（系统的线路码速率），则

$$\text{ES}=1-\text{EFS} \tag{7.17}$$

例如，对于 64kbit/s 的传输速率，若要求 ES≤8%，则 BER≤1.3×10^{-6}。类似的方法，可以得出 SES、DM 与 BER 的关系。如当 SES=0.2%时，ER=3×10^{-5}；DM=10%时，BER=6.2×10^{-7}。为了在全程全网上保证 ES、SES、DM 的指标要求，BER 应取要求最高的。

2. 抖动性能

数字信号（包括时钟信号）的各个有效瞬间对于标准时间位置的偏差，称为抖动（或漂动）。这种信号边缘相位向前向后变化给时钟恢复电路和先进先出（FIFO）缓存器的工作带来一系列的问题，是使信号判决偏离最佳判决时间、影响系统性能的重要因素。在光纤通信系统中，将 10Hz 以下的长期相位变化称为漂动，而 10Hz 以上的则称为抖动。

抖动在本质上相当于低频振荡的相位调制加载到传输的数字信号上，产生抖动的主要原因是随机噪声、时钟提取回路中调谐电路的谐振频率偏移、接收机的码间干扰和振幅相位换算等。在多中继长途光纤通信中，抖动具有积累性。抖动在数字传输系统中最终表现为数字端机解调后的噪声，使信噪比劣化、灵敏度降低。

抖动的单位是 UI，它表示单位时隙。当传输信号为 NRZ 码时，1UI 就是 1 比特信息所占用的时间，它在数值上等于传输速率的倒数。

由于抖动难以完全消除，为保证整个系统正常工作，根据 ITU-T 建议和我国国标，抖动的性能参数主要有：①输入抖动容限；②输出抖动；⑧抖动转移特性。下面分别介绍这 3 个抖动的性能参数。

（1）输入抖动容限。光纤通信系统的各次群的输入接口必须容许输入信号含有一定的抖动，系统容许的输入信号的最大抖动范围称为输入抖动容限。按照 ITU-T 建议和国标规定，STM-N 光接口输入抖动和漂移容限要求如表 7.2。所示。

表 7.2　　　　　　　STM-N 光接口输入抖动和漂移容限（参照 G.825）

STM 等级	峰—峰幅度/UI				
	A_0（18μs）	A_1（2μs）	A_2（0.25μs）	A_3	A_4
STM-1 电	2800	311	39	1.5	0.075
STM-1 光	2800	311	39	1.5	0.15
STM-4	11200	1244	156	1.5	0.15
STM-16	44790	4977	622	1.5	0.15

STM 等级	频率（Hz）									
	F0	F12	F11	F10	F9	F8	F1	F2	F3	F4
STM-1 电	12μ	178μ	1.6m	1.56m	0.125	19.3	500	3.25k	65k	1.3M
STM-1 光	12μ	178μ	1.6m	1.56m	0.125	19.3	500	6.5k	65k	1.3M
STM-4	12μ	178μ	1.6m	1.56m	0.125	9.65	1000	25k	250k	5M
STM-16	12μ	178μ	1.6m	1.56m	0.125	12.1	5000	100k	1000k	20M

（2）输出抖动。当系统无输入抖动时，系统输出口的信号抖动特性，称为输出抖动。根据 ITU-T 建议和我国国标，SDH 复用设备的各 STM-N 口的固有抖动应不超过表 7.3 所给的限值。

表 7.3　　　　　　　复用设备 STM-N 接口抖动产生（参照 G.813）

接口	测量滤波器	峰—峰幅度
STM-1	500Hz～1.3MHz	0.50UI
	65kHz～1.3MHz	0.10UI
STM-4	1000Hz～5MHz	0.50UI
	250kHz～5MHz	0.10UI
STM-16	5000Hz～20MHz	0.50UI
	1～20MHz	0.10UI

对 STM-1，1UI=6.43ns；

对 STM-4，1UI=1.61ns；

对 STM-16，11UI=0.40ns。

（3）抖动转移。抖动转移也称为抖动传递，定义为系统输出信号的抖动与输入信号中具有对应频率的抖动之比。图 7.6 和表 7.4 所示给出 SDH 再生器抖动传递特性的要求。

表 7.4　　　　　　　抖动转移参数（参照 G.958）

STM 等级	f_c（kHz）	p（dB）	备注
STM-16（B）	30	0.1	

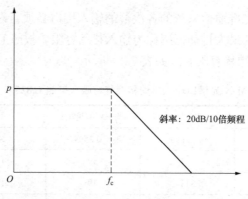

图 7.6　抖动的传递（ITU-T G.958）

对于 SDH 光纤通信系统，抖动性能参数还有输出口的映射抖动和组合抖动。这两个性能参数分别限制映射复用过程中由于比特塞入调整引起的或者是指针调整过程中引起的数字信号的抖动。

7.4　WDM 系统

传统的传输网络扩容方法采用空分多路复用（SDM）和时分多路复用（TDM）两种方式。

（1）空分多路复用。SDM 是靠增加光纤数量的方式线性地增加传输系统的容量，传输设备也随之线性地增加。扩容方式十分受限。

（2）时分多路复用。TDM 是一项比较常用的扩容方式，从传统 PDH 的一次群至四次群的复用，到 SDH 的 STM-1 至 STM-64 的复用。但当达到一定的速率等级时，会由于器件和线路等各方面特性的限制而不得不寻找另外的解决办法。

20 世纪 90 年代中期，波分复用（WDM）技术开始实用化，并迅速在通信网中扮演重要角色。它的兴起反映了人类向信息社会迈进的过程中对通信容量和带宽日益增长的需求。尽管传统的电时分复用的光纤通信系统的速率几乎以每十年一百倍的速度稳定增长，但其发展速度最终受到电子器件速率瓶颈的限制，在 40Gbit/s 以上很难实现。而 WDM 技术以较低的成本、较简单的结构形式成几倍、效十倍、上百倍地扩大单根光纤的传输容量，使其成为大容量光网络中的主导技术。WDM 十 EDFA 也成为最具竞争力的长途干线网的解决方案。

7.4.1　WDM 光纤通信系统的构成和概况

1. 波分复用、密集波分复用和光频波分复用

所谓光波分复用技术就是为充分利用单模光纤低损耗区的巨大带宽资源，采用波分复用器（合波器），在发送端将多个不同波长的光载波合并起来并送入一根光纤进行传输；在接收端，再由解波分复用器（分波器）将这些不同波长承载不同信号的光载波分开的复用方式。其中，波分复用、解复用器件是实现波分复用技术的关键。

波分复用技术可以有波分复用（WDM）、密集波分复用（DWDM）和光频分复用（OFDM）等不同的提法。WDM、DWDM、OFDM 本质上都是光波长分割复用（或光频率分割复用），所不同的是复用信道波长间隔不同。20 世纪 80 年代中期，复用信道的波长间隔一般在几十到几百纳米，如 1.3μm 和 1.5μm 被分复用，当时被称为 WDM。20 世纪 90 年代后，EDFA 实

用化，为了能在 EDFA 的 35～40nm 带宽内同时放大多个波长的信号，DWDM 发展起来，波长间隔为纳米量级。ITU-T 已建议标准的波长间隔为 0.8nm（在 1.55um 波段对应 100GHz 频率间隔）的整数倍，如 0.8、1.6、2.4、3.6nm 等。

在 20 世纪 80 年代，OFDM 主要指相干光通信。20 世纪 90 年代以后，非相干的 OFDM 也发展起来，其复用信道间的频率间隔仅为几吉赫兹至几十吉赫兹。

2. 波分复用系统的构成

光多路 WDM 系统的组成如图 7.7 所示。图 7.7（a）是 N 个光发射机分别发射 N 个不同波长的信号，经过光波分复用器 M 合到一起，耦合进单根光纤中传输。到接收端，经过具有光波长选择功能的解复用器 D，将不同波长的光信号分开，送到 N 个光接收机接收。图 7.7（b）是双向 WDM 系统。图中 MD 是具有波长选路功能的复用/解复用器。光发射机 T_1 发射波长为 λ_1 的光信号，经 MD 送入传输光纤，在接收端，再经另一个 MD 的波长选择后送到接收机接收。T_2 和 R_2 是另一方向传输的发送和接收端机。

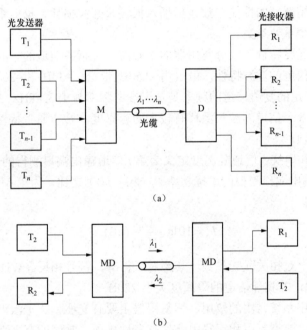

图 7.7　WDM 光纤通信系统的组成

（a）光多路复用传输；（b）光双向传输

WDM 系统的关键器件是复用和解复用器。这两个器件的引入，必定会带来一定的插入损耗，以及由于波长选择功能不完善而引起的复用信道间的串扰。对于解复用器，插入损耗 L_{ii} 和串扰 C_{ij} 分别表示为：

$$L_{ii} = -10\log\frac{p_{ii}}{p_i} \tag{7.18}$$

$$C_{ii} = -10\log\frac{p_{ii}}{p_i} \tag{7.19}$$

式中：p_i 和 p_{ii} 分别为波长 λ_i 的光信号的输入和输出光功率；p_{ij} 为波长为 λ_i 的光信号串入到波长为 λ_j 信道的光功率。

3. WDM 系统的主要优点

（1）充分利用光纤的低损耗波段，大大增加光纤的传输容量，降低成本。

（2）对各信道传输信号的速率、格式具有透明性，有利于数字信号和模拟信号的兼容。

（3）节省光纤和光中继器，便于对已建成系统的扩容。

（4）可提供波长选路，使建立透明的、具有高度生存性的 WDM 全光通信网成为可能。

7.4.2 波分复用、解复用器件

波分复用、解复用器件是波分复用系统的重要组成部分．是关系波分复用系统性能的关键器件，必须确保其质量。对波分复用、解复用器件的主要要求如下：

（1）插入损耗小，隔离度大。

（2）带内平坦，带外插入损耗变化陡峭。

（3）温度稳定性好，工作稳定、可靠。

（4）复用通路数多，尺寸小等。

波分复用、解复用器件的性能参数包括插入损耗、回波损耗、反射系数、偏振相关损耗等，下面介绍其中几个重要参数。

（1）中心波长和通带特性。波分复用器的中心波长是指各信道的中心波长。通带特性是指波分复用器的各个信道的滤波特性，可以用 -0.5dB 带宽、-3dB 和 -20dB 带宽来表示。在 ITU-T G.692 建议中规定的复用信道的频率是基于参考频率为 193.1THz、最小间隔为 100GHz 的频率系列。为了对各个信道的波长漂移有较大的容忍度，希望通带特性为边沿陡峭、通带中部有一定宽度的平顶。

（2）信道隔离度和串扰。信道隔离度定义为第 i 信道输出端口测得的信号功率 $P_i(\lambda_i)$ 与第 j 信道在第 i 信道输出端口测得的串扰功率 $P_j(\lambda_i)$（$i \neq j$）之比，为第 j 信道对第 i 信道的隔离度，以 dB 表示，即

$$I_{ji} = 10 \lg \frac{P_i(\lambda_i)}{P_j(\lambda_i)} (\text{dB}) \tag{7.20}$$

隔离度和串扰是一对相关联的参数，其绝对纸箱等，符号相反。WDM 系统要求相邻信道的隔离度大于 25dB，非相邻信道的隔离度大于 22dB。

目前，WDM 复用系统常用的复用、解复用器主要有光栅型、干涉型、光纤方向耦合器型和光滤波器型等。干涉型复用和解复用器件有多种多样，常用的有干涉膜滤波器型和阵列波导光栅型（Arrayed Wavequide Grating，AWG）。光纤耦合器我们已经介绍过，在 WDM 系统中主要用作多路信号的复用，或利用耦合系数与波长的广西制作两路解复用器。本节着重介绍光栅型、干涉膜滤波器型和阵列波导光栅型 3 种在密集波分复用（DWDM）系统中常用的复用、解复用。

1. 光栅型复用、解复用器

所谓光栅是指具有一定宽度、平行且等距的波纹结构。当含有多波长的光信号通过光栅时产生衍射，不同波长的光信号将以不同的角度出射。

图 7.8 为体型光栅波分复用器原理图。当光纤阵列中某根输人光纤中的多波长光信号经透镜准直后，以平行光束射向光栅。由于光栅的衍射作用，不同波长的光信号以方向略有差异的各种平行光束返回透镜传输，再经透镜聚焦后，以一定规律分别注入输出光纤之中，实现了多波长信号的分路，采用相反的过程，亦可实现多波长信号合路。

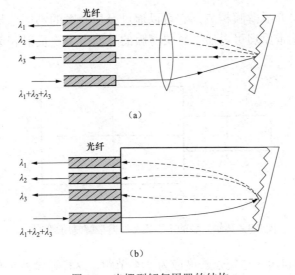

图 7.8   光栅型解复用器的结构

（a）采用传统透镜作准直器件；（b）采用自聚焦透镜作准直器件

图 7.8 中的透镜一般采用体积较小的自聚焦透镜（GRIN）。所谓自聚焦透镜，就是一种具有梯度折射串分布的光纤，它对光线具有汇聚作用，因而具有透镜性质。如果裁取 1/4 的长度并将端面研磨抛光，即形成了自聚焦透镜，可实现准直或聚焦。

若将光栅直接刻在棒透镜端面，可以使器件的结构更加紧凑，稳定性大大提高，如图 7.8（b）所示。当入射光波被准直成平行光后照射到光栅上，被光栅的周期性槽沟衍射，向各个方向传播，在成像平面上，来自各个槽沟的同波长光干涉叠加形成具有最大和最小强度变化的干涉条纹，主最大强度的方向可以由下式给出

$$d \sin \theta = k\lambda, k = 1, 2, 3, \cdots$$

取 $k=1$，对波长 λ_i，可以得到

$$\sin \theta_i = \frac{\lambda_i}{d} \tag{7.21}$$

式（7.21）说明各个波长在一个确定的角度上有它的主最大，也就是说，不同波长的主最大相互分开一个角度，这就是光栅能够将多波长信号进行解复用的原因。对上式求导，我们也可以得到 $k=1$ 时光栅的角色散本领。

光栅型波分复用器件优点是：高分辨率，其通道间隔可以达到 30GHz 以下；高隔离度，其相邻复用光通道的隔离度可大于 40dB；插入衰耗低，大批量生产可达到 3～6dB，且不随复用通道数量的增加而增加，具有双向功能，即用一个光栅可以实现分波与合波功能，因此它可以用于单纤双向的 WDM 系统之中。

正因为具有很高的分辨率和隔离度，所以它允许复用通道的数量达 132 个之多，故光栅型的波分复用器件在 16 通道以上的 WDM 系统中得到了应用。

光栅型波分复用器件的缺点是：温度特性欠佳，其温度系数约为 14pm/℃，因此要想保证它的中心工作波长稳定，在实际应用中必须加温度控制措施；制造工艺复杂，价格较贵。

2. 干涉膜滤波器型复用、解复用器

干涉膜滤波器型复用、解复用器的基本结构如图 7.9 所示，主要由滤光片和自聚焦透

镜组成。滤光片由多层介质薄膜构成，它可以通过介质膜系的不同选择构成长波通、短波通和带通滤波器。其基本原理可以通过每层薄膜的界面上多次反射和透射光的线性叠加来解释。

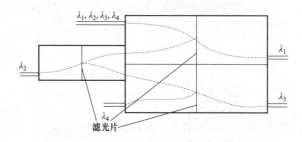

图 7.9　离轴安装的干涉膜滤波器型解复用器件

在复用器中使用的自聚焦透镜，长度应为 1/4 节距，这样通过两个自聚焦透镜和中间的干涉滤光片就可以实现两个波长的分波和合波，如图 7.10 所示。

从自聚焦透镜的成像性质，不难发现光纤离轴安装时，经 1/4 节距的 GRIN 透镜准直后的平行光和透镜轴线成一定角度，这时，干涉滤光片对不同极化方向光的透射率是不同的。偏角越大，差别也越大。极化效应越明显，导致复用器件的性能下降。当光纤安装在 GRIN 透镜的轴上时，准直后的光束垂直于滤波器，这样就可以避免极化效应发生，所以图 7.11 所示的结构更适合于波分复用器件。

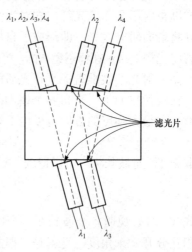

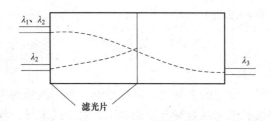

图 7.10　干涉滤光器型两波分复用器　　　　图 7.11　安装在透镜轴上的波分复用器件

干涉膜滤波型分波器的优点是：良好的带通特性，它只允许带内波长的光波通过，而把带外其他波长的光波（包括噪声）过滤掉，从而具有较高的信噪比；插入衰耗低，大批量生产可以做到 2～6dB；复用波长数较多，其典型复用波长数为 2～6 个，最大已达 8 个；温度特性好，其温度系数小于 0.3pm/℃，因此它的中心工作波长随温度的变化极小，从而保证了它具有稳定的工作波长。

干涉膜滤波型分波器的缺点是：分辨率与隔离度不是很高，难以用于 16 通路以上的 WDM 系统；插入衰耗随复用通道数量的增加而增大。

3. 阵列波导光栅型复用、解复用器

图 7.12 是 AT&T 用集成光学方法研制的 N×N 阵列波导光栅型复用/解复用器。它是由输入波导、两个平面耦合波导、阵列波导和输出波导构成的。当多波长信号被激发进某一输入

波导时，此信号将在第一个平面波导中发生衍射而耦合进阵列波导。阵列波导由很多长度依次递增的路径构成，光经过不同的波导路径到达第二个平面耦合波导时，产生不同的相位延迟。在第二个耦合波导中相干叠加。这种阵列波导长度差所引起的作用和光栅沟槽平面所起的作用相同，从而表现出光栅的功能和特性，这就是 AWG 名称的来源。

精确设计阵列波导的路径数和长度差，可以使不同波长的信号在第二个平面耦合波导输出端的不同位置形成主极强，分别耦合到不同的输出波导中，从而起到解复用器的作用。据报道，在几平方厘米见方的基片上，可以做出 100 条 SiO_2-GeO_2 波导通道，波导的长度差仅有 $100\mu m$，可以在 $1.55\mu m$ 波段分解出 10 个不同的光波长。

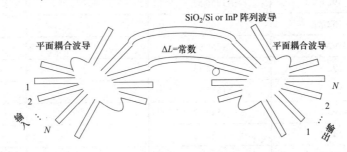

图 7.12　$N \times N$ 阵列波导光栅型复用/解复用器

AWG 是一种很有前途的集成光学器件，不仅可以用作复用/解复用器，而且可以用作波长路由器，在 WDM 光网络中具有多种用途。作为 WDM 器件，它的插损较小，但串扰不易达到很小。

另外，人们也用平面波导（如 LiNbO3 波导）构成 WDM 复用器件，在此不详细介绍。

4. 光波长标准

光纤有两个长波长窗口，即 1310nm 和 1550nm 窗口，它们均可用于光信号的传输，但由于普通 C 带 EDFA 的工作波长为 1530～1565nm，所以大多数 WDM 系统都工作在这个波长区域内。

ITU-T 建议 G.692 对 WDM 系统的绝对参考频率、信道间隔、标准中心频率、中心率偏差都作出了明确的规定。

（1）绝对参考频率。绝对参考频率是维持光信号频率的精度和稳定度而规范的特定频率参考。G.692 确定 WDM 系统的绝对参考频率为 193.1THz。

（2）信道间隔。G692 建议规定 WDM 系统的信道间隔为 25GHz 的整数倍，目前选用的是 100GHz 和 50GHz 的信道间隔。

（3）标准中心频率。为保证不同 WDM 系统之间的横向兼容性，必须对各个通路的中心频率进行规范，目前国际上规定的标准中心频率是基于参考频率 193.10THz，标准信道间隔的频率系列。

表 7.5 列出了我国国标《光波分复用系统总体技术要求》中对 32 波以及 16 波、8 波的 WDM 系统中心波长的规定。

（4）中心频率偏差。中心频率偏差定义为标准中心频率与实际中心频率之差。中心频率偏差的规定大小与信道间隔相关，信道间隔越小，中心频率偏差要求越严格，对于 100GHz 和 200GHz 信道间隔的 WDM 系统，要求最大频率偏移为 ±20GHz（约为 0.16nm）。

表 7.5　　　　　　　　　　　32 波、16 波、8 波 WDM 系统连续频带中心频率

序号	中心频率（THz）	32 通道波长（nm）	16 通道	8 通道
1	192.1	1560.61	○	○
2	192.2	1559.79	○	
3	192.3	1558.98	○	○
4	192.4	1558.17	○	
5	192.5	1557.36	○	○
6	192.6	1556.55	○	
7	192.7	1555.75	○	○
8	192.8	1554.94	○	
9	192.9	1554.13	○	○
10	193.0	1553.33	○	
11	193.1	1552.52	○	○
12	193.2	1551.72	○	
13	193.3	1550.92	○	○
14	193.4	1550.12	○	
15	193.5	1549.32	○	○
16	193.6	1548.51	○	
17	193.7	1547.72		
18	193.8	1546.92		
19	193.9	1546.12		
20	194.0	1545.32		
21	194.1	1544.53		
22	194.2	1543.73		
23	194.3	1542.94		
24	194.4	1542.14		
25	194.5	1541.35		
26	194.6	1540.56		
27	194.7	1539.77		
28	194.8	1538.98		
29	194.9	1538.19		
30	195.0	1537.40		
31	195.1	1536.61		
32	195.2	1535.82		

注　○为 WDM 系统使用的波长。

5. WDM 系统的设计

一般光纤通信系统的设计已在本章第 2 小节中进行了介绍，这里介绍采用级联 EDFA 的 WDM 系统的一些新的设计问题。

（1）参考配置。一个实际的 WDM 系统由主信道、监控信道和网管系统构成。主信道完成多波长信道复用和传输功能，包括有源的激光发射和接收部分、无源合波和分波部分、光纤传输和光放大部分。监控信道（OSC）对使用光线路放大器的系统是必需的，完成网管、公务电话及其他信息的传输功能。OSC 使用一个单独的波长进行传输，其波长为 1510nm。在每一个中继站都需要解复用/复用、O/E/O 变换，具有 3R 功能，完成对光线路放大器的监测、配置和管理功能。网管系统完成对整个 DWDM 系统的配置管理、性能管理、故障管理、安全管理等。我国有关 WDM 系统的国标规定的带有线路放大器的 WDM 系统的参考配置如图 7.13 所示。

其中 OM/OA 表示光复用器/光功率放大器（Optical Mutiplexer/Optical Amplifier），OA/OD 表示光前置放大器/光解复用器（Optical Amplifier/Optical Demultiplexer）。OM/OA 后的参考点 MPI-S 称为主通道接口的 S 点，OA/OD 前的参考点 MPI-R 称为主通道接口的 R 点。其他的参考点如图 7.13 所示。

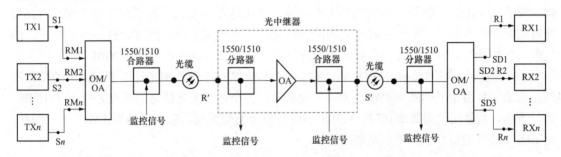

图 7.13　带有线路放大器的 WDM 系统的参考配置

表 7.6 给出有/无中继放大器的系统在 G.652 光缆上的色度色散容限值和目标传送距离。其中，L 代表长距离，目标传送距离为 80km；V 代表很长距离，目标传送距离为 120km；U 代表超长距离，目标传送距离为 160km。nWx-y.z 表示方式中，n 表示波长数；W 代表中继距离的字母，可为 L、V 或 U；x 是该应用代码允许的最大中继间隔的数目；y 是波长信号的最大比特率同步传送模块（STM）等级；z 是光纤类型，2 代表 G.652 光纤，3 代表 G.653 光纤，5 代表 G.655 光纤。

表 7.6　有/无中继放大器的系统在 G.652 光缆上的色度色散容限值和目标传送距离

应用代码	L	V	U	nV3-y.2	nL5-y.2	nV5-y.2	nL8-y.2
最大色散容纳值/ps·nm^{-1}	1600	2400	3200	7200	8000	12000	12800
目标传送距离/km	80	120	160	360	400	600	640

表中最大色散容纳值是指在一定的目标距离下，系统应该容纳的 G.652 光纤色散值。为了能够容纳 G.652 光纤的色散，应该尽量选用谱线窄的光源，必要时，采用色散补偿措施。

（2）设计中应注意的问题。

1）中心频率及其偏差。ITU-T 目前规定的各个信道的频率间隔必须为 50GHz（0.4nm）、100GHz（0.8nm）或其整数倍，参考频率为 193.1THz（1552.52nm）。目前广泛使用的 8 路 WDM 系统的波长为 1549.32～1560.61nm，波长间隔为 1.6nm。为了保证 WDM 系统的正常工作，各信道的波长必须足够稳定。对于信道间隔大于 200GHz 的系统，各个信道的偏差应小于信道向隔的 1/5。对于信道间隔为 50GHz 或 100GHz 的系统，特别是多区段系统，则需要更严格的偏差要求，并使用更精确的波长稳定技术。

2）考虑非线性光学效应的影响。受激喇曼散射、受激布里渊散射、四波混频、自相位调制、交叉相位调制等非线性光学效应对 WDM 系统的影响不能忽略。为了尽量减少非线性光学效应的影响，系统设计时应注意以下两点。

首先，避免使用色散位移光纤（G.653 光纤），对于速率为 2.5Gbit/s 及低于 2.5Gbit/s 的系统，可采用 G.652 光纤，需要时进行色散补偿；对于 10Gbit/s 及其以上系统，可采用 G.655 光纤或大有效面积非零色散位移光纤。

其次，光纤中的总功率一般不超过+17dBm。假设有 M 路波分复用，则每路光功率电平一般不超过 $17-10\lg M$。

3）色散和 ASE 的积累。在采用级联 EDFA 的长距离 WDM 系统中，色散和放大的自发辐射噪音（ASE）会随传输距离的加大而积累，严重地影响光信号的质量。对于采用 G.652 光纤的高速串系统，需要尽量减小光源的谱线宽度，并选用某种色散容纳技术来补偿光纤的色散。区段的配置和 EDFA 的选择，一般应保证光信噪比（OSNR）大于 20dB。

4）增益均衡和控制。由于 EDFA 的增益不平坦或 WDM 器件和光纤对不同信道的损耗不同，会造成复用倍通的功率差别较大。一般来说，整个链路上各悟道的功能差应小于 10dB。另一方面，当复用信道数变化时，EDFA 的增益也会发生变化，影响系统的正常工作。因此，对 EDFA 进行增益均衡和控制是需要的。

本 章 小 结

本章介绍了数字与模拟光纤通信系统的组成、原理、性能、设计以及应用中的一些问题。介绍了光同步数字传输体系（SDH）、掺铒光纤放大器（EDFA）和波分复用（WDM）系统在通信中的应用。

数字光纤通信系统是由电发射机、光发射机、中继器（或 EDFA）、光接收机和电接收机组成，误码和抖动是数字光纤通信系统最重要的性能指标。当设计一个数字光纤通信系统（一个数字段或一个中继段）时，误码和抖动指标是从全程全网的需要分配下来。系统设计和选择设备时，要考虑全程全网的需要、要注意 ITU-T 的建议和国家标准，要考虑所设计的线路当前和近期对容量的需求，还要进行中继段功率和色散的计算。

习 题

1. 何谓 WDM/DWDM 的 C 波段、L 波段、S 波段？

2. 光纤的性能指标中对 WDM/DWDM 系统影响最大的是哪几个指标？为改善这些指标已研制出何种新型光纤？

3. 已知一个 565Mbit/s 单模光纤传输系统，其系统总体要求如下：

（1）光纤通信系统光纤损耗为 0.1dB/km，有 5 个接头，平均每个接头损耗为 0.2dB，光源的入纤功率为–3dBm，接收机灵敏度为–56dBm（BER=10^{-10}）。

（2）光纤线路上的线路码型是 5B6B，光纤的色散系数为 2ps/（km·nm），光源光谱宽度 1.8nm，求：最大中继距离为多少？

4．设计中选取色散代价为 1dB，光连接器损耗为 1dB（发送和接收端各一个），光纤富余度为 0.1dB/km，设备富余度为 5.5dB。

5．WDM 系统中监控信道的作用是什么？对其有什么要求？

第 8 章 光 网 络

随着人类社会信息化时代的发展，对通信容量和带宽需求呈现加速增长的趋势。通信网的两大主要组成部分——传输和交换，都在不断地发展和变革。随着波分复用（WDM）技术的成熟和广泛应用，传输系统的容量飞速增长，由此带来的是对交换系统发展的压力和促使其变革的动力。通信网中交换系统的规模将越来越大，运行速率越来越高，但是目前的电子交换和信息处理网络的发展已接近电子速率的极限。为了解决电子屏须限制问题，研究人员开始在交换系统中引入光子技术，实现光交换、光交叉连接（OXC）和光分叉复用（OADM），引发了光子交换技术和光网络的迅速发展。

8.1 光 交 换 技 术

光信号的分割复用方式有 3 种，即空分、时分和波分，相应也存在空分、时分和波分 3 种光交换方式，分别完成空分信道、时分信道和波分信道的交换。这 3 种分割复用方式的特点各自不同，其相应交换单元的实现方案和难易程度也不同。若光信号同时采用两种或 3 种交换方式，则称为复合光交换。

8.1.1 空分光交换

空分光交换是在空间城上将光信号进行交换。空间光开关是光交换中基本的功能开关。它可以直接构成空分光交换单元，也可以与其他功能一起构成时分光交换单元和波分光交换单元。空间光开关可以分为光纤型和自由空间型两大类。

基本的光纤型光开关的入端和出端各有两条光纤，可以完成平行连接和交叉连接两种连接状态，如图 8.1 所示。

(a) (b)

图 8.1 2×2 光开关的状态

（a）平行状态；（b）交叉状态

较大型的空分光交换单元可以由基本的 2×2 光开关级联、组合构成。构成的方式按网络结构可以分成许多种，常见的有纵横式（Crossbar）网络、Banyan 树拓扑、ShuffleNet 网络等。在构建绝对无阻塞的大型光开关矩阵时，减小串扰、降低损耗、实现低成本是需要研究的问题。

8.1.2 时分光交换

时分复用是通信网中普遍采用的一种复用方式。时分光交换就是在时间轴上将复用的光信号的时间位置 t_i 转换成另一时间位置 t_j。信号的时分复用可分为比特复用和块复用两种。由于光开关需要由电信号控制，在复用的信号间需要有保护带来完成状态转换，因此采用块复用比采用比特复用的效率高得多，而且允许光信号的数据速率比电控制信号的速率高得多。现假定时分复用的光信号每帧复用 T 个时隙，每个时隙长度相等，代表一个信通。

要完成时分光交换，必须有时隙交换器完成将输入信号一帧中任一时隙交换到另一时隙后输出的功能。完成时隙交换必须有光缓存器，双稳态激光器可用作光缓存器，但是它 R 能按位缓存，且还需要解决高速化和大容量等问题。光纤延时线是一种目前比较适用于时分光交换的光缓存器。它以光信号在其中传输一个时隙时间经历的长度为单位，光信号需要延时几个时隙，就让它经过几个单位长度的光纤延时线，所以目前时隙交换器都是由空间光开关和一组光纤延时线构成。空间光开关每个时隙改变一次状态．把时分复用的时限在空间上分割开，对每一时隙分别进行延时后，再复用到一起输出。

图 8.2 为 4 种时隙交换器。图中的空间光开关在一个时隙内保持一种状态，并在时隙间的保护带中完成状态转换。如图 8.2（a）所示，一个 $1\times T$ 空间光开关把 T 个时隙时分解复用，每个时隙输入一个 2×2 光开关。若需要延时，则将光开关置成交叉状态，使信号进入光纤环中，然后将光开关置成平行状态，使信号在环中循环。光纤环的长度正好使光信号延迟 1 个时隙，需要延时几个时隙就让光信号在环中循环几圈，再将光开关置成交叉状态使信号输出。T 个时隙分别经过适当的延时后重新复用成一帧输出，从而实现时隙的交换。这种方案需要一个 $1\times T$ 个光开关和 7 个 2×2 光开关，光开关数与 T 成正比增加。图 8.2（b）采用多级串联结构使 2×2 光开关数降到 $2\log_2 N-1$，大大降低了时隙交换器的成本。图 8.2（a）和图 8.2（b）有一个共同的缺点：它们是反馈结构，即光信号从光开关的一端经延时又反馈到它的一个输入端。这种结构使不同延时的时隙经历的损耗不同，延时越长，损耗越大，而且信号多次经过光开关还会增加串扰。图 8.2（c）和图 8.2（d）采用了前馈结构，图 8.2（c）使用 $1\times T$ 光开关代替多个 2×2 光开关．控制比较简单，损耗和串扰都比较小。但是在满足保持帧的完整性要求时，它需要 $2T\text{-}1$ 条不同长度的光纤延时线，而图 8.2（a）只需要 T 条长度为 1 的光纤延时线。图 8.2（d）采用多级串联结构，减少了所用的延时线数量。

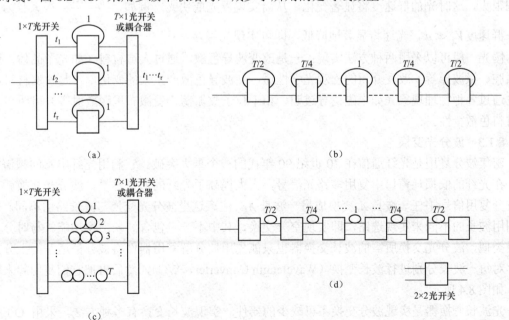

图 8.2   4 种时隙交换器

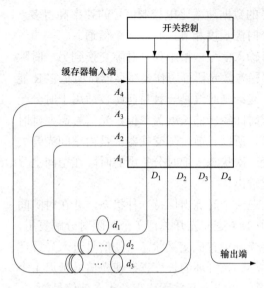

图 8.3 灵活调谐的光纤缓存器

图 8.3 是在 2006 年 OFC 会议上报道的一种可以灵活调谐的光缓存器,由 3 段光纤延时线和 4×4 开关矩阵组成 3 个延时环路(D_i 端口、d_i 光纤延时线和 A_i 端口构成一个光纤延时环路,i=1,2,3)。d_1 是基本延时单元(一个时隙),3 段光纤长度满足 d_3=10×d_2=100×d_1 的关系。需要缓存的光信号由 A_4 端输入,控制开关矩阵的工作状态,可以使信号分别在 d_1、d_2 和 d_3 光纤环中传输若干圈,实现输入信号在缓存器中的存储时间在 d_1 和 999×d_1 之间灵活选择。

另外一项正在研究的光缓存技术是慢光技术。由电磁场的基本原理可知,信息的传输速度是调制波包的传播速度,即群速度,考虑同时存在材料色散和波导色散的情况,对于平面波的情况,群速度的表达式为

$$V_R = \frac{\mathrm{d}\omega}{\mathrm{d}k} = \frac{c - \omega \dfrac{\mathrm{d}n(k,\omega)}{\mathrm{d}k}}{n(k,\omega) + \omega \dfrac{\mathrm{d}n(k,\omega)}{\mathrm{d}\omega}}$$

式中:ω 为光的角频率;k 为光的传播系数;c 为真空中光的传播速度。

从上式不难发现群速度与材料折射率 n、波导色散 $\dfrac{\mathrm{d}n(k,\omega)}{\mathrm{d}k}$ 和材料色散 $\dfrac{\mathrm{d}n(\omega)}{\mathrm{d}\omega}$ 有关。材料折射率 n 的变化范围一般不是很大,而波导色散或者材料色散的变化幅度在某些情况下可以达到很大,这时光的群速度将显著变化,从而实现慢光或快光。例如,当 $\dfrac{\mathrm{d}n(\omega)}{\mathrm{d}\omega}$ 很大且为正时,群速度 $V_R \ll c$,光速将显著地降低,即可实现光缓存。

慢光一般可以采用两种方法实现:一是改变波导色散,通过人造材料(如光子晶体、微谐振腔、微波导等)改变介质的宏观光学性质,使波导色散产生大的变化,二是改变材料色散。通过各种物理现象(如电磁诱导透明、相干粒子数振荡、受激布里渊散射等)可明显改变材料色散特性。

8.1.3 波分光交换

密集波分复用是光纤通信在 20 世纪 90 年代的一个重大突破。它利用光纤丰富的频谱资源,在光纤的低损耗窗口中复用多路光信号,大大提高了光纤的通信容量。波分光交换就是将波分复用信号中任一波长 A_i 变换成另一波长 A_j。注意这里波分光交换与波长路由不同。后者利用波长的不同来实现选路,即实现空分交换,其中不一定包含波长交换功能。与时分光交换类似,波分光交换所需的波长交换器也只能先用波分解复用器件将被分信道空间上分割开,对每一波长分别进行波长变换(Wavelength Converter,WC),然后再把它们复用起来输出,如图 8.4 所示。

光波长变换器是实现波分交换不可缺少的器件。实现波长变换有多种方法。采用 O/E/O 变换是最简单的方法,即将输入的光信号变为电,再用新的波长重新发射。这种方法在同时

需要对光信号进行整形时是很有效的,其缺点是结构复杂、功率消耗大、不保持光路的透明性,从而促使人们研究全光波长变换器。

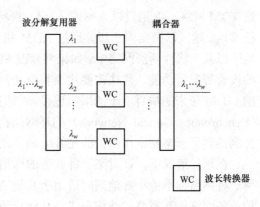

图 8.4　波长转换器

8.1.4　复合光交换

空分+时分、空分+波分、空分+时分+波分等都是常用的复合光交换方式。图 8.5 给出空分+波分光交换结构的例子。空分+波分光交换需要波长复用的空分光交换模块和空间复用的波分光交换模块,分别用 S 和 W 表示。图 8.5 中波分解复用器把输入信号波分解复用,再对每个波长的信号分别应用一个空分光交换模块,完成空间交换,然后再把不同波长的信号波分复用起来,完成空分+波分光交换。

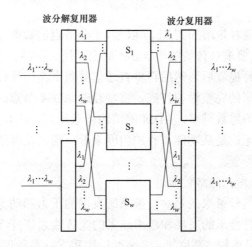

图 8.5　一种波分解复用的空分交换模块

光子交换已是人们多年的需求,但由于光逻辑器件的匮乏、光开关速度的限制和波长变换器昂贵的价格,使得真正意义上的光子交换技术的实现还有待器件上的突破,但这并没有阻止光网络的发展和在现有条件下实现光交换。

8.2　光网络的发展概况和网络类型

光网络是指以光纤为基础传输链路所组成的一种通信网络结构。换句话说,光网络是一种基于光纤的电信网。光网络并不仅仅是简单的光纤传输链路,它是在光纤提供的大容量、长距离、高可靠的传输线路的基础上,利用光和电子控制技术实现多结点网络的互联和灵活调度。

8.2.1　光网络的发展

1. 多层重叠的网络结构

传统的电话网(基于电路交换的)和数据网(基于分组/包交换的)都是经过专门的设计以便为话音用户和数据用户分别提供业务。网络通常呈现多种接入方式并存的状况,语音通过 TDM 网络、IP 通过以太网或 ATM、视频通过 HFC 网络。骨干网普遍采用 SDH 体制，包括本地、地区以及全国三级并通过 ADM 和 DXC 连接起来。这种体制下波分复用技术只用在地区以及全国性两级网络中。如果要修改 SDH 的上下话路来实现自愈恢复、交叉连接以及环的设置等配置功能，往往需要几周甚至几月的时间。同时现有的数字交叉连接设备也无法容纳 WDM 带来的成百上千的端口连接。大部分的网络拓扑结构主要是基于同步光网络 SONET（Synchronous Optical Network）的环网结构，当一条链路出现故障时，故障链路上的业务流会倒换到另一半预留作保护的光纤上。

在这种情况下，针对某一种业务的通信连接在逻辑上就构成了一种独立的网络结构，任何一种网络都不能很好地同时适用于其他的业务类型，于是就形成了分别面向单一业务的多种业务网络相互重叠的结构形式，从而导致整体通信网络架构呈现业务专门化、结构重叠化和功能重复化等特点。多种网络同时并存的"大网套小网"结构使得网络的运营和维护繁杂是昂贵，资源利用率低。因此，迫切需要一种能综合多种业务、提供多种用途、结构统一、十分灵活的通用网络结构。

技术的不断进步使传输容量增加到 Tbps 以上，中心节点的数据交换能力也应随之相应提高到 Tbps 左右。这种容量要求对传统的电 ADM 提出了巨大挑战。电 ADM 需要经过光电变换变为电传号，将下路信号提取后，然后再将直通信号和上路信号经过激光器调制到光域。电 ADM 的介入使整个光层的完整性被打破，信号经过 ADM 节点时必须要涉及电层；对每路信号需要接收再发射；信道数越多，ADM 的结构就越复杂，而且成本翻番地增加。

因此，传统的网络，无论是从功能重叠的角度来看，还是从网络节点的升级能力来看，都不能满足下一代网络的需要。

2. 点到点光传输系统向光网络的演进

传输系统容量的快速增长带来的是对交换系统发展的压力和动力。随着可用波长数的不断增加、光放大和光交换等技术的发展和越来越多的光传输系统升级为 WDM 系统，下层的光传输网不断向多功能、可重构、高度灵活、高性价比和支持多种保护恢复能力等方面发展。在 WDM 技术逐渐从骨干网向城域网和接入网渗透的过程中，人们发现波分复用技术不仅可以充分利用光纤中的带宽，而且其多波长特性还具有无可比拟的光通道直接联网的优势，为进一步组成以光子交换为核心技术的多波长光纤网络提供了基础，如图 8.6 所示。由于技术的不断进步和成熟，使得光纤通信逐渐从点到点的单路传输系统向 WDM 联网的光网络方向发展。

由图 8.6 可见，多波长光网络的基本思想是将点到点的波分复用系统用 OXC 节点和 OADM 节点连接起来，组成光网络。波分复用技术完成光网络节点之间的多波长通道的光信号传输，OXC 节点和 OADM 节点则完成光信号的交换功能。网络接入站位于物理层中光信号通路的终结点（光信号的源和目的地）。信息在网络的纯光部分以外仍以电的形式传输，或者终结于系统终端（例如用户终端），或者通过电的交换设备（如 ATM 交换机）进一步转发。

基于 WDM 技术的多波长光网络由光分插复用器（OADM）、光交叉连接器（OXC）和光线路终端系统（OLS）以及光放大器（OA）等光联网设备构成。通过可重构的选路节点建立端到端的波长通道，实现源和目的之间端到端的光连接，这将使通道之间的调配和转接变得简单和方便。在多波长光网络中，由于采用光路由器/交换机技术，极大地增强了节点处理的容量和速度，它具有对信息传输码率、调制方式、传送协议等透明的优点，有效地克服了节点的"电子瓶颈"限制。因此,只有 WDM 多波长光网络才能满足当前和未来通信业务量迅速增长的需求。

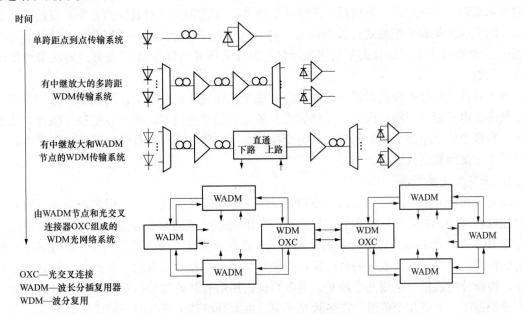

图 8.6 由点到点传输系统到 WDM 光网络的发展过程

3. 光传送网

从网络对光信号的透明性来说,能做到全透明当然很好,它可以全面而充分地利用光交换及光纤传输的潜力。相对来说,半透明就只能有限地利用光交换及光纤传输的潜力,网络的性能会受 O/E/O 转换及电子电路的限制。但从另一方面来说,半透明可以利用电域已成熟的技术,例如,SDH 技术及网络中已大量部署的 SDH 设备。从技术上看,目前实现全透明光网还有不少困难,例如,直接在光域上对网内的业务信号进行监控、光域组网及运营等问题尚没有很好地解决,相应的标准仍有待进一步研究。所以,为避免技术与运营上的困难,ITU-T 决定按光传送网(Optical Transport Network,OTN)的概念来研究光网络技术及制定相应的标准。OTN 这个名称是根据网络的功能及主要特征来定义的,它不限定网络的透明性。ITU-T 对发展光网络采取了较为现实的策略,即逐渐演进的方式:先在技术经济条件允许的范围内发展光的透明子网(Transparent SubNet,TSN),各 TSN 之间由光电处理单元如 3R 再生器连接。随着条件的成熟,逐步扩大 TSN 直至全(光)网。

光传送网 OTN 由一系列功能模块组成,这些功能模块用于完成在光域中客户信号的传输、复用、路由、管理、恢复等功能。波分复用光传送网采用光波长作为基本交换单元的光交换技术,来替换传统的以时隙为交换单位的时隙交换技术。这样客户信号是以波长为基本单位来完成传送、复用、路由和管理的。

8.2.2 光突发交换技术

目前 WDM 技术在光网络中的应用,仍主要是将 WDM 波长作为分立的波长信道来使用,因此这种基于波长选路的光网络仍然没有摆脱电路交换方式的羁绊,交换粒度太粗,一般为波长级。如果用它来承载以 IP 包为代表的呈爆炸式增长的数据业务,则缺乏灵活性,且对光学带宽的利用率极低。

而分组交换技术却在灵活性和带宽利用率方面表现出独有的优势，它能够以非常细的交换粒度、按需地共享一切可用的带宽资源。然而，光分组/包交换一直面临成本和一些难以克服的技术障碍。这些障碍主要包括：分组同步技术、分组/冲突（对资源的竞争）问题以及合理高效的交换结构和分组格式。长期以来，对分组交换技术的研究主要集市在对长度固定的分组/包的交换技术上，而且大多采用光纤延迟线作为缓存器以存储-转发方式解决带宽资源的竞争问题。

鉴于目前光信号处理技术尚未足够成熟，还无法实现全光分组交换的实际情况，为了克服交换中的电子瓶颈问题，人们开始研究变长的光分组交换技术。光突发交换（OBS）技术作为一种集光的"电路交换"和光的分组交换优点于一体，同时又有效克服和避免了二者不足的折中方案而被建议采用。

1. 光突发交换概述

光突发交换 OBS 分别由 Chunming Qiao 和 J.S.Turnor 等人提出，已引起越来越多研究人员的注意和兴趣。在光突发交换中，突发为一些 IP 分组组成的超长分组。光突发交换中的控制分组 BCP（Burst Control Packet）的作用相当于电分组交换系统中的分组头，但网络对该头信息的传递路径与对静荷数据的传送路径在物理信道上是相互分离的。例如，在波分复用系统中，控制分组占用一个或几个波长，突发数据占用所有其他波长；在光时分复用系统中，控制分组占用一个或几个信道；在带状光缆中，控制分组甚至可占用一根或几根光纤。

如图 8.7 所示，在 ODS 网络中，突发数据从源节点到目的节点始终在光域内传输，而控制信息在每个节点都需要进行光—电—光的变换以及电处理。控制信道与突发数据信道的速率可以相同，也可以不同。

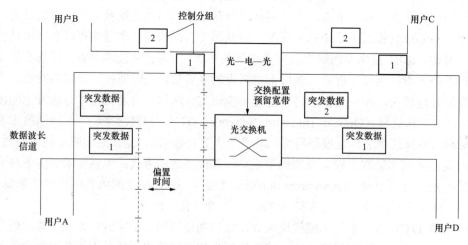

图 8.7 光突发交换原理示意图

光突发交换结合了较大粒度的波长（电路）交换和较细粒度的光分组交换两者的优点，能有效地支持上层协议或高层用户产生的突发业务。在 OBS 中，首先在控制波长上发送控制（连接建立）分组，然后在另一个不同的波长上发送突发数据。每一个突发数据分组对应于一个控制分组，并且控制分组先于数据分组传送。先一步传输的控制分组在中间节点为其对应的突发数据分组预定必要的网络资源，并在不等待目的节点的确认信息的情况下就立即发送该突发数据分组。

这种数据信道与控制信道相互隔离的方法简化了突发数据交换的处理，且控制分组长度非常短，使高速处理得以实现。OBS 技术在只需要很少的处理能力，以及比分组交换低得多的同步开销的情况下，就可以最充分地利用网络的带宽资源。

另外，OBS 可通过合理设置突发数据分组与控制分组之间的偏置时间（offset time，即发送净荷突发数据相对于发送控制分组的等待时间）来支持 QoS（Quality of Service）。由于控制分组和数据分组是通过控制分组中含有的可"重置"的时延信息相联系的，传输过程中可以根据链路的实际状况用电子处理方式来对突发数据分组相对于控制分组的时延做调整，因此控制分组和数据流都不需要执行光同步和光存储。可以看出，这种突发交换技术充分发挥了现有的光子技术和电子技术的特长，实现成本相对较低、非常适合于在承载未来的具有高突发性的数据业务的局域网或城域网中应用。

2．光突发交换网络

如图 8.8 所示，光突发交换网由核心路由器/交换机与边缘路由器/交换机组成，形式与多协议标记交换（MPLS）网络类似。不同的是，数据信息在光突发交换网中不需进行光—电—光转换。光突发交换网的边缘路由器负责将传统 IP 网中的数据封装为光突发数据，以及反向的拆封工作。核心路由器的任务是对光突发数据进行转发与交换。

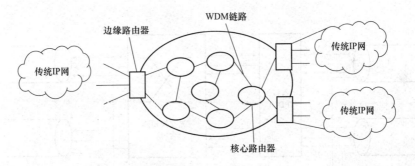

图 8.8　光突发交换网络结构示意图

OBS 网络的入口边缘路由器功能结构如图 8.9 所示。数据在进入核心光网络之前，首先

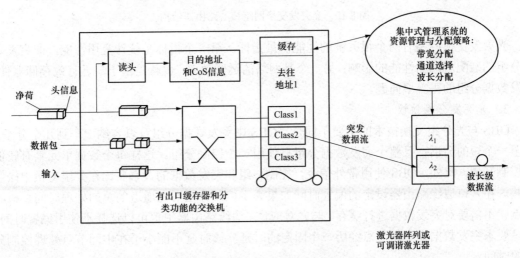

图 8.9　OBS 入口边缘路由器功能结构

在入口路由器按照数据分组的目的地址和 CoS（Class of Service）类型进行分类，分别缓存到相应的队列中。如果队列满了，或者队列中的分组等待发送的时间超过了为满足端到端时延要求而设定的一个时间上限，边缘节点就把队列中现有的所有 IP 分组组装成突发分组，并发送出去。通过调节边缘路由器的组装等待时间，可以满足业务对时延的不同要求。

图 8.10 为 OBS 核心路由器的结构。核心路由器只需对光纤中传输控制分组的波长进行光—电—光变换，而传输突发数据的波长不需要光—电—光变换。图 8.10 中的入口光缓存（FDL）和交换结构中的 FDL 都是可选项。入 FDL 的作用是缓存突发数据，等待控制分组进行光—电转换以及转发表查找、建立交换连接等处理过程。入口 FDL 在光突发交换中可以省掉，但在光分组交换方式中是必需的。交换结构中的 FDL 主要是为了解决多输入端口对资源的竞争（冲突）问题而使用的。由于突发数据分组长度较长，为其建立的交换通道的保持时间与分组交换相比也较长，所以中间节点的任何拥塞都会造成对带宽的巨大浪费。为了消除这种带宽浪费的可能性，中间节点也可以将拥塞的分组经过光—电转换后存储在电缓存器中，然后再经过电—光转换，转发到相应的宿端。上述电缓存方式无法保证数据的透明性，所以通常在中间节点使用光纤延迟线来进行全光缓存。但 FDL 无法像电缓存那样提供随机存储能力，而且延迟不能做得太小，故 FDL 的缓存能力是非常有限的，只能部分地改善网络节点的吞吐性能。

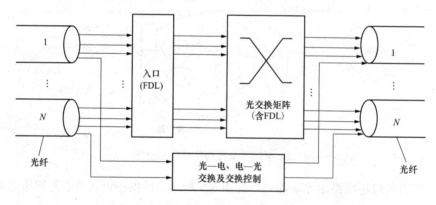

图 8.10　光突发交换网络核心路由器结构

光突发交换网络有两个很关键的性能衡量指标，第一个指标是统计复用性能，即突发数据分组的装配对网络性能的影响；另一个是网络的运营效率，也就是由于缺乏有效存储器件，突发数据分组的丢弃率问题。

3. 光突发交换协议

OBS 与光分组交换技术的主要不同是，OBS 中突发数据分组可以容纳一个到几个分组，甚至一个短的会话；且整个突发数据分组只使用一个控制分组。这样每个数据单元具有较低的控制开销。此外，OBS 使用带外信令，控制分组和突发数据的关系要比在分组交换中松散一些。在入口边缘路由器设定的偏置时间如果大于控制分组沿光通道的总的处理时间，核心节点就不需要对突发数据进行缓存。与之对应，在边缘路由器中也可以选择不使用偏置时间，但是要求突发数据在中间节点经历一个固定的时延，该时延不能小于在中间节点处理控制分组的时间。

目前主要有三种方式进行资源预约。第一种称为 RFD（Reserve a Fixed Duration）。该方式由控制分组中的偏置时间来决定带宽预留时间的长短，到时立即拆除连接。其优点是传令开销较小、易实现带宽资源的动态分配、资源利用率高。基于该方法的一个杰出代表是"恰量时间"JET（Just Enough Time）协议。另一种方式称为 AG（Tell And Go）。该方式先发送控制分组束预留带宽，当发送完突发数据分组后再发送用于释放连接的分组来拆除连接。最后一种方式是 IBT（In Band Terminator）。该方式在突发数据分组之后紧跟着 IBT 标识，整个过程是由控制分组来预留带宽，由 IBT 标识来拆除连接，因此最大的技术挑战是 IBT 标识的全光再生技术。下面着重讨论 JET 协议的相关问题。

JET 协议有两个特征，即使用延时预留（DR）机制以及将延时预留与基于 FDL 缓存的突发数据分组复用器结合起来。这使得 JET 及其变化方案特别适用于 OBS。

在光突发交换方式下，为了减少网络端到端的等待时延，应该设置较小的偏置时间；然而，过小的偏置时间不易解决多点通信中的信道竞争使用问题，从而会造成数据丢失或阻塞。所以偏置时间不宜太大，也不能太小。JET 协议就是为了实现这个目的而开发的。

在执行 JET 协议时，源端节点在发送突发数据分组之前，首先在信令信道上向宿端节点发送一个控制分组，该控制分组在中间的每个节点上进行处理，为相应的突发数据分组建立一条全光的数据通道。根据控制分组中携带的信息，每个节点选择出口链路上适合的波长，并进行光交换阵列的配置。同时源端的突发数据分组在电域上等待一个偏置时间 T 后，突发数据分组将在选择的波长上以光信号传送。

JET 是 RFD 技术的一种具体实现方式。控制分组中含有突发长度信息和偏置时间信息，信源发出控制分组后，等待一个时间（T）再发送突发数据，T 的大小刚好足以补偿控制分组在各个中间节点所经历的处理时间，即 $T>n\times\delta$，其中 n 是中间节点数目，δ 是每个节点平均的控制分组处理时间，如图 8.11 所示。从而可以使所有中间节点不再需要入口光缓存（FDL）。

需要注意的是突发数据分组发送时是不需要来自宿端的确认信息的，一个 500K 字节的突发数据分组（或 4000 个平均长度的 IP 分组）以 2.5Gbit/s 传输时其发送的时间大约是 1.6ms，然而确认信息要传输 500km 时需要 2.5ms 的时间，这可以解释对于要传输相对较长距离的突发业务来说为什么单向的预留协议一般要好于双向的预留协议。

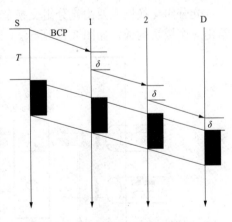

图 8.11　JET 协议时序示意图

8.2.3　光分组交换技术

光分组交换具有高速、对数据速率和数据模式透明以及灵活性和可重构性等特点。研究如何利用光分组交换实现对各种业务透明的传输，并提供不同的业务质量保证，具有非常重要的意义。

波长路由光网络是基于波长或波长组来交换的，其交换的粒度较大，不能有效地使用 WDM 系统的传输能力，传送的效率较低。为了有效地利用带宽，可以将 WDM 透明光网络的传送能力与分组传送模式的灵活性结合起来，基于分组头的虚通道地址的分组路由方案可以用光的分组交换来实现，在节点的入口和出口间的连接可以使用空分交换和波分交换。然而这需要特别考虑以下的一些问题：

（1）如何进行正确的波长资源管理和动态的时间共享。

（2）在缺少可变的随机的光存储器情况下如何解决冲突。

（3）在交换入口处如何解决因分组相位失配而导致的问题，即如何实现同步功能。

本节将讨论光分组交换的各项关键技术，如分组同步问题、资源冲突和竞争的解决方案、光分组交换结构的设计，以及分组头和数据分组/包的格式。

1. 光分组交换技术分类

光分组交换网络可以分成同步的和异步的两种。在光分组交换网络中每个节点的入口，分组到达的时刻各不相同。因此，交换机就需要在一些离散的、不连续的时刻不断地为每一个分组进行交换状态的重新配置。这样一来网络设计决定是否在交换结构的入口将所有的数据分组进行重新排列就成为至关重要的一项技术选择。

在同步网络中，所有数据分组的长度都是相同的。数据分组及其分组头一起被放在一个固定长度的时隙内，此时隙的持续时间要比数据分组、分组头以及保护时间的总和还要长。光纤延迟线已被广泛用于存储转发结构中作为缓存器来解决竞争问题。大多数情况下，光缓存器是由光纤环路构成的。该环路可产生一个固定的传输时延，大小相当于一个或多个时隙周期。这就需要所有的输入数据分组具有同样的尺寸，并且参照本地时钟进行相位同步。

在异步网络中，数据分组可以具有不同的长度。数据分组到达并进入交换结构时，可以不用排列。因此，数据分组的交换可以在任何时刻进行。很明显，异步网络中不同源端来的数据分组对交换端口的竞争问题比同步网络更加严重，因为这时数据分组的行为相比于同次网络更加不可预期和没有规律。但另一方面，异步网络建设起来要容易和廉价得多，比同步网络更加强壮和灵活。

2. 光分组交换的节点结构

光分组交换网主要由光分组交换节点和连接这些节点的光通道组成。光分组交换节点通常由三个模块构成，如图8.12所示。

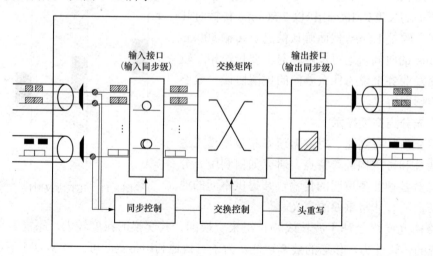

图 8.12　光分组交换节点的一般结构

第一个模块是入口同步模块。用来对入口分组进行相位校准。为了实现这样的功能，需要加入净荷的相位定界，并且需要进行分组头的检。其光学部分主要包括无源色散补偿光纤和用于相位校正的光纤延迟线。其电部分的组成为：①与网络主时钟锁定的本地频率发生器根据本地时钟进行光分组调整，输入光分组相对于参考时钟的延迟将触发选择相应的光延迟器。②包头探测电路：将帮助解决光分组信道竞争，并在交换阶段安排适当的路由。

第二个模块是交换矩阵本身。其作用是实现路由并实时地解决冲突，对交换矩阵的控制通常采用电的方式。用存储于电存储器中的路由转发表来管理路由过程。交换矩阵还用于擦除分组头以及空净荷的管理。

第三个模块是再生接口。消光比（ER）恶化、光信噪比（SNR）恶化、不同分组间的功率波动、抖动积累和比特持续时间减小都将影响信号的质量，因此需要对数据流进行再生。再生接口的功能包括：利用 3R 再生结构来抑制在比特层面上的抖动积累，实现净荷的定界，重新定向以非同步模式到达的净荷等。

3. 冲突解决方法

光分组交换网络中，资源竞争问题的解决常用三种方法：基于光纤延迟线的光缓存技术、偏向路由技术和波长变换技术。

（1）光存储器。电的路由器一般采取存储-转发机制，这就意味着分组可以顺序地存储和发送。电的 RAM 的存在使这一切成为可能。由于没有现成的光学 RAM，在光分组交换中必须采取不同的方法。电 RAM 和光缓存器最大的不同是光缓存器大多采用延迟线，延迟线用的是固定长度的光纤，一旦有一个光分组进入光纤，它必须在一个固定的时间后，从另一端出来：一般没有方法延迟一个任意的时间。

采用光纤缓存器设计的节点结构有好几种，可用不同的方法来对它们进行分类。一种方法是将它们与电交换中的缓存器相比较，由所使用的缓存器的位置加以区别（输入、输出、共享和环回缓存器）：另一种方法是按所使用的交换结构来分类，例如空分交换、广播与选样网络、波长路由等。这早有一种更简单、更直接的描述方法，将光纤缓存器可以描述成单级或多级、前向或反馈型。多级结构很少使用，这里就不介绍了。

（2）偏向路由。偏向路由选择最早用于处理器互联网络中。在这些网络中，正如在光分组交换网络中一样，缓存器代价高昂。偏向路由选择被用作缓冲的另一种替代方法。偏向路由选择有时也被称为热土豆路由选择（Hot Patato Routing）。

直觉上，使用不同的路由来转发分组而不是存储它们，将使得该分组到达目的地的平均路径更长，导致延时增加和分组通过量变少。这是为在网络中没有使用缓存器而付出的代价。对于规则的网络拓扑结构，偏向路由选择的效果已经有详细的分析。比如图 8.13 给出的两种网络——MSN（ManhattanStreet Network，曼哈顿街道网）和 ShffleNet（洗牌网）。规则的拓扑结构通常用于处理器互联，应用于局域网（LAN）也是可行的。然而，它们不可能用在具有任意拓扑结构的广域网（WAN）中。尽管如此，这些分析还是为偏向路由选择方法的总体性能和关键技术提供了很多的信息。

（3）波长变换。利用光缓存器和偏向路由解决冲突，都可以被看作是广义的偏向机制。一个是在时间上偏向，另一个是在空间上偏向。随着 WDM 技术的发展，波长空间是解决分组冲突的另一个可以被利用的资源。光缓存器和偏向路由过各有优缺点：缓存器提供了良好的网络吞吐量，但是它需要太多的硬件和控制开销；偏向路由实现起来比较简单，但是无法提供完美的网络性能。如果配合波长变换使用，它们各自的缺点可以被部分克服，因此也就给了网络设计者更多的选择和更大的灵活性。

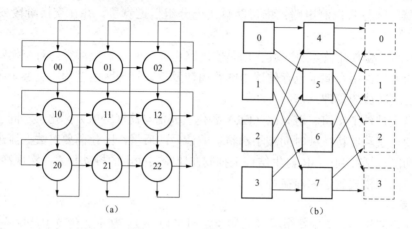

图 8.13　MSN 和 ShuffleNet 拓扑结构

（a）3×3MSN 网络；（b）有 8 个节点的 ShuffleNet 网络

在一个用了缓存器和波长变换器的交换节点中，一般通过输入级的解复用波长通道和波长变换器就可以给输出端口提供任何可用的波长通道。由无阻塞的空分交换结构来选择输出端口或进入适当的延迟线。

波长变换与光缓存器相结合也可以用在异步网络中。一个没有分组排队队列的光分组交换机，例如，LEOPS 中介绍的广播和选择结构，使用波长变换器就可以用于支持对 WDM 信道的无阻塞交换操作。

虽然在解决竞争问题上，延迟线比波长变换更有效，然而波长变换可以提供噪声抑制和信号重整形功能。是否用波长变换来解决分组冲突应该依据具体的网络要求。对只有少量波长的网络，可以用缓存器；对有大量波长和波长变换功能的网络中，光缓存器就不必要了。

8.2.4　光标记交换

1. 多协议标记交换

20 世纪 90 年代后期，IP 作为网络层的主导技术已初见端倪，IP 流量已开始超过话音流量。但 IP 是一种尽力而为的业务，没有 QoS 保证，应用中存在着许多问题，多协议标记交换（Multi-Protocol Label Switching，MPLS）正是在这种具体情况下应运而生的。MPLS 引入等同转发类（Forwarding Equivalency Class，FEC）的概念，并为每个 FEC 建立一条虚电路，实现点到点的连接。MPLS 网络设备分为核心路由器和边缘路由器，网络结构如图 8.14 所示。

业务到达 MPLS 网络的边缘标记交换路由器（Label Swit-ching Router，LSR）时，首先根据其目的地址、类别、特征等信息分成不同的 FEC，每一类 FEC 中的业务具有在 MPIS 网络中相同的标记交换通道需求，并根据网络的资源可用情况分配一个标记。标记交换通道（LSP）的资源配置由标记分配过程中的标记属性决定。在通道建立以后，在 MPLS 网络城中，核心 LSR 不需要知道 IP 高层内容，只需查询简单的标记就可以实现交换和转发操作，从而提高了转发速度，改善了 QoS。用标记分发协议（Label Distributed Protocol，LDP）可以分发与业务的属性和 QoS 指标相关的标记，包括标记栈标志、业务优先级标志等，因此 MPLS 协议可以很好地支持不同 QoS 和不同粒度的业务传输。在到达 MPLS 网络的边缘出口时，边缘标记交换路由器去掉标记，然后根据一般的 IP 转发方式，即根据分组头的地址信息将分组转发到其他通常的 IP 路由器。

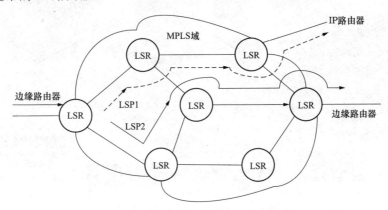

图 8.14　MPLS 的网络结构示意图

2. 多协议波长标记交换

MPLS 网络采用标准分组处理方式对第三层的分组进行转发，采用标记交换对第二层分组进行交换．从而实现了快速有效的转发。同时，MPLS 还简化了选路功能，提供了流量工程解决方案。而光通道的特性是面向连接的，因此应用 MPLS 建立光路径是一种非常合适的方案。人们在研究中发现 OXC 和 LSR 有如下很多相似之处。

（1）本质上，它们都是点到点的虚通道连接，LSP 是一条由入口和出口 LSR 提供的具有参数化的分组转发路径（流量管道），光信道路径是一条传送客户层信号的两个端点间的光信道。

（2）加载在 LSP 和光信道路径上的净荷信息对沿各自通道上的中间节点都是透明的，LSP 和光路径都可以参数化。

（3）LSP 中的标记分配和光路径中的波长分配类似，通过给定的 LSR 端口的两个不同的 LSP 不能分配同样的标签（这不包括标签归并和标签栈的 LSP 汇聚），而两个不同的光路径在通过一个确定的 OXC 端口时，也不能分配相同的波长。

（4）LSR 的数据平面使用标签交换将带有标签的包从入口端转发到出口端，而 OXC 的数据平面采用交换短阵来建立从入口端到出口端的光信道路径。

因此，MPLS 很容易扩展为 MPλS（或记为 MPLambdaS），即多协议波长标记交换，以波长作为转发的标记。MPλS 是 MPLS 与 WDM 光网络层的结合，将 MPLS 中具有流量工程的控制平面的思想应用于 WDM 光网络中，用来指配光层上的端到端的光通道，端到端的光通道，其中不同的标记对应于不同的波长，这种应用称为 MPλS。MPLS 对 L3 数据流进行 L2 快速转发，而 MPλS 是将 L3 数据流在 L1 上实现直接转发。如图 8.15 所示，在 MPλS 网络中，使用波长为标记，标记的分发就是波长的分配，交换粒度可以是单个波长或波长组；OXC 节点应具有标记交换功能，并能处理 IP 路由协议。

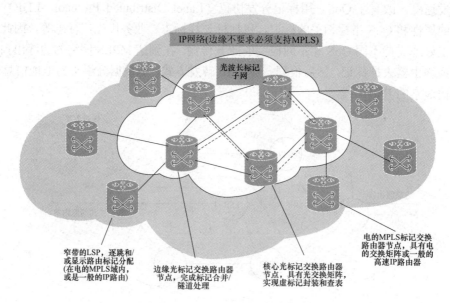

IP网络(边缘不要求必须支持MPLS)

光波长标记
子网

窄带的LSP，逐跳和/
或显示路由标记分配
(在电的MPLS域内，
或是一般的IP路由)

边缘光标记交换路由器
节点，完成标记合并/
隧道处理

核心光标记交换路由器
节点，具有光交换矩阵，
实现虚标记封装和查表

电的MPLS标记交换
路由器节点，具有电
的交换矩阵或一般的
高速IP路由器

图 8.15　多协议波长标记交换

8.3　光 传 送 网 技 术

20 世纪 90 年代初，人们提出了"全光网"的概念，后来由 ITU-T 定义为光传送网（Optical Transport Network，OTN）。光传送网（OTN）是第二代光网络的代表。一方面，OTN 既可以实现 Gbit/s 级别以上的大颗粒业务调度和传输，解决 SDH 调度交叉及传输容量不足的问题；另一方面，在光层和电层增加开销字节，提供完善的信号、通道监视及管理维护能力。OTN 综合了 SDH 和 WDM 的优势，是一个集大颗粒调度、大容量传输、光层灵活组网、适配多种业务、完善的网络维护和管理等优点于一体的新一代传送网络。

8.3.1　OTN 分层结构

ITU-T 的 G.805 将整个网络层次字上而下分为三层，涵盖了光和电两个不同的处理领域。图 8.16 详细描述了网络的分层情况。

1. 光通道层

光通道层为不同业务信号提供端到端的透明光传输。这一层中有划分了三个电域子层，分别是光信道净荷单元（OPUk）、光信道数据单元（ODUk）和光信道传输单元（OTUk）。这样划分的目的是为了适应不同速率的多种业务的接入，同时每层网络都加入开销字节，提高网络监测与 OAM 能力。光信道层应实现的功能：不同业务信号的适配、光信道的建立、光信道层开销的处理、提供光信道的监视功能和实现光信道层业务的保护与恢复，另外 OTN 的电交叉也是基于本层的实现。

2. 光复用段层

光复用段层负责保证相邻两个波长复用传输设备间多波长复用光信号的完整传输，为多波长信号提供网络功能，其主要功能包括：灵活的多波长网络选路重新安排光复用段功能；为保证多波长光复用段适配信息的完整性处理光复用段开销；为段层的运行和维护提供光复用段的检测和管理功能。

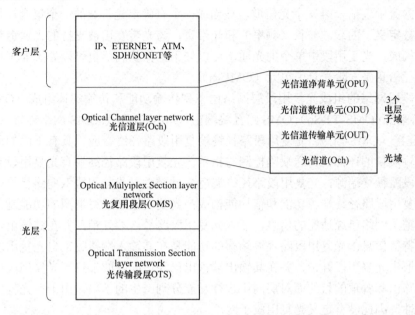

图 8.16 OTN 分层结构

3. 光传输层

光传输段层为光信号在不同类型的光媒质（如 G.652、G.653、G.655、G.656 等光纤）上提供传输功能；进行光传输段开销处理以便确保光传输段适配信息的完整性；同时实现对光放大器或中继器的检测和控制功能等，整个光传送网由最下面的物理媒质层网络所支持，即物理媒质层网络是光传输段层的服务者，通常会涉及以下问题：功率均衡问题，EDFA 增益控制问题和色散的积累和补偿问题，综合起来，光传送网的 OCh 层为各种数字客户信号提供接口，为透明地传送这些客户信号提供点到点的以光通道为基础的组网功能层；OMS 层为经波分复用的多波长信号提供组网功能；OTS 层经光接口与传输媒质相连接，提供在光介质上传输光信号的功能，光传送网的这些相邻层之间形成所谓的客户/服务者关系。

8.3.2 OTN 层网络组成及其功能

光传送网由光复用段层，光传输段层 3 层构成，每一层的功能结构是一样的，由适配功能路径终端功能，终端连接点组成，下面对每一层的组成和功能进行描述。

1. 光通道层

光通道层网络通过接入点之间的光通道路径为数字客户信号提供传送功能，光通道层网络的特征信息包括两个组成部分，即客户层网络适配信息形成的数据流和光通道路径终端开销形成的数据流，特征信息的定义反映了需要送到服务层的信息的形成并通过网络连接进行传输，根据 G.709 建议，光通道层的特征信息是光传送单元（OTU）。

光通道层网络包括下面的传输功能和传输实体：光通道路径、光通道路径终端源（OCh-TT-So）、光通道路径终端宿（OCh-TT-Sk）、光通道网络连接（OCh-NC）、光通道链路连接（OCh-LC）、光通道子网（OCh-SN）、光通道子网连接（OCh-SNC）。

2. 光复用段层

通过接入点之间的光复用段路径提供光通道的传输，光复用段层网络的特征信息由两个分离的逻辑信号组成：由光复用段路径终端开销构成的数据流，由光通道层适配信息组成的数据流，数据流中包括一组 n 个光信道，被当成一个有确定光带宽的一个集合，每一个通道有一个已经被定义了的载波波长（频率）和光带宽，该光带宽由被支持的光通道带宽加上光源稳定精度构成，光复用段中单个的光通道可以处于工作状态，也可以处于非工作状态，光复用段的特征信息是 n 阶光复用单元（OMU-n）。

光复用段层网络的组成光复用段层网络由下列传输功能和传输实体组成：OMS 路径、OMS 路径终端源（OMS-TT-So）、OMS 路径终端宿（OMS-TT-Sk）、OMS 网络连接（OMS-NC）、OMS 信道连接（OMS-LC）。光复用段路径终端复用段路径终端应该具有下面的通用终端处理功能：传输质量的评估，传送缺陷检测与指示。光复用段路径终端有光复用段双向路径终端，光复用段路径终端源，光复用段路径终端宿 3 种类型。光复用段双向路径终端由一对共处一地的光复用段路径终端源功能和宿功能构成；光复用段路径终端源的功能是在输入端接收来自光通道层网络已经适配的信息，插入光复用段路径终端开销，并在其输出端输出光复用段层网络特征信息；光复用段路径终端宿的功能是在其输入端接收来自光复用段层网络的特征信息，取出光复用段开销，并在其输出端输出已经适配好的信息。光复用段传输实体子网是为了选路由和管理的目的而对层网络进行功能分割产生的子集，由于在光复用段层网络上没有灵活性，因此没有定义光复用段子网。

光复用段层网络的功能是保证相邻两个波长复用传输设备间多波长光信号的完整传输，为多波长信号提供网络功能，该层网络的功能包括：

（1）处理光复用段开销，保证多波长光复用段适配信息的完整性。

（2）实施光复用段监控功能，实现段层的操作和管理，解决复用段生存性问题。

这些为多波长光信号执行的网络能力为光网络的操作和管理提供了支持，这些功能由光复用段层终端功能完成。

3. 光传输段层

光传输段层网络包含下面的传输功能和传输实体：OTS 网络连接（OTS-NC）、OTS 链路连接（OTS-LC）、OTS 子网（OTS-SN）、OTS 子网连接（OTS-SNC）。

光传输段路径终端光传输段路径终端应该具有下面的通用终端处理功能：连通性的确认、传输质量的评估、传输缺陷检测与指示。

光传输段层网络通过接入点之间光传输段路径为光复用段的信号在不同类型的光媒质上提供传输功能，一个 n 阶的光传输段支持一个同阶的光复用段，在这两层之间有一个一一对应的映射关系，光传输段定义了一个具有诸如频率、功率等级和信噪比等光参数的物理接口。

光传输段的特征信息由两个单独而独特的逻辑信号组成：光复用段层的适配信息，光传输段路径终端特有的管理维护开销，从物理上来说，它又由一个 n 阶光复用段和一条光监控信道构成，实际上，光传输段的特征信息是 n 阶光传送模块（OTM-n）。

8.3.3　OTN 的技术本质及其优势

OTN 技术是在目前全光组网的一些关键技术（如光的缓存、光定时再生、光数字性能监视、波长变换等）不成熟的背景下基于现有光电技术折中提出的传送网组网技术。OTN 在子网内部进行全光处理而在子网边界进行光电混合处理，但目标依然是全光组网，也可认为现在的 OTN 阶段是全光网络的过渡阶段。

OTN 技术作为一种新型组网技术，相对已有的传送组网技术，其主要优势如下：

（1）多种客户信号封装和透明传输。

（2）大颗粒的带宽复用、交叉和配置。

（3）强大的开销和维护管理能力。

（4）增强了组网和保护能力。

作为新型的传送网络技术，OTN 并不是非常完美。最典型的缺点就是不支持 2.5Gbit/s 以下颗粒业务的映射与调度。另外，通过超频方式实现 10GELAN 业务比特透传后，出现了与 ODU2 速率并不一致的 ODU2e 颗粒，40GE 也面临着同样的问题。这使得 OTN 组网时可能出现一些业务透明度不够或者传送颗粒速率不匹配等问题。

光传送网的生存技术。由于技术和业务的发展，对光传送网的生存技术提出了新的挑战，主要有：

（1）传送多种业务，各种业务所要求的业务质量不尽相同。

（2）所传送的业务容量由几 Mbit/s 达到几 Gbit/s 乃至几 Tbit/s。

（3）IP、ATM、SDH 信号共存。

8.4　城 域 光 网 络

城域网最早是计算机网络中提出的概念，即根据网络规模及网络中节点数量的多少将网络分为局域网 LAN、城域网 MAN 和广域网 WAN。而在传统的电信网中原先并无明确的城域网概念。随着技术的进步和通信业务的不断发展，通信网逐渐形成包括核心网、城域网和接入网几个层次的网络。城域光网络（又称城域传送网）是承载城域网主要业务，解决多类型、多粒度业务高效汇聚的通信基础网络。

8.4.1　城域网的定义

城域光网络是一种主要面向企事业用户的、最大可覆盖城市及其郊区范围的、可提供丰富业务并支持多种通信协议的本地公用网络。它可以提供语音、数据、图像、视频等多媒体综合业务，其中又以 IP 为代表的数据业务为重点。城域光网络在整个光网络中处于核心光网络和接入光网络之间，把接入网中企业与私人客户的各种协议、数据等无缝和灵活地连接到运营商的骨干网。

由于具体的环境差别较大，因此城域光网络表现出不同的特征，但其多业务的基本特点带来了一系列有别于其他网络的特点：

（1）面向公用网应用和多用户环境，具有一定的 QoS 保障要求。

（2）具有向用户提供多业务、多速率、多种服务质量的接入能力提供可管理、支持多种运营服务方式和网络技术演变的能力。

（3）支持多种客户层信号，能够快速地提供客户层信号所需的带宽。

（4）业务范围广，包括数据、语音和图像等，是全业务网络。

（5）传输距离可扩展为 100～200km。

（6）与长途网相比具有较低的成本，决定其成本的关键是节点的数量及业务的种类和大小。

从逻辑上来说，城域光网络遵循核心层、汇聚层、接入层的分层建网思路，从业务及网管角度看，在中心节点还应当有本地管理和业务点，以提供城域网的网络管理、接入、计费、认证等管理功能，提供本地电路出租、虚拟专网（Virtual Private Network，VPN）等各种增值业务功能，同时为上一级管理节点提供开放的网管和业务接口。

8.4.2　城域光网络的分层结构

城域光网络采用分层结构，共分三层，即核心层、汇聚层和接入层。其各个层的功能介绍如下：

（1）核心层的主要功能是给各业务汇聚节点提供高带宽的 TDM、IP 和 ATM 业务平面高速承载和交换通道，完成和已有网络（ATM、PSTN、FR/DDN 和 IP 网）的互联互通。一般采用灵活的光交叉连接 OXC 或光分插复用器 OADM。

（2）汇聚层主要完成的任务是对各业务接入节点的业务汇聚、管理和分发处理。汇聚层起着承上启下的作用，对上连至核心层，对下将各种带宽多媒体通信业务分配到各个接入层的业务节点。所有业务在进入骨干节点之前，都由汇聚节点完成诸如对用户进行鉴权、认证、计费管理等智能业务处理机制，实现 L2TP、GRE、IPSEC 等各类隧道的终结和交换，流分类等。

（3）接入层主要利用多种接入技术，迅速覆盖用户，对上连至汇聚层和核心层，对下进行带宽和业务分配，实现用户的接入。接入层节点的基本特征是简单灵活。接入层设备可按用户对象和业务的不同而进行灵活的配合组网，根据现有的铜缆、光纤、电缆等资源，选用不同的接入方式。

由于实际的城域环境可能存在较大差距，例如，网径大小和业务数量等，因此实际的城域光网络不一定都具有明显的上述三个层次，更多的会是其中若干层次的融合和实现。

8.4.3　多生成树协议

在城域网建设中，能够满足多业务（主要是数据业务和电路交换业务）传送要求的、基于 SDH 技术的多业务传送技术称为基于 SDH 的多业务传送平台实现技术。简称狭义 MSTP（Multi-Service Transfer Platform）技术，其基本功能模型如图 8.17 所示。

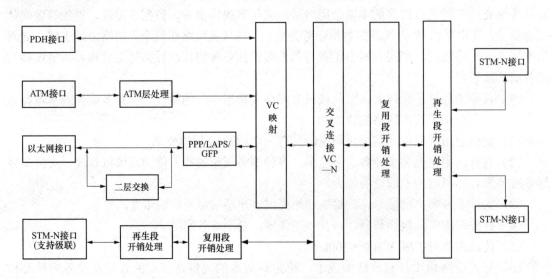

图 8.17　基于 SDH 的多业务传送平台基本功能模型

　　狭义的 MSTP 技术由于其 SDH 核心技术而具有明显的时代性和广泛性。SDH 技术在国内外得到了广泛的应用，已经成为传送网的核心技术。在 SDH 的基础上提供对多种业务的支持，可以继承 SDH 的诸多优点，实现网络的平滑过渡，有着突出的技术优势和市场优势。因此，基于 SDH 的多业务传送平台 MSTP 已经成为建设以城域网为代表的多业务传送网的首选技术。它具有将分组数据业务高效地映射到 SDH 虚容器的能力，并可以采用 SDH 物理层保护使承载的数据业务和 TDM 业务一样具有高可靠性，其良好的多业务拓展能力、业务服务质量保证已经充分得到了运营商的认可。所以，目前绝大多数 MSTP 技术均是基于 SDH 的多业务传送平台实现技术。

　　MSTP 设备按照设备容量和其在网络中的定位可以分为高端、中端和低端三种，它们分别应用于城域网的核心层、汇聚层和接入层，其划分标准通常从以下几方面来考虑：支持的接口类型和协议类型、上行速率等级及网络运营维护方法。

　　MSTP 从本质上讲是多种现有技术的优化组合，从它的协议栈分析能够很好地说明 MSTP 技术对不同业务类型的支持方式，图 8.18 给出了狭义 MSTP 的协议栈模型。

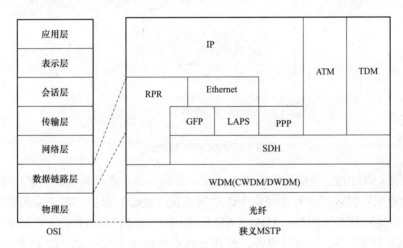

图 8.18　狭义 MSTP 协议栈模型

8.5　光 分 组 传 送 网

　　2005 年前后，光分组传送网（PTN）应运而生。PTN 是面向连接的分组交换技术，融合了数据网和传送网的优势，既具有分组交换、统计复用的灵活性和高效率，又具备电信网强大的 OAM、快速保护倒换能力和良好的 QoS 保证，引起业界众多的关注，并很快形成 T-MPLS/MPLS-TP 和 PBB-TE 两大主流实现技术。

　　传送-多协议标记交换（T-MPLS）是传送网技术与 MPLS 技术结合的产物，最初由 ITU-T 于 2005 年提出。2008 年，ITU-T 同意和 IETF 成立联合工作组来共同讨论 T-MPLS 和 MPLS 标准的融合问题，并扩展其技术成为 MPLS-TP（Transport Profile for MPLS）。

8.5.1　MPLS-TP 的网络功能架构

1. 层网络模型

MPLS-TP 沿袭了传送网分层分域的体系结构，在水平方向可分为不同的管理域，在垂直方向分成不同的层网络。我国《PTN总体技术要求》中规范了层网络模型可分为虚通道层、虚通路层和虚段层，如图 8.19 所示。

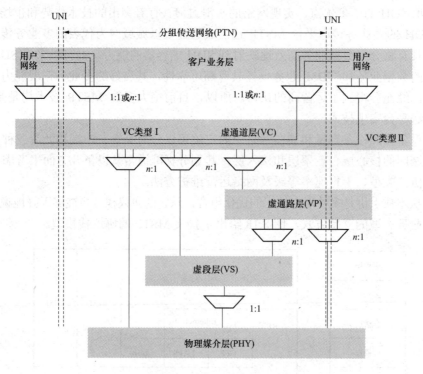

图 8.19   PTN 层网络模型

（1）虚通道（VC）层。该层网络提供点到点、点到多点、多点到多点的客户业务的传送，提供 OAM 功能来监测客户业务并触发 VC 于网连接（SNC）保护。客户业务信号可以是以太网信号或非以太网信导（例如，TDM、ATM、帧中继）。MPLS-TP 的 VC 层即伪线层。

（2）虚通路（VP）层。该层网络通过配置点到点和点到多点的虚通路（VP）层链路来支持 VC 层网络，并提供 VP 层隧道的 OAM 功能，可触发 VP 层的保护倒换。

（3）虚段（VS）层。PTN 虚段层网络提供监测物理媒介层的点到点连接能力，并通过提供点到点 PTN VP 和 VC 层链路来支持 VP 和 VC 层网络。PTN VS 层为可选层，在物理媒介层不能充分支持所要求的 OAM 功能或者点到点 VS 连接跨越多个物理媒介层链路时选用。

层网络信号之间的复用关系可以是 1:1 或 n:1 关系，1:1 和 n:1 关系是通过层间适配功能提供的。MPLS-TP 各层能够独立于它的客户层以及控制平面运行，并可运行在 SDH、OTN 和以太网等多种物理层技术之上。

2. 网元的功能结构

PTN 网元设备沿袭了 ASON 的做法，由传送平面、管理平面和控制平面组成。3 个平面包括的功能模块如图 8.20 所示。

（1）传送平面。传送平面提供端到端的双向或单向信息传送，监测连接状态，提供网络控制信息和管理信息的传送。传送平面的主要功能为实现对业务接口和线路接口的适配、报文的标记转发和交换、业务的服务质量（QoS）处理、OAM 报文的转发和处理、网络保护、同步信息的处理和传送等。

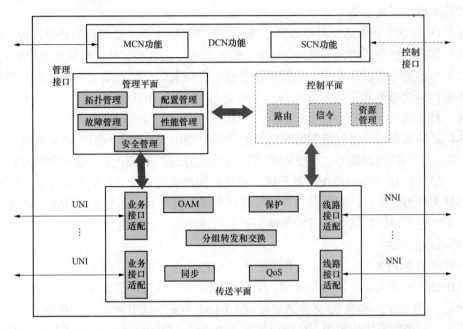

图 8.20　PTN 网元的功能模块示意图

（2）管理平面。管理平面执行传送平面、控制平面及整个系统的管理功能，它同时提供这些平面之间的协同操作。管理平面实现网元级和子网级的拓扑管理、配置管理、故障管理、性能管理和安全管理等功能，并提供必要的管理和辅助接口。

（3）控制平面功能（可选）。控制平面由提供路由、信令和资源管理等特定功能的一组控制元件组成，并由一个信令网络支撑。目前 PTN 的控制平面的相关标准还没有完成，一般认为它可以是 ASON 向 PTN 领域的扩展，用 IETF 的 GMPLS 协议实现，支持信令、路由和资源管理等功能，并提供必要的控制接口。

PTN 支持基于线形、环形、树形、星形和格形等多种组网拓扑。在城域核心、汇聚和接入三层应用时，PTN 通常采用多环互联+线形的组网结构。

8.5.2　MPLS-TP 的业务适配和数据转发

有人将 MPLS-TP 归纳为一个等式；MPLS-TP=MPLS+OAM-IP。概括地说，MPLS-TP 是 MPLS 的子集，采用 MPLS 的业务承载和数据转发方式，同时增加了 ITU-T 传送风格的 OAM 功能。为了支持面向连接的瑞到端的 OAM 功能，MPLS-TP 丢弃了一些 IP 所带有的无连接特征的功能，如不采用基于 IP 的逐跳转发机制、不采用等价多路径（ECMP）、最后一跳弹出（PHP）和标记交换通道（LSP）合并等。

1. MPLS-TP 网络的业务适配

MPLS-TP 网络采用面向连接的多种业务承载机制，目前阶段的标准主要规范了基于伪线的仿真业务，TDM 业务、以太网二层业务和 ATM 业务都可以以伪线仿真的方式封装接入。

伪线仿真基于 IETF 的 IP/MPLS 标准进行规范，是一种在分组交换网络中仿真诸如 ATM、帧中继、以太网及 TDM 等业务的本质属性，在封装这些业务时尽可能忠实地模拟业务的行为和特征，管理时延和顺序，并在 MPLS 网络中构建起 LSP 隧道，从而在客户边缘设备中为各种二层业务提供透明的传送。在接收端，再对接收到的业务进行解封装、帧校验、重新排序等处理后还原成原始业务。

MPLS-TP 网络中业务适配需经过预处理、汇聚和封装 3 个主要模块的处理过程。预处理是指对客户信息进行必要的预先处理，比如，数据和地址的转换、对客户信息类型的识别等，以便降低下一步处理的设计难度。汇聚模块主要负责根据客户信息或信令信号的类型及重要性将分组进行分类整理和汇聚，并安排到不同类型的 LSP 中传输，以满足不同类型信号的 QoS 需要。封装模块在信号进行 T-LSP 复用和转发之前将信号进行适配。

封装模块的实现与所要封装的客户信息的类型密切相关，对于分组、信元和时分这 3 种不同信号需采用不同的封装方法。IP 业务可以直接映射到了 T-LSP 上，也可使用双标签方式间接映射。对于非 IP 业务的适配，基于虚电路进行间接映射。若客户信号超过服务层网络所能承载的最大分组长度时，则要对客户信号进行分段。有些客户信息如 TDM 可能需要按顺序传送和实时性支持，对这些信号的传输需要具有排序和定时功能。

2. 标记转发机制

面向连接的 MPLS-TP 技术可以看作是基于 MPLS 标记的隧道技术，采用双标记转发机制，即 MPLS-TP 在为客户层提供分组式数据传输时，会对客户信息分配两类标记：公共互通指示标记（CII 标记）和传送-交换通道标记（T-LSP 标记）。CII 标记是虚电路（VC）标记，如图 8.所示，在现阶段的规范中 VC 标记被定义为伪线（PW）标记。通过 CII 标记将两端的客户联系在一起，用于终端设备区分客户信息。T-LSP 标记用于客户信息在标记交换通道中的交换和转发，通过标记交换协议，给分组数据提供面向连接的 LSP，实现具有统计复用特点、端到端的透明分组传送。为了支持 MPLS-TP 层网络，T-LSP 支持无限嵌套，所以 T-LSP 标记可以有多个。复用/解复用模块通过虚电路捆绑的方法可以将多个 VC 捆绑成一个虚电路组（VCG）在同一个 T-LSP 上传送，如图 8.21 所示。这样可以降低网络传输交换设备的复杂度，同时减少对带宽资源的占用。

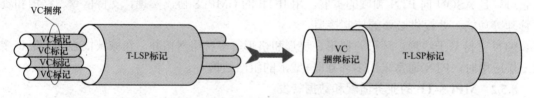

图 8.21 T-MPLS 双重标记示例

8.6 接 入 光 网 络

接入网（Access Network，AN）是宽带核心网络到用户网最后一段路程（the last mile）的传输网络。近 10 年来核心网络的带宽高速发展，已经远远超过了接入网的承载能力，使得核心网的带宽和接入网的带宽严重不匹配，接入网已成为宽带业务进入用户的最后瓶颈。近年来光纤接入网的迅猛发展，使解决这一瓶颈问题有了技术依靠，先后出现了模拟的光纤/同辅混合接入网（Hybrid Fiber Coaxial，HFC），数字的无源光网络（Passive Optical Network，PON），其中包括 APON（ATM PON）、EPON（Ethernet PON）和 GPON（Gigabit PON），以及有源光网络（Active Optical Network，AON）等。

8.6.1 HFC

光纤同轴电缆混合网（HFC）的传输主干线为光缆，通过光分路器将光信号分配到各个社区，在光节点完成光电变换后，送入同轴电缆分削网进入千家万户。这种方式兼顾了宽带业务的带宽和建设网络的成本，可以在原来 CATV 网络的基础上改造升级进入 HFC 领域。对宽带用户网络的研究已有相当长的历史，只是到了 1994 年上半年，宽带用户网络采用 HFC 技术后取得了重大进展，有史以来第一次通过一个 HFC 宽带用户网络提供电话、数据、影像等综合业务。HFC 宽带用户网络所提供的业务，除了电话、模拟广播电视业务外，还可逐步开展窄带 ISDN 业务、高速数据通信业务、会议电视、数字视频点播（NVOD）和各种数据信息服务业务。在业务功能逐步升级的过程中，HFC 宽带用户网络不会出现传输频带的瓶颈阻塞现象，这与传统的电信双绞线用户网络有着本质的区别，因此 HFC 宽带用户网络是适合现阶段经济发展水平，通向用户的信息高速公路。HFC 技术以其优异的性能价格比受到了众多发达国家电话公司与有线电视公司的高度重视。

1. HFC 双向传输系统原理

HFC 双向传输系统原理其实质就是多路副载波复用光纤传输系统，如图 8.22 所示，采用模拟和数字的副载波调制技术，传输多路视频、音频和数据信号到用户。

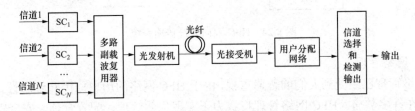

图 8.22　多路副载波光纤传输系统

图 8.23 为多路副载波复用光纤传输频谱原理图，其中横坐标表示频率，纵坐标表示副载波幅度，每一频率代表一路副载波，对副载波可实施模拟的调制，如常见 AM 和 FM 调制，这样模拟信号就可以在副载波上传输。同理，对于数字信号就要进行数字调制，如 ASK、FSK、PSK 以及 QPSK 和 QAM 等调制方式，然后将所有副载波频分复用通过光纤传输。该系统适用于 CATV 光纤传输系统、微波信号的光纤传输和电视数据综合业务接入网。

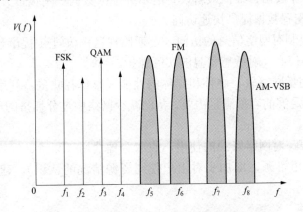

图 8.23　多路副载波复用光纤传输频谱原理图

2. HFC 双向传输系统结构

如图 8.24 所示为 HFC 双向光纤传输系统，主要包括：下行收发光端机、上行收发光端机、调制解调器和网管系统等部分组成。前端信号经下行收发光端机送向用户端，用户端反向信号经上行收发光端机送向中心前端；同一台光端机下的用户被分为 4 个电缆小区，各个电缆小区的回传信号经过电频分复用后经上行光纤传输系统传输到中心前端；传输系统的工作状态由网管系统进行监控和管理，前端设备和网管主机的数据传输用双绞线，用户端设备和网管主机之间通信经过上下光纤传输系统来实现双向传输。

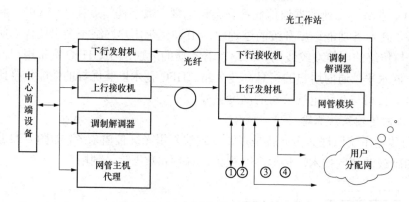

图 8.24   HFC 双向光纤传输系统

3. HFC 网络管理

HFC 网络管理已经受到人们的普遍重视，由于 HFC 网络的历史原因和继承性，使得 HFC 网络管理存在许多弊病。HFC 网络管理将致力于实现失效管理、配置管理、安全管理、性能管理和计费管理五大管理功能。最终实现对 HFC 网络的全面管理，它包括两部分内容：其一，实现对网络的每一个设备的管理；其二，实现对网络服务的管理以及上层网管接口。

网络管理的 5 个功能域：

1）失效管理：对网络故障进行定位（发现异常/找原因/修复问题），增强网络可靠性，提高网络的效率。

2）配量管理：发现和设置决定网络表现的关键设备的过程（获取当前配置信息/提供远程修改配置的手段/储存数据；维护最新设备清单并根据数据产生报告），增强对网络配置的控制，通过对设备的配置数据提供快速访问。

3）安全管理：控制对网络信息的访问（定期监视远程访问点/提醒预防潜在的安全性破坏），建立网络安令的信心，对敏感信息的实际保护。

4）性能管理：测量网络软、硬件和媒体的性能（整体吞吐量、利用率、错误率、响应时间等），保证网络有足够的容量满足需要，帮助减少网络中过分拥挤的现象，提供水平稳定的服务。

5）计费管理：跟踪对网络资源的使用，收取合理费用（测量、报告计费信息，分配资源，促使用户合理使用资源，增加了对用户使用资源情况的认识），建立一个更具生产力的网络。

8.6.2 无源光网络

基于时分多址（TDM）的 PON 是一直是多年来研究和应用的主流技术。随着 IP 的崛起和迅猛发展，基于以太网的无源光网络（EPON）应运而生。EPON 保留物理层 PON 的精华部分，而以以太网作为链路层协议，构成一个可以提供更大带宽、更低成本和更高效率的新型结构。EPON 在以太网得到了积极响应，并由 IEEE 802.3 形成了千兆以太无源光网络（GEPON）的标准草案。EPON/GEPON 消除了 ATM 和 SDH 层，降低了初建成本和运维成本，简化了硬件设备，可以工作在更高的速率和支持更多用户，成为近几年 PON 的主流应用形式。10GHz EPON 的标准也在 2009 年成熟，工业界很快开发了相应的设备。

与 EPON 发展的同时，工作速率超过 1Gbit/s、基于通用成帧协议（GFP）的 PON（GPON）的标准化和工业化进程也引起众多的关注。2003 年 1 月，ITU-T 通过两个有关 GPON 的标准 G.984.1（总体特性）和 G.984.2（物理媒质层），这两个标准规定 GPON 可以提供 1.244Gbit/s 和 2.488Gbit/s 的下行速率，传输距离达到 20km，具有高速高效传输的特点。另外，GPON 在传输汇聚层采用了新的标准协议——通用成帧协议。该协议可以透明、高效地将各种信号封装进接入网络，具有开放、通用的特点，可以适应现有的各种用户信号以及未来可能出现的各种新业务。由于采用 GFP 进行封装，GPON 的传输汇聚层本质上是同步的，并使用 SDH 的 125μs 帧长，因而使得 GPON 可以直接支持 TDM 业务，成为 PON 发展的一个重要方向。图 8.25 给出了十几年来 PON 的发展历程。

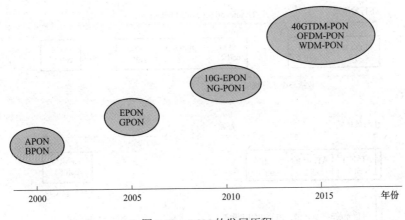

图 8.25   PON 的发展历程

1. APON

APON 是在 PON 上实现基于 ATM 信元传输的接入技术.最早由全业务接入网组织 FSAN 于 20 世纪 90 年代提出，并由 ITU-T 完成标准化的工作。APON 系统为点到多点传输系统的复用和多路接入方式提供了良好的基础，这种传输结构为多用户共享整个带宽提供了基础。APON 采用 TDM 方式，并通过信元头的虚通道标识符/虚通路标识符（VPI/VCI）进行二级寻址，根据不同业务的 QoS（服务质量）进行不同的转接处理。

一个典型的采用树形分支拓扑结构的 APON 系统如图 8.26 所示.G.983 建议规定了 APON 的传输复用和多址接入方式采用以信元为基础的 TDM/TDMA 方式。单纤双工系统下行方向的工作波长范围应为 1480～1580nm，双纤系统下行方向的工作波长范围应为 1260～1360nm，上行方向工作波长为 1260～1360nm，分路比小于 1：32。在下行方向，由 ATM 交换机来的 ATM 信元先送给 OLT，OLT 将其转换为连续的 155.52Mbit/s 或 622.08Mbit/s 的下行帧，并以广播方式传送给与 OLT 相连的各 ONU,每个 ONU 可以根据信元的 VCI/VPI 选出属于自己的信元送给终端用户。在上行方向，来自各 ONU 的信元 ONU 的信元需要排队等候属于自己的发送时隙来发送，由于这一过程是突发的，为了避免冲突，需要一定的媒体接入控制协议 MAC 来保证，具体实现时由 OLT 为每个 ONU 分配上行带宽（光发送机的占用时隙）。

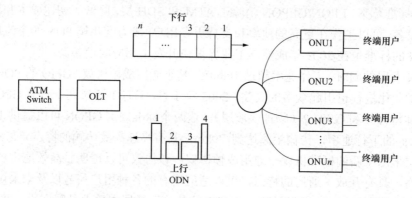

图 8.26　APON 系统结构示意图

G.983 建议也给出了 APON 的帧结构。具体的上下行帧结构如图 8.27 所示。

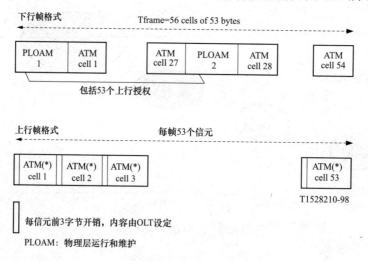

图 8.27　APON 帧结构

在图 8.27 中，155.52Mbit/s 和 622.08Mbit/s 的下行帧由连续的时隙流组成，每个时隙包含 53 字节的 ATM 信元或 PLOAM 信元（物理层运行和维护信元，用来承载物理层运行和维护信息，还能携带 ONU 上行按入时所需的授权信号）。每隔 27 个时除插入一个 PLOAM 信元。速率为 155.52Mbit/s 的下行帧包含 2 个 PLOAM，共有 56 个时隙；而 622.08Mbit/s 的下行帧包含 8 个 PLOAM。共有 224 个时隙。通常，每一个 PLOAM 有 27 个授权信号，每一帧仅需 53 个授权信号。所以，622.08Mbit/s 的下行帧中，后面 6 个 PLOAM 信元的授权信号区全部填充空闲授权信号，不被 ONU 使用。上行帧采用 155.52Mbit/s 速率，共有 53 个时隙，每个时隙包含 56 个字节，其中 3 个字节是开销字节，包括：

（1）防护时间。在两个连续信元之间提供间隙以防止碰撞，最小长度为 4bit。

（2）前置码。用作相对于 OLT 的本地时钟提取到达信元和微时隙的相位，或用作比特同步和幅度恢复。

（3）定界符。用作唯一的格式来指示 ATM 信元和微时隙的开始，也可作字节同步。

其中，防护时间长度、前置码和定界符格式由 OLT 编程决定，其内容由下行方向 PLOAM 信元中的控制上行开销信息决定。

另外，OLT 要求每个 ONU 传输 ATM 信元时需获得下行 PLOAM 信元的授权。上行时隙可包含一个分割的时隙，由来自 ONU 的大量微时隙组成，MAC 协议可用它们来传送 ONU 的排队状态信息以实现动态带宽分配。

FSAN 在 2001 年后将 APON 改称为宽带无源光接入网 BPON，并对其若干参数等进行了修订。但是就目前而言，APON 和 BPON 的应用前景并不乐观，仅在一些核心数据网络仍然采用 ATM 技术的国家和地区少量使用。由于 ATM 技术较为复杂，开销较大. 造成系统成本较高，限制了其大规模的使用。另一方面，21 世纪以来 Internet 的快速发展，IP 技术在核心网络和城埠网络中都得到了广泛的应用，因此 APON 和 BPON 在接入环境中的使用和推广也受到了很大的限制。

2. EPON

（1）EPON 的体系结构与工作原理。以太网无源光网络（Ethernet Passive Optical Networks，EPON）简单来讲就是使用无源光网络（PON）的拓扑结构实现以太网的接入（Ethernet over PON）。

EPON 与 APON 相比，其上下行传输速率比 APON 的高，EPON 提供较大的带宽和较低的用户设备成本，除帧结构和 APON 不同外，其余所用的技术与 G.983 建议中的许多内容类似，其下行采用 TDM 传输方式，上行采用 TDMA 传输方式。EPON 和 APON 一样，可应用于 FTTB 和 FTTC，最终的目标是在一个平台上提供全业务服务。

EPON 位于业务网接口到用户网络接口之间，通过 SNI 与业务节点相连，通过 UNI 与用户设备相连。EPON 主要分成三部分，即光线路终端（OLT），光分配线网络（ODU）和光网络单元/光网络终端（ONU/ONT），其中 OLT 位于局端，ONU/ONT 位于用户端。OLT 到 ONU/ONT 的方向为下行方向，反之为上行方向。EPON 接入网结构如图 8.28 所示。

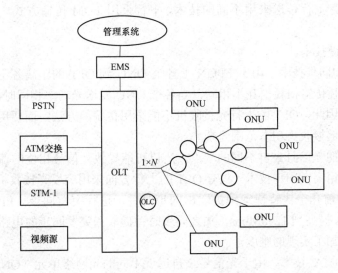

图 8.28　EPON 接入网结构

在 EPON 系统中，OLT 既是一个交换机或路由器，又是一个多业务提供平台（Multiple Service Providing Platform，MSPP），它提供面向无源光纤网络的光纤接口。OLT 将提供多种速率的以太接口，支持 WDM 传输。为了支持其他流行的协议，OLT 还支持 ATM，以及 OC3/12/48/192 等速率的 SONET 的连接。若需要支持传统的 TDM 话音、普通电话线（POTS）和其他类型的 TDM 通信（T1/E1），OLT 可以连接到 PSIN。OLT 除了提供网络集中和接入的功能外，还可以针对用户的 QoS/SLA（Service Level Agreement）的不同要求进行带宽分配、网络安全和管理配置。

OLT 根据需要可以配置多块光线路卡（Optical Line Card，OLC），通过无源光分路器 OLC 与多个 ONU 连接，通常一个无源光分路器的分线率为 8，16 或 32，并可以多级连接。在 EPON 中，从 OLT 到 ONU 距离最大可达 20km。

EPON 中的 ONU 采用了技术成熟的以太网络协议，实现成本低廉的以太网第二层或第三层交换功能。此类 ONU 可以通过层叠来为多个最终用户提供共享高带宽。在通信过程中，不需要协议转换，就可实现 ONU 对用户数据透明传送。ONU 也支持其他传统的 TDM 协议，而且不增加设备和操作的复杂性。在带宽更高的 ONU 中，将提供大量的以太接口和多个 T1/E1 接口。对于光纤到家（FTTH）的接入方式，ONU 和 UNI 可以被集成在一个简单设备中，不需要交换功能，用极低的成本给终端用户分配所需的带宽。

EPON 中的 OLT 和所有的 ONU 由网元管理系统 EMS 管理。网元管理范围有故障管理、配置管理、计费管理、性能管理和安全管理。

（2）EPON 传输原理。EPON 和 APON 的主要区别是：在 EPON 中，根据 IEEE 802.3 以太网协议，传送的是可变长度的数据包，最长可为 1518 个字节；在 APON 中，根据 ATM 协议的规定，传送的是 53 字节固定长度信元。显然，APON 系统不能直接用来传送 IP 业务信息。因为 IP 要求将待传输数据分割成可变长度的数据包，最长可为 65 535 个字节。APON 若要传送 IP 业务，必须把四包按每 48 字节为一组拆分，然后在每组前附加上 5 字节的信头，构成一个个 TM 信元。此过程既费时，又增加了 OLT 和 ONU 的成本，且 5 字节信头浪费了带宽。与此相反，以太网适合携带 IP 业务，与 ATM 相比，极大地减少了开销。在 EPON 中，上下行传送采用不同的技术，下行采用 TDM 传输方式，上行采用 TDMA 传输方式。

（3）EPON 关键技术。

1）突发接收和同步技术。由于 EPON 上各个 ONU 到 OLT 的距离各不相同，所以各个 ONU 到 OLT 的路径传输损耗也互不相同，当各个 ONU 发送光功率相同时，到达 OLT 后的光功率互不相同。因此，OLT 的上行光接收机不能采用传统的方法，而要用特殊的突发模式接收技术来保证能够接收大动态范围光功率。

由于突发模式的光信号来自不同的端点，所以可能导致光信号相位的偏差，消除这种微小偏差的措施是采用突发同步技术。只有 OLT 的上行方向采用突发光接收机，才能从接收到的突发脉冲串中的前几个比特快速地提取出同步时钟，进行突发同步。EPON 上行速率由 APON 的 1155Mbps 提高到 1250Mbps，加之同步时钟提取和突发同步的电路实现，只能采用串行处理，这就增加了实现的难度。

2）测距和 TDMA 技术。由于光信号来自远近不同的光网络单元（ONU），所以在时间上可能产生信号冲突，通过测距技术就可以消除这种冲突。EPON 上行传输采用时分多址

（TDMA）方式接入，一个 OLT 可以接 16～64 个 ONU，ONU 至 OLT 之间的距离最短的可以是几米，最长的可达 20km。实现 TDMA 接入，必须使每一个 ONU 的上行信号在公用光纤汇合后，插入指定的时隙，彼此间既不发生碰撞，也不要间隙太大，OLT 要不断地对每一个 ONU 与 OLT 的距离进行精确测定，以便控制每个 ONU 发送上行信号的时刻，要求测距精度为量±1bit。

测距过程：OLT 发出一个测距信息，此信息经过 OLT 内的电子电路和光电转换延时后，光信号进入光纤传输并产生延时到达 ONU，经过 ONU 内的光电转换和电子电路延时后，又发送光信号到光纤并再次产生延时，最后到达 OLT，OLT 把收到的传输延时信号和它发出去的信号进行比较，从而获得传输延时值。OLT 以距离最远的 ONU 的延时为基准，算出每个 ONU 的延时补偿值 T_d，并通知 ONU。该 ONU 在收到 OLT 允许它发送信息的授权后，延时 T_d 补偿值后再发送自己的信息，这样各个 ONU 采用不同的 T_d 补偿时延进行调整自己的发送时刻，以便使所有 ONU 到达 OLT 的时间都相同。（基本与 APON 测距相似）

3）带宽分配技术。EPON 分配给每个 ONU 的上行接入带宽由 OLT 控制决定。带宽分配与分配给 ONU 的窗口大小和上行传输速率有关。带宽分配又分静态和动态两种，静态带宽由开的窗口尺寸决定；动态带宽根据洲 U 的需要，由 OLT 分配决定。

动态带宽分配（DBA）算法就是实时地（ms/μs 量级）改变 EPON 的各 ONU 上行带宽的机制。EPON 中如果用带宽静态分配，对数据通信这样的变速率业务很不适合，如按峰值速率静态分配带宽则整个系统带宽很快就被耗尽，带宽利用率很低，而动态带宽分配使系统带宽利用率大幅度提高。通过 DBA，可以根据 ONU 突发业务的要求，通过在 ONU 之间动态调节带宽来提高 PON 上行带宽效率。由于能更有效地利用带宽，网络管理员可以在一个已有的 PON 上增加更多用户，终端用户也可以享更好的服务，如用户可用到的带宽峰值可以超过传统的固定分配方式的带宽。

动态带宽分配设计的具体要求：业务透明；高带宽利用率；低时延和低时延抖动；公平分配带宽；健壮性好，实时性强等特点。动态带宽分配采用集中控制方式，所有 ONU 的上行信息发送，都要向 OLT 申请带宽，OLT 根据 ONU 的请求按照一定的算法给予带宽（时隙）占用授权，ONU 根据分配的时隙发送信息。其分配算法的基本思想是：各 ONU 利用上行可分割时隙反映信元到达的时间分布，并请求分配带宽；OLT 根据各 ONU 的请求，公平合理地分配带宽，并同时考虑超载、信道有误码、有信元丢失等情况的处理。

在 PON 中，在传输汇聚层上用流量容器来存储管理上行带宽分配的业务流，使 PON 带宽利用率得到提高。分析表明，采用 DBA，最大的带宽利用率可达 80%，而没有 DBA 时，只有 40%。平均传输时延无 DBA 时为 100ms，而用 DBA 时则小于 10ms。

3. GPON

（1）GPON 概述。ITU 在 PON 标准化方面一直处于领先地位，ITU 的 G.983 系列标准目前已得到广泛应用。GPON 的概念最早是由全业务接入网联盟（FSAN，Full Service Access Network）在 2001 年提出的，之后在不同组织和厂商的推动下，ITU 于 2003 年 1 月正式通过并颁布了 GPON 标准系列中的两个标准 G984.1 和 G984.2。由于 GPON 标准是 ITU 在 APON 标准之后推出的，因此 G984 标准系列不可避免地沿用了 G983 标准的很多思路。

ITU-TGPON 标准系列包含下列标准：

G984.1（2003 年 1 月）：吉比特级无源光网络的总体特性。该标准主要规范了 GPON 系统的总体要求，包括 OAN 的体系结构、业务类型、SNI 和 UNI、物理速率、逻辑传输距离以及系统的性能目标。

G984.2（2003 年 1 月）：吉比特级无源光网络的物理媒质相关（PMD））层规范。该标准主要规范了 GPON 系统的物理层要求。

G984.3（2003 年 10 月）：吉比特级无源光网络的传输汇聚（TC）层规范。该建议规定了 GPON 的 TC 子层、帧格式、测距、安全、动态带宽分配（DBA）、操作维护管理功能等。

G984.3（2004 年 4 月）：古比特级无源光网络的管理控制接口（OMCl）规范。该建议初步规定了 GPON 的管理控制接口（OMCl）规范。

G984.1 对四则提出了总体目标，要求州 U 的最大逻辑距离差可达 20km，最大分路比为 16，32 或 64，不同的分路比对设备的要求不同。从分层结构上看，ITU 定义的 GPON 由 PMD 层和 TC 层构成，分别由 G984.2 和 G984.2 进行规范。

在 Gbit/s 中，对 GPON 的 PMD 层进行了规范。系统下行速率为 1.244 或 2.488Gbit/s，上行速率为 155。1244 或 2488Mbit/s。标准规定了在各种速率等级下 OLT 和 ONU 光接口的物理特性，提出了 1.244Gbit/s 及其以下各速率等级的 OLT 和 ONU 光接口参数。但是对于 2.488Gbit/s 速率等级，并没有定义光接口参数，原因在于此速率等级的物理层速率较高对光器件的特性提出了更高的要求。

在 G984.3 建议中，ITU 将 TC 层又分成了两个子层：TC 成帧子层和 TC 适配子层。G.984 规定了 GPON 上行采用 TDMA 方式，所有上行数据传输均由 OLT 控制。在 G984.3 建议中，动态带宽分配和 QoS 沿用了 G983.4 的思路，将业务分为 5 种类型，不同的业务设置不同的参数，根据参数检测拥塞状态，分配带宽，对 ONU 进行授权。除 DBA、加密功能外，ITU 在 TC 层还定义了一些新的功能，如前向纠错、功率控制等。实际上，在 2001 年 1 月左右 EFM 提出 EPON 概念的同时，FSAN 集团也开始进行 1Gbit/s 以上的 PON 标准的研究。除了需要支持更高的比特速率外，FSAN 提出"对全部协议开放地进行完全彻底地重新考虑"的正确决定，努力寻求一种最佳的、支持全业务的、效率最高的解决方案。一些先进国家运营商的代表，提出一整套"吉比特业务需求"（GSP）文档，作为提交 ITU-T 的标准之一，反过来又成为提议和开发 GPON 解决方案的基础。这说明 GPON 是一种按照消费者的准确需求设计、由运营商驱动的解决方案，是值得产品用户信赖的。在 GSR 文档中所列举的要求主要有以下几点：

1）支持全方位服务，包括话音（TDM、PDH 和 SONET/SDH）、Ethernet（10/100Base-T）、ATM 专线等。

2）物理覆盖至少 20km，协定内逻辑支持范围 60km。

3）支持同一种协定下的多种速率模式，包括对称的 622Mbit/s 和 1.25Gbit/s，以及不对称的下行 2.5Gbit/s，上行 1.25Gbit/s 及更多组合（将来可达到同步 2.5Gbit/s）。

4）针对点对点服务管理需提供 OAM&P（Operation、Admimistration、Maintenance、Provising）的能力。

5）针对 PON 下行流量是以广播传送的特点，提供协议层的安全保护机制。

（2）GPON 和 EPON 标准的比较。表 8.1 对 GPON 和 EPON 标准的主要参数进行了比较。针对 GPON 和 EPON 技术的不同特点，可以对这两种技术做出以下分析：

1）GPON 支持多种速率等级，可以支持上下行不对称速率，上行不一定要支持 1Gbps

以上的速率，因此与 EPON 只能支持对称 1Gbps 的单一速率相比，GPON 对光器件的要求较低，从而可降低成本。EPON 只支持 ClassA 和 B 的 ODN 等级，而 GPON 可支持 ClassA、B和 C，因此 GPON 可支持高达 128 的分路比和长达 20km 的传输距离。

表 8.1   GPON 和 EPON 主要参数比较

主要参数	GPON	EPON
相关标准组织	ITU-T G.984 标准组	IEEE802.3ah 工作组（EFM 工作组）
支持的速率等级	下行 1.25Gbit/s 或 2.5Gbit/s 下行 155Mbit/s、622Mbit/s、1.25Gbit/s 或 2.5Gbit/s	上下行对称 1.25Gbit/s
支持的 ODN 等级	ClassA，ClassB，ClassC 15/20/25dB	ClassA，ClassB 15/20dB
分路比	64～128	16～32
协议和封装格式	ATM 或 GFP 封装格式	以 802.3 协议为准
距离	10～20km	10～20km
同步方式	每 125μs 下行同步标志	时钟标签法
业务能力	Ethernet，ATM，TDM	Ethernet，TDM（比较困难）
QoS	容易	难

2）单从协议上比较，因为 EPON 标准是以 802.3 体系结构为基础，因此与 GPON 标准相比其协议分层更简单，系统实现更容易。鉴于目前以太网芯片的成熟性，其系统成本更低，对于接入网产品来讲这一特点使 EPON 产品比 GPON 产品更具有竞争力。

3）ITU 在制定 GPON 标准过程中沿用了 APON 标准 G983 的很多概念，与 EFM 制定的 EPON 标准相比其标准更完善。但由于其增加了 TC 子层，因此也相应增加了一定的开销，这在一定程度上违背了希望能够借助 Ethernet 技术简单、经济特点的这一初衷。因此如何规定一个高效率的 TC 层机制将成 ITU 在制定 GPON 标准中的一个关键。

4）GPON 标准规定 TC 子层可以采用 ATM 和 GFP 两种封装方式，其中 GFP 封装方式适于承载 IP/PPP 等基于包的高层协议，但对于为了支持 ATM 业务而定义的 ATM 封装方式在以 Ethernet 为基础的 GPON 系统中是否合适，还有待商榷。

5）在 Ethernet 上承载 TDM 业务的技术并不成熟，很难满足电信级的 QoS 要求，因此 EPON 为了能够承载 TDM 业务和语音业务必须设计新的 MAC 机制并增加新的软硬件。而 GPON 由于其设计的 TC 子层结构和 ATM 封装方式，能够比较容易地支持 TDM 业务和语音业务。但如果 GPON 标准中不采用 ATM 封装方式，只支持 GFP 封装方式，因为传统的 GFP 封装方式并不适合承载 IDM 业务，所以 GPON 和 EPON 一样都会面临如何承载 TDM 业务的问题，但毋庸置疑的是其承载方式必须与 Ethernet 技术充分兼容。如何在 Ethernet 上承载 TDM 业务并能提供电信级的服务质量保证将成为 ITU 和 EFM 这两个标准组织在标准制定过程中的一个难题。

本章主要介绍了光网络的发展情况以及交换系统中用到的一些技术。WDM 技术使光纤

的传输容量极大地提高，随之而来的是对电交换节点的压力和变革的动力。为了提高交接节点的吞吐容量，必须在交换上引入光子技术，从而推动 WDM 光网络的发展。本章首先介绍了光子交接技术和光网络的发展情况，然后主要介绍了基于 WDM 技术的光日给网络的原理、结构和特点，最后介绍了光纤接入网的情况。

　　与复用技术可分为空分复用、时分复用和波分复用相对应。光交换技术也可分为空分交换、时分交换和波分交换。空分交换主要使用光开关矩阵在空间城上实现信息的交换，时分交换利用时隙交换器在时间域上交接信息，而波分交换采用波长交换器在波分城上实现信息的交换。面对电信网日趋 IP 化的明显趋势，综合了电信网和 IP 网优势的分组传送网应运而生。本章讲述了各种光交换技术的原理、网络结构、节点结构和相关协议。

　　WDM 全光通信网、自动交换光网络和分组传送网是十几年来光网络发展的主流方向。全充通信网是在传统的光网络中加入光层，在光层进行交叉连接（0XC）和分插复用（OADM），从而减轻电交换节点的压力。光传送网可以分为光信道层、光复用段层和光传输段层，具有透明性、灵活性和可重构性。

　　本章还介绍了 APON、EPON、GPON 三种无源光网络发展情况、发展趋势和关键技术。

习　　题

1．光交换有哪些方式？
2．请画出光突发交换的结构示意图。
3．试解释光分组交换的原理。
4．简述 OTN 的复用体系。
5．试画出 PON 系统的结构示意图。
6．请对比分析 APON、EPON 及 GPON 三种接入技术。

第9章 光纤通信新技术

9.1 光孤子通信技术

孤子（Soliton）又称孤立波，是一种特殊形式的超短脉冲，或者说是一种在传播过程中形状、幅度和速度都维持不变的脉冲行波。有人把孤子定义为：孤子与其他同类孤立波相遇后，能维持其幅度、形状和速度不变。

1965 年美国普林斯顿大学的应用数学家 Zabusky 和贝尔实验室的 Kruskal 用孤子（Soliton）一词描述在非线性介质中具有粒子特性的脉冲包络，即在一定的条件下该包络不仅畸变地传输，而且还存在着像粒子那样的碰撞。1973 年，Hasegowa 等人从理论上指出光纤的反常色散区形成孤子的可能性。1980 年由美国 Bell 实验室的 Mallenaucr 在实验中首次观察到光纤中的光孤子。此后光孤子已从数学上的奇异特性研究转变成光纤通信的技术研究。1991末达到了光孤子通信的研究高潮，关键技术有所突破，许多研究者认为已经接近实用。但在与线性系统竞争中并未取得主导地位，主要原因是作为非线性系统其所需要的功率较大，需要较多的 EDFA，成本较高；其次是为避免相邻脉冲间相互作用，需要孤子脉冲的占空比较小（一般小于1/5），这样比特率很高时脉冲要非常窄，不利于比特率的提高；另外 Gorden—Haus 效应使传输距离限制在 10^4km 范围内。虽然如此，内于孤子脉冲的高质量和数据的归零性质，孤子数据适用于全光处理，因此，孤子型传输特别引起全光数据网研究者的兴趣，近年来国际上个相关的研究成果报道。本节主要介绍单模光纤中光孤子的形成及光孤子通信的几个问题。

9.1.1 单模光纤中的孤子

在反常色散区，$\beta_2 < o$，色散系数 $D > o$，$\dfrac{dV_g}{d\omega} > o$，频率高、波长短的光波群速度大，反之，群速度小，这就是群速度色散，它引起脉冲前沿蓝移（由于频率高，群速度大，因而高频成分向前沿集中，前沿频率升高，这就是前沿蓝移），后沿红移。光纤中存在日相位调制（SPM）非线性效应，即存在非线性折射率：

$$n(\omega, |E|^2) = n_0(\omega) + n_2 |E|^2 \tag{9.1}$$

因而不同强度的脉冲分量引起介质不同的折射率变化，相速度也随之变化，在传输中产生不同的相移，即 SPM（信号自身的振幅调制通过非线性折射率的作用转换为相位调制）。SPM 使脉冲的前沿红移，后沿蓝移，正好与反常色散区的色散效应相反，即补偿了色散引起的脉冲展宽。

光孤子传输是一种理想的传输状态，原则上，传输的脉冲信号振幅和波形可以无畸变地沿光纤传输，即是克服了非线性和色散两方面影响的理想情况。实际上，光纤衰减总是存在的，只能近似实现光孤子传输。

假设光纤为无损耗非线性介质，则在单模光纤中脉冲包络的非线性传输方程可以化为无

量纲非线性薛定谔方程:

$$j\frac{\partial u}{\partial \xi}+\frac{1}{2}\frac{\partial^2 u}{\partial \tau^2}+|u|^2 u=0 \tag{9.2}$$

式中: $\xi=\dfrac{z}{L_D}=\dfrac{|\beta^2|z}{T_0^2}=\dfrac{\pi}{2}\dfrac{z}{z_0}$ 为归一化空间坐标;L_D 为色散作用距离;$z_0=\dfrac{\pi}{2}\dfrac{T_0^2}{|\beta^2|}$ 为孤子周期;

$\tau=\dfrac{T}{T_0}=\dfrac{1}{T_0}\left(t-\dfrac{z}{v_g}\right)$ 为归一化时间;T_0 为脉冲包络 $1/e$ 强度的半宽度;$u(\xi,\tau)$ 为归一化电场包络。

　　式 (9.2) 中第二项为色散项,第三项为非线性项。该方程存在无穷多解,其中最简单的稳定解为一阶孤子解,其表达式为

$$u(\xi,\tau)=(\mathrm{sech}\,\tau)\exp\left(\frac{j\xi}{2}\right) \tag{9.3}$$

　　若将指数因子,$\exp\left(\dfrac{j\xi}{2}\right)$ 归并到载波部分,则包络成为

$$\mathrm{sech}\,\tau=\mathrm{sech}\,\frac{t-\dfrac{z}{v_g}}{T_0} \tag{9.4}$$

　　这是双曲正割形脉冲,也是光孤子脉冲的标准形状,其脉宽为 T_0,并以群速度 v_g 沿 z 方向运动,在运动中保持脉冲形状不变,形成光孤子。

　　假定光纤的输入脉冲为

$$V(z=0,t)=A\,\mathrm{sech}\,\frac{t}{T_0} \tag{9.5}$$

式中:A 为脉冲的振幅,对应光功率。当 $A=1$ 时相当于光功率为

$$P_1=\frac{\lambda_0 A_{\mathrm{eff}}}{4n_2 z_0}\propto \frac{D}{T^2} \tag{9.6}$$

　　用上述输入脉冲作为初始条件可数值求解方程,得到以下结论:

　　(1) 当输入光强很低时 ($A\ll 1$),脉冲在时域展宽,这是由于光强低,非线性效应低,不能抵消色散的影响,因而色散起主要作用,使脉冲展宽。

　　(2) $A=1$ (为基本孤子,又称为一阶孤子),此时非线性效应和色散效应正好抵消,在无耗情况下,脉冲在传输过程中波形不变,即形成光孤子。

　　(3) $A>1$ 时会出现复杂情况。这时非线性效应大于色散效应,因而开始时脉冲变窄,窄到一定程度就开始分裂,到达 z_0 距离时复原,因而称 z_0 为孤子周期。

　　高阶孤子对应的 A 不一定是正整数。以下讨论包含 A 不是正整数的情况。

　　从式 (9.6) 可以看出:A_{eff} 越大,则所需功率越大。因为非线性与功率密度有关,功率密度越大,则非线性效应越大。色散越严重需要的 P_1 越大,因为色散越严重,需要更大的非线性效应来补偿;T_0 越小 (脉宽越窄),所需 P_1 越大,这是因为窄脉冲的频谱成分比较丰富,色散也变得严重,需要更大的非线性补偿。

9.1.2 光孤子通信的基本工作原理

光纤通信中，限制传输距离和传输容量的主要原因的损耗和色散。损耗使信号在传输时能量不断减弱；而色散会使光脉冲在传输中逐渐展宽。所谓光脉冲，其实就是一系列不同频率的光波震荡组成的电磁波的集合。光纤的色散使得不同频率的光波以不同的速度传播，这样，同时出发的光脉冲由于频率不同，传输速度就不同，到达终点的时间就不同，这便形成脉冲展宽，使得信号畸变失真。随着光纤制造技术的发展，光纤的损耗已经降低到接近理论极限值的程度，色散问题就成为实现超长距离和超大容量光纤通信的主要问题。

光纤的色散会使光脉冲展宽，而光纤还有一种非线性的特性，这种特性会使光信号的脉冲产生压缩效应。如果能够将光脉冲变宽和变窄这两种效应互相抵消，光脉冲就会像一个一个孤立的粒子那样形成光孤子，能在光纤传输中保持不变，实现超长距离。超大容量的通信。

光孤子通信是一种全光非线性通信方案，其基本原理是光纤折射率的非线性效应导致对光脉冲的压缩，可以与群速色散引起的光脉冲展宽相平衡，在一定条件下，光孤子能够长距离不变形的在光纤中传输。它完全摆脱了光纤色散对传输速率和通信容量的限制，其传输容量比当今最好的通信系统高出一两个数量级，中继距离可达几百千米。它被认为是下一代最有发展前景的传输方式之一。

从光孤子传输理论分析，光孤子是理想的光脉冲，因为它很窄，其脉冲宽度在皮秒级。这样，就可使邻近光脉冲间隔很小而不至于发生脉冲重叠，产生干扰。利用光孤子进行通信，其传输容量极大，在理论上几乎没有限制，传输速率可能高达 Mbit/s 级。

9.1.3 光孤子通信系统的基本组成

光孤子通信系统的基本组成结构如图 9.1 所示。

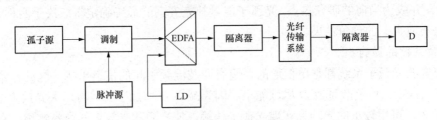

图 9.1 光孤子通信系统的基本组成

光孤子通信系统的主要组成部分包括：发射光孤子的光孤子激光器，即光孤子源；对光孤子进行编码，使之承载信息的编码器或调制器；孤子传输光纤与孤子能量补偿放大器；对光孤子进行探测的光孤子检测接收装置以及各种相关的辅助设置等。为抑制各种噪声和扰动因素对孤子传输距离和通信容量的限制，系统中尚需接入某种控制元件或装置。

由光孤子源产生一个光孤子序列，即短视光脉冲系列，作为信息的载体进入光调制器，光调制器由信号驱动，使孤子承载，承载的光孤子流经放大耦合进入传输光纤进行传输。为了克服光纤损耗引起的光孤子减弱，沿途需按规定要求周期地插入光放大器，向光孤子注入能量，以补偿其能量损耗，确保光孤子稳定的传输。同时需平衡非线性效应与色散效应，最终保证脉冲的幅度与形状稳定不变。在接收端通过光探测器和解调装置使孤子承载的信号得以重现。

9.1.4 光孤子通信几个问题的讨论

1. 光纤损耗的补偿

严格来说，为了在光纤中形成光孤子，在光纤沿线传输的光功率必须始终保持为 P_1。但由于光纤中存在损耗. 因此必须使用光放大器件补偿光纤的损耗，使光纤中一阶孤子存在的条件成立。理想情况下，应采用分布式光放大器使光纤中单位长度的增益等于损耗，使传输功率等于 P_1。早期在光孤子系统中采用的光纤喇曼放大器（FRA）就是一种分布式放大器。实际上，FRA 虽然是分布式放大器，但是不可能分布式进行泵浦，即不可能在光纤沿线分布式均匀补充能量。因此，使用 FRA，由于集中提供泵浦功率，光纤沿线的增益是不均匀的，也不可能沿光纤线路完全抵消损耗。

由于 FRA 的泵浦效率比较低，要求泵浦效率比较大，早期还没有半导体激光器能够实现有效的泵浦，因此多采用色心激光器或固体激光器作为泵浦源。它们体积大，成本高，不易实用化。在 EDFA 出现后，人们想到用 EDFA 补偿传输能量的损耗。EDFA 可以做成分布式放大器，但整个传输光纤都需要掺铒，成本较高，而且同样不能进行分布式泵浦，仍然实现不了沿光纤增益均匀。因此，实现的光孤子系统还是集总式 EDFA 补充能量，并提出动态孤子的概念。

动态孤子是一种近似的光孤子传输，其中光孤子脉冲被周期地放大，初始输入光脉冲功率对应 $A>1$（如 $A=1.4$），则初始非线性效应大于色散效应，脉冲被压缩。但由于光纤的损耗光功率下降，A 也减小，当 A 减小到小于 1 时色散效应大于非线性效应，脉冲又增宽。当脉冲宽度恢复到初始大小时，在线路上加一 EDFA，使振幅回到 $A=1.4$。这样振幅周期地变化，脉宽也周期地变化，但在传输过程中脉宽变化不大，都接近于归一化值 1。若初始时 $A=1$，则由于光纤的损耗，功率下降。如果在传输一段距离后加一集总式 EDFA，则传输过程中，$A\leqslant1$，脉宽始终增加，不能维持光孤子传输。

由于已经研制成功用于 FRA 泵浦的半导体激光器，实用化的分布式 FRA 的研究又提到议事日程上，并成为当前的研究热点。光孤子能量补充方案的最终确定将取决于两种方案（集总放大或分布放大）的竞争结果。

2. 色散系数的影响

早期研究的光孤子系统都是单信道的，没有四肢混频引起的信道串扰，因此常常采用色散位移光纤（DSF）使色散系数 D 尽可能小。因为减小 D 增加了 z_0，可增大光放大器间隔；同时降低了 P_1，可用较小的光功率实现光孤子传输，使光源和光放大器容易实现，有利于降低成本。另外，减小 D 也降低了相邻脉冲间的相互作用，有利于提高系统传输比特率。

但是，为了提高传输容量，WDM 技术得到了广泛的应用，WDM 光孤子系统也得到了发展。而当 D 接近于 0 时，由于满足相位匹配条件，四波混频的影响大大增加，造成信道间串扰的增加。为了避免这一问题的产生，与线性系统一样，光孤子传输系统也可以来用色散管理系统。根据理论分析，该系统可用 D 正负相间排列、相互补偿色散而 D 的绝对值都比较小且不等于 0 的方式，所需功率比较小，达到了与 DSF 同样的效果。

3. Gordon-Haus 效应及其限制的突破

由于系统中采用了 EDFA，其自发辐射 ASE 噪声作为加性噪声影响信号的接收。另一方面，由于 ASE 噪声的随机性造成脉冲到达时间的抖动，使误比特率增加。这就是 Gordon-Haus 效应。

理论分析证明脉冲到达时间的起伏为高斯分布，其方差为

$$\sigma^2 = 4138 n_{sp} F(G) \frac{a_{loss}}{A_{eff}} \times \frac{D}{\tau} Z^3 \tag{9.7}$$

式中：Z 为传输距离，单位为 10^3km；a_{loss} 为损耗系数，km^{-1}；D 为色散系数，ps/（km·nm）；τ 为脉冲宽度，ps；A_{eff} 为光纤的有效截面积，um^2；G 和 n_{sp} 分别为放大器的增益和过量白发辐射因子；$F(G) = (G-1)^2 / [G(\ln G)^2]$。

从式（9.7）可知，$\sigma \propto Z^{3/2}$，即传输距离越长，抖动越大。由此可知，Gordon-Haus 效应限制了传输距离，即光孤子不能无限制地传输。理论分析表明，由此限制决定的极限传输距离为 10^4km。为了突破这一限制，人们提出了领域滤波和时域滤波两种技术，但是仍有许多问题需要研究。

9.1.5　光孤子中的关键技术

对于光纤通信来说，使用基态光孤子作为信息的载体，显然是一个理想的选择，它的波形稳定，原则上不随传输距离而改变，而且易于控制。几年来光孤子通信取得突破性进展，光纤放大器的应用对孤子放大和传输非常有利，它使孤子通信的梦想推进到实际开发阶段。光孤子在光纤中的传输过程需要解决如下问题：光纤损耗对光孤子传输的影响光孤子，光孤子通信涉及的关键技术如下。

1. 适合光孤子传输的光纤技术

研究光孤子通信系统的一项重要任务就是评价光孤子沿光纤传输的演化情况。研究特定光纤参数条件下光孤子传输的有效距离，由此确定能量补充的中继距离，这样的研究不但为光孤子通信系统的设计提供数据，而且通常导致新型光纤的产生。

2. 光孤子源技术

光孤子源是实现超高速光孤子通信的关键。根据理论分析，只有当输出的光脉冲为严格的双曲正割形，且振幅满足一定条件时，光孤子才能在光纤中稳定的传输，目前，研究和开发光孤子源的种类繁多，有喇曼孤子激光器、参量孤子激光器、掺铒光纤孤子激光器、增益开关半导体激光器等。现在的光孤子通信试验系统大多采用体积小。重复频率高的增益开关 DFB 半导体激光器作为光孤子源。理论和试验均已证明光孤子传输对波形要求并不严格，高斯光脉冲在色散光纤中传输时，由于非线性自适应调制与色散效应作用，光脉冲中心部分可逐渐演化为双曲正割形。

3. 光纤损耗与光孤子能量补偿放大

利用提高输入光脉冲功率产生的非线性压缩效应，补偿光纤色散导致的脉冲展宽，维持光脉冲的幅度和形状不变是光孤子通信的基础。然而，只有当光纤损耗可以忽略时，这种特性才能保持。当存在光纤损耗时，孤子能量被不断吸收。峰值功率减小。减弱了补偿光纤色散的非线性效应，导致孤子脉冲展宽。实际上，光孤子在光纤的传播过程中，不可避免存在着损耗，不过光纤的损耗只降低孤子脉冲幅度，并不改变孤子的形状，因此，补偿这些损耗成为光孤子传输的关键技术之一。

目前有两种补偿光孤子能量的方法，一种是采用分布式的光放大器的方法，另一种是集总的光放大器。

（1）分布式放大。分布式放大是指光孤子在沿整个光纤传输过程中得以放大的技术，如图 9.2 所示。通过向普通传输光纤注入泵浦光，产生喇曼效应，利用受激喇曼增益机制使孤子脉冲得到放大以补偿光纤损耗，当增益系数正好等于光纤损耗系数时，就能实现光孤子脉冲无畸变"透明"传输。

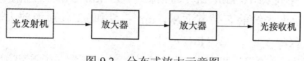

图 9.2 分布式放大示意图

在分布式补偿放大孤子系统中，通过设计泵浦功率及掺铒浓度，使喇曼增益系数或铒光纤放大增益系数与光纤损耗系数处处相等，在理论上，光孤子能够稳定的维持在任意唱的距离上。然而在实际系统中，不可能处处实现这种精确补偿，因而只能沿光纤每隔一定的距离周期性的注入泵浦光，以对喇曼放大提高能量。泵浦距离的大小决定于光纤对光孤子和泵浦光的损耗以及孤子能量被允许偏离初始值的程度，通常典型泵浦距离为 40～50km。

利用受激喇曼散射效应的光放大器是一种典型的分布式光放大器。其优点是光纤自身成为放大介质，然而石英光纤中的受激喇曼增益系数相当小，这意味着需要高功率的激光器作为光纤中产生受激喇曼散射的泵浦源，此外，这种放大器还存在着一定的噪声。

（2）集总式放大。集总式放大如图 9.3 所示，与非孤子通信系统的放大方法相同，沿光纤线路周期性的接入集总式光纤放大器（EDFA），通过调整其增益来补偿两个放大器之间的光纤损耗，从而达到使光纤非线性效应所产生的脉冲压缩恰恰能够补偿光纤色散所带来的影响，以保持光孤子的宽度不变。集总放大方法是通过掺铒光纤放大器实现的，是当前光孤子通信的主要放大方法。

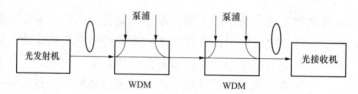

图 9.3 集总式放大示意图

在光孤子通信系统中，中继距离在 10～30km，与普通光纤通信系统情况下的中继距离 50～100km 相比要小得多。原因在于集总式 EDFA 长度很短，孤子脉冲几乎是收到突变式放大，使其能量达到初始值，而被放大的光孤子仍将会在接下来的传输光纤上动态地调整其宽度，加之整个调整过程中存在色散因素的影响，因此如果放大器的级数过多，便会造成色散的累积，这样只能通过减小放大器之间的距离来减小在这段距离上孤子脉冲所受到的干扰。然而，使用色散位移光纤，可以增大放大器之间的间距，一般为 30～50km，所以在光孤子通信系统中使用色散位移光纤是必要的。

9.1.6 影响的因素

光孤子接入 EDFA 后，尽管可以实现长距离的传输，但也在系统中引入 ASE 噪声，限制了系统传输距离和性能。而光孤子之间的相互作用、光孤子源特性变化等也是影响性能的因素。

1. 光孤子的相互作用

光孤子系统中存在着一些限制系统容量的因素，相邻孤子间的相互作用就是其中之一。

人们经过大量的研究工作发现，光孤子的相互作用与它们的相互相位密切相关。对于同相注入的孤子对，两个孤子开始相互吸引，直至发生碰撞，如此周期性的运动；而对于反相注入的孤子对，两个孤子开始时相互排斥，它们的间距将随着传输距离的增加而增加。从系统的角度来看，这种光孤子的排斥特性应尽量避免。然而控制两个光孤子之间的相对相位很难实现，因而只能通过增大两个光孤子之间的间隔来保证各个光孤子在整个传输过程中均处于其比特时间内。但是，这种方法带来另一个弊端，就是限制可光孤子通信的码速率。为了进一步提高码速率，同时力求系统处于良好的工作状态下，可以对相邻光孤子采用非等幅方式，已达到增加系统容量的目的。

2. 光孤子源频率啁啾的影响

光孤子源的频率啁啾也是影响光孤子系统的重要因素之一。为了实现光孤子的传输，耦合进光纤的光脉冲信号不仅应具有双曲正割的强度分布，而且也应该是无啁啾的。然而，实际中许多光孤子源是带啁啾成分的，这种啁啾会打破光纤色散与自相位调制之间的平衡，从而影响光孤子的传输。

虽然啁啾对脉冲演化为孤子并无实质性的危害，只是消耗了部分能量，但是在级联长距离光孤子系统中发散出的色散波将会被放大和积累，引起光孤子系统的不稳定，因此应尽量减少啁啾。通常采用 3 种方法减小光源啁啾。

（1）设计低啁啾或无啁啾的激光器 锁模外腔半导体激光器能产生几 GHz 重复频率的接近双曲正割波形的低啁啾的光脉冲，特别是外腔可与半导体激光器集成，做成集成光孤子源，非常适合光孤子系统的应用。

（2）采用外调制技术 采用连续工作的多量子阱半导体激光器产生的 CW 光波，后接光波导电吸引外调制器产生光脉冲比特流，可避免半导体激光器直接强度调制时产生的啁啾。或采用光纤环形孤子激光器产生优质孤子脉冲串，然后用外调制器产生光孤子比特信息流，这也是近几年大力发展的一种优质光孤子源。

（3）采用增益开关技术 采用增益开关技术，将分布反馈半导体激光器偏置在阈值以下，将外加电流脉冲直接调制激光器，产生脉宽为 20~40ps 带有负啁啾的超短脉冲，然后通过一段正色散光纤压缩演化成无啁啾的光脉冲。或者将用增益开关技术直接调制产生的啁啾的光脉冲通过窄带光滤波器，消除啁啾成分，变为一种无啁啾的变换限制脉冲。但经压缩或滤波消啁啾后输出的孤子脉冲输出功率有比较低，需要后接 EDFA，将脉冲功率提高到孤子阈值功率以上。

3. 光孤子时间抖动

光孤子的时间抖动是指光孤子到达接收端时间随机变化。当光孤子在其比特时间内抖动过大时，便会形成误码，从而造成对通信系统的限制。

（1）放大器自发辐射噪声引起的时间抖动 放大器的自发辐射噪声在光孤子通信系统会使光孤子幅度和相位发生随机变化。幅度的变化会导致脉冲宽度的抖动，而相位的变化会造成光孤子载频的变化。载频的漂移使每一个经光放大器后的光孤子的群速度发生随机变化，从而引起光孤子到达接收端的时间随机变化，这就是时间抖动。

（2）自频率移动引起的时间抖动 当光孤子通过光纤传输时，由于脉冲内受激喇曼散射的影响，使得脉冲频谱向较长波长端移动，这种在载波频率内的位移就是自频率移动。正是由于向长波波长方向的自频率移动，才造成了光孤子的群速率降低，使光孤子慢下来，反之则变快。由此可见，由于载波频率的移动，从而导致群速率的变化，使得光孤子的到达接收器的时间与自频率移动有关。这种自频率的移动，便引起了光孤子到达接收端的时间发生变化，即时间抖动。

9.1.7 发展前景

1. 光孤子通信的优点及现状

全光式光孤子通信，是新一代超长距离。超高码速的光纤通信系统，更被公认是光纤通信中最具有发展前途。最具开拓性的前沿课题。光孤子通信和线性光纤通信比较有一系列显著的优点：

（1）传输容量比最好的线性通信系统大一两个数量级。

（2）可以进行全光中继。

由于孤子脉冲的特殊性质使中继过程简化为绝热放大过程，大大简化了中继设备，高效、简便、经济。光孤子通信和线性通信相比，无论在技术上还是在经济上都具有明显的优势，光孤子通信在高保真度。长距离传输方面，优于光强度调制、直接检测方式和相干光通信。

正因为光孤子通信技术的这些优点和潜在的发展前景，国际国内这几年都在大力研究开发这一技术。迄今为止的研究已为实现超高速、超长距离无中继光孤子通信系统奠定了理论、技术的和物质的基础。

（1）孤子脉冲的不变性质决定了无须中继。

（2）光纤放大器，特别是用激光二极管泵浦的掺铒光纤放大器补偿了损耗。

（3）光孤子碰撞分离后的稳定性为设计波分复用提供了方便。

目前，光孤子研究不断取得突破。英国 BT 公司演示将 2.4Mbit/s 信号在光纤上传输 100 000km，美国 AT&T 公司将同等量信号在光纤上传输了 12 000km，而日本 NTT 公司在光纤上，成功演示了将 10Mbit/s 信号传输了 10 000km。一句话，光孤子已不再是深奥莫测的领地，而是接近实用化的活动阶段。特别是近年来光纤放大器的研制成功，并成功运用于光孤子通信实验，使光孤子通信的面貌焕然一新，为其实用化走出关键一步。光孤子通信的这一系列进展使目前的孤子通信系统实验已达到传输速率 10～20Gbit/s，传输距离 13 000～20 000km 的水平。

2. 光孤子技术未来的前景

在传输速度方面采用超长距离的高速通信，时域和频域的超短脉冲控制技术以及超短脉冲的产生和应用技术使现行速率 10～20Gbit/s 提高到 100Gbit/s 以上；在增大传输距离方面采用重定时、整形、再生技术和减少 ASE，光学滤波使传输距离提高到 100 000km 以上；在高性能 EDFA 方面，获得低噪声高输出 EDFA。

当然光孤子通信仍然存在许多技术的难题，但目前已取得的突破性进展使我们相信，光孤子通信在超长距离、高速、大容量的全光通信中，尤其在海底通信系统中，有着光明的发展前景。

9.2 相 干 光 通 信

目前已投入使用的光纤通信系统，基本都采用强度调制直接检波（IMD）的方式。这种系统的主要优点是调制、解调容易，成本低。但由于没有利用光的相干性，所以从本质上讲，这还是一种噪声载波通信系统。相干光通信，像传统的无线电和微波通信一样，在发射端对光载波进行幅度、频率或相位的调制，在接收端，采用零差检测或外差检测，这种检测方法称为相干检测。相干检测接收灵敏度比 IM-DD 方式高 20dB。采用相干检测，可以更充分地利用光纤带宽，从而大大提高传输容量。

9.2.1 相干光通信的基本工作原理

相干光通信的基本工作原理是：在发送端，采用外光调制方式将信号以调幅、调相或调频的方式调制到光载波上，再经光匹配器送入光纤中传输。当信号光传输到达接收端对，首先与一本振光信号进行相干混合，然后由探测器进行探测；相干检测原理如图 9.4 所示。

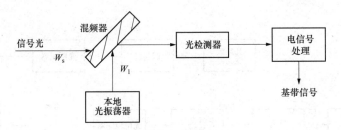

图 9.4　相干光检测原理框图

图 9.4 中的光信号是以调幅、调频或调相的方式被调制（设调制频率为 ω_s）到光载波上的，当该信号传输到接收端时，首先与频率为 ω_L 的本振光信号进行相干混合，然后由光电检测器进行检测，这样获得了中频频率为 $\omega_{IF} = \omega_s - \omega_L$ 的输出电信号，如果 $\omega_{IF} \neq 0$，称该检测为外差检测，当输出信导的频率 $\omega_{IF}=0$（即 $\omega_s=\omega_L$）时，则称之为零差检测，此时在接收端可以直接产生基带信号。

根据平面波的传播理论，可以写出接收光信号 $E_S(t)$ 和本振光信号 $E_L(t)$ 的复数电场分布表达式，即

$$E_S(t) = E_S \exp[-j(\omega_S t + \phi_S)] \tag{9.8}$$

$$E_L(t) = F_L \exp[-j(\omega_L t + \phi_L)] \tag{9.9}$$

式中：E_S 为接收光信号的电厂幅度值；ϕ_S 为接收光信号的想问调制信息；E_L 为本振光信号电场幅度值；ϕ_L 为本振光信号的相位调制信息。

当 $E_S(t)$ 和 $E_L(t)$ 彼此相互平行、均匀地入射到光检测器表面上时，发生光的干涉，由于总入射光正比于 $[E_S(t) + E_L(t)]^2$，则输出电流为

$$I = R(P_S + P_L) + 2R\sqrt{P_S P_L}\cos(\omega_{IF} t + \phi_S - \phi_L) \tag{9.10}$$

式中：R 为光检测器的响应度；P_S、P_L 分别为接收光信号和本振光信号强度。

一般情况下，$P_L \gg P_S$，从式（9.10）中可以看出，其中第一项是与传输信息无关的直流项，而第二项为经外差检测后的输出的信号电流，其中含发射端发送信息：

$$i = 2R\sqrt{P_S P_L}\cos(\omega_{IF} t + \phi_S - \phi_L) \tag{9.11}$$

对零差检测，$\omega_{IF}=0$，输出信号电流为

$$i = 2R\sqrt{P_S P_L}\cos(\phi_S - \phi_L) \tag{9.12}$$

从式（9.11）和式（9.12）可以看出：

（1）即使接收光信号功率很小，但由于输出电流与 P_L 成正比，仍能够通过增大 P_L 而获得足够大的输出电流，这样，本振光在相干检测中还起到了光放大的作用，从而提高了信号的接收灵敏度。

（2）由于在相干检测中，要求 $\omega_S-\omega_L$ 随时保持常数（ω_{IF} 或 0），因而要求系统中所使用的光源具备非常高的频率稳定性、非常窄的光谱宽度以及一定的频率调谐范围。

（3）无论外差检测还是零差检测，其检测根据都来源于接收光信号与本振光信号之间的干涉，因而在系统中，必须保持它们之间的相位锁定，或者说具有一致的偏振方向。

9.2.2　相干光通信系统的组成

相干光通信系统由光发射机、单模光纤和光接收机三部分组成，如图 9.5 所示。

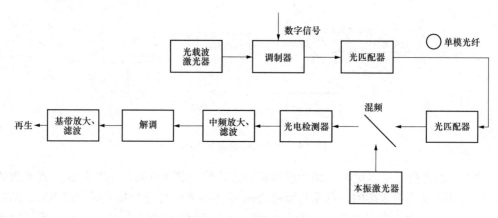

图 9.5　相干光通信系统框图

1. 光发射机

由光载波激光器发出相干性很好的光载波通过调制器调制后，变成受数字信号控制的已调光波，并经光匹配器后输出，这里的光匹配器有两个作用：一是使调制器输出已调光波的空间复数振幅分布和单模光纤的基模之间有最好的匹配；二是保证已调光波的偏振态和单模光纤的本征偏振态相匹配。

光发射机中的调制器根据调制方式的不同，可分为 3 种基本形式，即幅移键控（ASK）、频移键控（FSK）、相移键控（PSK）。ASK 利用光载波幅度的变化来表示数字信号的"1"码和"0"码，FSK 利用输出光波频率的不同来表示数字信号的"1"码和"0"码，PSK 利用输出光波的相位差（π）来表示数字信号的"1"码和"0"码。

2. 单模光纤

单模光纤的作用是将已调光波从发射端传送到接收端，传输模式为 HE11 模。在整个传输过程中，光波的幅度被衰减，相位被延时，偏振方向也可能发生变化。

3. 光接收机

接收到的光波首先进入匹配器，它的作用与发射机的匹配器相同，也是使接收光波的空间分布和偏振状态与本振激光器输出的本振光波相匹配。光混频器是将本振光波（频率为 ω_L）和接收光波（频率为 ω_S）相混合，并由后面的光电检测器进行检测，然后由中频放大器检出其差频信号（频率为 $\omega_S-\omega_L$）进行放大。然后再经过适当处理，即根据发射端调制形式进行解调，就可以获得基带信号。

9.2.3　相干光通信的优点

相干光通信充分利用了相干通信方式具有的混频增益、出色的信道选择性及可调性等特点，与 IM-DD 系统相比，它具有以下独特的优点。

1. 接收机灵敏度高

相干光通信的一个最主要的优点是相干探测能改善接收机的灵敏度。在相干光通信系统中，经相干混合后的输出光电流的大小与信号光功率和本振光功率的乘积成正比；由于本振光功率远大于信号光功率，从而使接收机的灵敏度大大提高，以至于可以达到探测器的噪声极限，并因此也增加了光信号的传输距离。

2. 频率选择性好

相干光通信的另一个主要优点是可以提高接收机的选择性，从而可充分利用光纤的低损耗光谱区（1.25～1.6μm），提高光纤通信系统的信息容量。如利用相干光通信可实现信道间隔小于 1～10GHz 的密集频分复用，充分利用了光纤的传输带宽，可实现超高容量的信息传输。

3. 可以使用电子学的均衡技术来补偿光纤中光脉冲的色散效应

如将外差检测相干光通信中的中频滤波器的传输函数正好与光纤的传输函数相反，即可降低光纤色散对系统的影响。

4. 具有多种调制方式

在直接检测系统中，只能使用强度调制方式对光波进行调制；而在相干光通信中，除了可以对光波进行幅度调制外，还可以进行频率调制或相位调制等多种调制方式，具有很大的灵活性和选择余地。

9.2.4 相干光通信的关键技术

相干光通信要实现实用化，应解决以下关键技术：

1. 激光器的频率稳定和频谱压缩技术

在相干光通信中，激光器的频率稳定性是相当重要的。如对于零差检测相干光通信系统来说，若激光器的频率（或波长）随工作条件的不同而发生漂移，就很难保证本振光与接收光信号之间的频率相对稳定性。外差相干光通信系统也是如此。一般外差中频选择在 0.2～2GHz 之间，当光载波的波长为 1.5μm 时，其频率为 200THz，中频是光载频的 10^{-6}～10^{-5} 倍。光载波与本振光的频率只要产生微小的变化，都将对中频产生很大的影响，因此，只有保证光载波振荡器和光本振振荡器的高频率稳定性，才能保证相干光通信系统的正常工作。

在相干光通信中，光源的频谱宽度也是非常重要的。只有保证光波的窄线宽，才能克服半导体激光器量子调幅和调频噪声对接收机灵敏度的影响，而且其线宽越窄，由相位漂移而产生的相位噪声越小。

为了满足相干光通信对光源谱宽的要求，通常采取谱宽压缩技术。主要有以下两种实现方法。

（1）注入锁模法。即利用一个以单模工作的频率稳定、谱线很窄的主激光器的光功率，注入到需要宽度压缩的从激光器，从而使从激光器保持和主激光器一致的谱线宽度、单模性及频率稳定度。

（2）外腔反馈法。外腔反馈是将激光器的输出通过一个外部反射镜和光栅等色散元件反射回腔内，并用外腔的选模特性获得动态单模运用，以及依靠外腔的高 Q 值压缩谱线宽度。

2. 外光调制技术

由于半导体激光器光载波的某一参数直接调制时，总会附带对其他参数的寄生震荡，如 ASK 直接调制伴随着相位的变化，而且调制深度也会受到限制。另外，还会遇到频率特性不平坦及张弛振荡等问题。因此，在相干光通信系统中，除 FSK 可以采用直接注入电流进行频率调制外，其他都是采用外光调制方式。

外光调制是根据某些电光或声光晶体的光波传输特性随电压或声压等外界因素的变化而变化的物理现象而提出的。外光调制器主要包括 3 种：利用电光效应制成的电光调制器、利用声光效应制成的声光调制器和利用磁光效应制成的磁光调制器。采用以上外光调制器，可以完成对光载波的振幅、频率和相位的调制。

3. 偏振保持技术

在相干光通信中，相干探测要求信号光束与本振光束必须有相同的偏振方向，也就是说，两者的电矢量方向必须相同，才能获得相干接收所能提供的高灵敏度，否则会使相干探测灵敏度下降。因为在这种情况下，只有信号光波电矢量在本振光波电矢量方向上的投影，才真正对混频产生的中频信号电流有贡献。若失配角度超过 60°，则接收机的灵敏度几乎得不到任何改善，从而失去相干接收的优越性。因此，为了充分发挥相干接收的优越性，在相干光通信中应采取光波偏振稳定措施。目前，主要有两种方法，一是采用"保偏光纤"，使光波在传输过程中保持光波的偏振态不变（而普通的单模光纤会由于光纤的机械振动或温度变化等因素，使光波的偏振态发生变化）。但"保偏光纤"与单程光纤相比，其损耗比较大，价格比较昂贵。二是使用普通的单模光纤，在接收端采用偏振分集技术。信号光与本振光混合后，首先分成两路作为平衡接收，对每一路信号又采用偏振分束镜分成正交偏振的两路信号分别检测，然后进行平方求和，最后对两路平衡接收信号进行判决，选择较好的一路作为输出信号。此时的输出信号已与接收信号的偏振态无关，从而消除了信号在传输过程中偏振态的随机变化。

4. 非线性串扰控制技术

由于在相干光通信中常采用密集频分复用技术，因此光纤中的非线性效应可能使相干光通信中的某一信道信号强度和相位受到其他信道信号的影响而形成非线性串扰。光纤中对相干光通信可能产生影响的非线性效应包括受激拉曼散射（SRS）、受激布里渊散射（SBS）、非线性折射和四波混合。由于 SRS 的拉曼增益谱很宽（约小于 10THz），因此当信道能量超过一定值时，多信道复用相干光通信系统中必然出现高低频率信道之间的能量转移，形成信道间的串扰，从而使接收噪声增大，接收机灵敏度下降。SBS 的阈值为几毫瓦，增益谱很窄，若信道功率小于一定值，并且对信号载频设计得好，就可以很容易地避免 SBS 引起的串扰。但是，SBS 对信道功率却构成了限制。光纤中的非线性折射通过自相位调制效应而引起相位噪声，在信号功率大于 10mW 或采用光放大器进行长距离传输的相干光通信系统中要考虑这种效应。当信道间隔和光纤的色散足够小时，四波混频（FWM）的相位条件可能得到满足，FWM 成为系统非线性串扰的一个重要因素。FWM 使信道能量减小，使信道相互串扰，从而限制了系统性能。当信道功率低到一定值时，可避免 FWM 引起对系统的影响。由于受到上述这些非线性因素的限制，采用密集频分复用的相干光通信系统的信道发射功率通常只有不到 1mV。

9.3 量 子 通 信

光既有粒子性又有波动性，即波粒二象性。前面所讲述的光通信技术都利用了光的波动性。在应用各种交换技术和复用技术挖掘光纤通信潜力的同时，人们也期待寻找到速率更高的通信方式，于是有人想到了利用光的量子性进行通信，即量子通信。因此，量子通信技术实际上是光通信技术的一种。

量子通信这一概念是 1993 年由物理学家贝内特（C.H.Bennett）结合量子理论和信息科学而提出来的。它利用光在微观上的粒子特性，让一个个光子通过量子态来运载和传输 0 和 1 的数字信息。

量子通信是经典信息论和量子力学相结合的一门新兴交叉学科。它利用了量子力学中的不确定性（有的学者又称测不准）原理和量子态不可克隆的定理。量子通信的典型方式为量子隐形传态和密集编码。量子态是信息的载体，只要完成对量子态的操作，就可实现量子信息的传输。发信者将原物量子态的信息分成经典信息和量子信息两部分，并分别由经典信道和量子信道将其传输给收信者。其中，经典信息是由发信者对原物进行某种测量后而获知的，而量子信息则是发信者在测量中未被提取的其余信息。收信者在接收到这两种信息后，便可制备出原物量子态的完全复制品，从而达到通信的目的。

9.3.1　量子纠缠和量子隐形传态

量子通信研究中的一个关键问题是制备两个或多个粒子（光子）量子纠缠态（Quantum Entangled States）。所谓量子纠缠态是指两个粒子或多个粒子系统叠加所形成的量子态。此态不能写成两个或多个粒子态的直接乘积。

量子纠缠（Quantum Entanglement）是一种非常奇妙的现象，纠缠的实质是指相互关联，即使没有物理直接接触，两个或两个以上的粒子的命运也这在一起，"纠缠粒子对"不管传播多远距离，它们之间的相关和纠缠特性仍然存在，对其中一个光子的控制和测量会决定另一个光子的状态，因此这一特性在信息科学中有着广阔应用前景。

当前基于晶体二阶非线性效应的自发辐射光学参量下转换过程（SPDC）是产生纠缠双光子场的一种常用的方法，近年来通过光纤的 Kerr 非线性效应在实验中也能产生纠缠光子对。

量子隐形传态（Quantum State Teleportation）也称量子远距传态，有的学者又称量子移物传态，简称"量子移物"。在科幻小说中有"远距传物"，即将人或物体移至很远处。但在现实中传输人或大型物体尚是幻想，但对光子而言，量子移物在实验室内已变成了现实。

量子隐形传态是量子通信的一种新方式，它是在 1993 年由 C.H.Bennett 等人最早从理论上预言的，观察者 Alice 希望将被传送的光子的未知量子态传给一个接收者 Bob，先将纠缠态光子对的一个光子传给 Alice，另一个光子传给 Bob，AUce 对未知量子态和传给她的纠缠态光子进行联合测量，并将测量结果通过经典通道传给 Bob，于是 Bob 就可以将他收到的纠缠态通过名正变换成未知量子态，这样就实现量子态远程传输，而 Alice 处的未知量子态则被破坏。

在量子隐形传态方面，人们在理论和实践两方面都进行了深入细致的研究工作。Zeilinger 研究组的潘建伟等人，首先成功地利用参量下转换技术产生的纠缠光子对实现了量子隐形传态的实验。其结果在 1997 年的《自然》杂志上进行了报道。同时，Kimble、Fumsawa 等人在 1998 年，利用不同的方法也实验成了量子隐形传态，被 Science 评为 1998 年世界十大科学技术进展之一，引起了人们极大的重视。

9.3.2　量子密码术

量子密码术就是量子密集编码技术。它的理论基础是海森伯的不确定性原理。根据这一原理，它可以使任何窃听者无法窃听量子密码通信中的信息。因此，量子密码术是量子通信中很重要的一个技术内容。

　　量子密码术的概念最初是由 Wiesner、Bennett 和 Brassard 等人提出的。它的基本原理是：当一个系统进行测量时，必须对其进行干扰。否则，不干扰系统就无法对这个系统进行测量，除非此次测量与系统的量子态是相容的。为了进一步地说明这个原理在量子通信中的应用，举个简单的例子。按照一般习惯，发信者、收信者和窃听者他们在量子通信系统中的位置关系是如图 9.6 所示的形式。

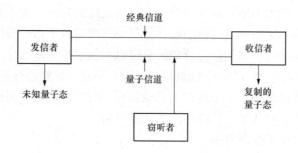

图 9.6　发现者、收信者、窃听者位置关系图

9.3.3　量子密钥分配协议

　　确切地说量子密码术就是量子密钥分配。采用单光子进行量子通信，通信的双方是通过量子信道和经典信道分配密钥的。其通信的绝对保密性和安全性是由量子力学中的不确定性原理和量子态不可克隆定理来保证的。

　　量子密钥分配协议是发信者和收信者二人在建立量子通信信道的过程中共同建立的。在量子密钥分发完成以前，发信者和收信者均不知道密钥的内容。量子密钥不用于传送密文，而是用于建立和传输密码本。量子密码术不能防止窃听者对密钥的窃听，只能及时发现窃听者的存在。一旦发现窃听者在窃听，则双方会立即取消这套密钥，重新建立另一套密钥。这样就可以充分地保证量子密码本的安全性，从而也就保证了量子通信密码（密文）内容的保密性。

　　对量子密钥分配的研究，许多人进行了很多艰苦的工作。因为量子通信有陆地和自由空间点对点之分，所以量子密钥分配也应有两类协议：陆地点对点的量子密钥分配协议和自由空间点对点的量子密钥分配协议。

9.3.4　量子通信的优点及应用前景

1. 通信容量极大

　　对于一个经典通信系统来讲，一个 L 位的系统信息存储量为 $2L$ 种信息。但对一个 L 位的两态量子通信系统，其信息存储量可以说是无穷多种。

2. 传输速率极快

　　理论上讲，量子通信的传输速率可以极快。实际上，由于信道对信息会有一定的衰减和阻力，从而降低了它的传输速率。尽管如此，量子通信的传输速度也会比目前的光纤通信快出一千万倍！在 1s 之内，它可以传输十万部电影！其传输速率之快，可想而知。

3. 抗干扰能力极强

　　在陆地或自由空间中，点对点的量子通信在传输的信道中会有这种或那种干扰的存在，例如，陆地上传输信道的光纤中，存在色散和损耗；在自由空间中，传输信道附近存在大气湍流和背景光等。虽然这些干扰的存在是客观的，但是由于在量子密码术的密钥交换协议中已采取了相应的措施，使这些干扰大大地减少或不存在，从而使量子通信的抗干扰能力处于极强的地位。

4. 保密性极强

在量子通信系统中，由于采用了相应的量子密钥交换协议，使任何窃听者，不管他们采用什么样的窃听手段。都无法得到含有信息内容的密码本。对密码本中密码包含的信息内容，他们一无所得。他们破译密码的各种手段，在量子通信系统中是无用武之地的。量子通信的这种保密能力，是任何其他通信方式无法比拟的。

5. 环保条件极佳

电通信存在电磁辐射问题；光通信则有激光的辐射存在。两种辐射对人的身体健康和眼睛的保健都是不利的。量子通信不存在上述的辐射问题。因此，在强调绿色环保的当今世界，量子通信无疑是一种极佳的通信方式。

由于量子通信具有上述诸多优点，所以其应用前景是十分乐观的。

（1）星际间通信。现在的空间探测技术发展很快，相应的空间星际间的通信技术也应紧步跟上。星际之间、探测器与探测器之间以及它们与地球之间的通信，由于相距太远，为了满足实时通信的需求，必须要求通信的传输速率很高。例如，当飞船到达距地球一光年的其他星球时，采用现在的电通信（卫星通信技术）和光通信技术，与地球每联系一次，需要两年之久的时间。可见，这些通信方式已失去了意义。若采用量子通信技术，则由于它的通信时延为零，并且传输速度比光通信技术至少要高出一千万倍，所以完全可以满足星际间通信的实时要求。

（2）军事通信。军事通信中的地面战争、空战以及空中拦截技术方面的通信联络，不仅要求快捷、无干扰，而且还要求具有极强的安全性和保密性。电通信、光通信尽管采用了各种加密手段，但是敌方总可设法获得，并破译之。由于量子通信采取了量子密码技术的量子密钥分配协议，尽管敌方可以探知密钥协议，但无法获得含有信息密码的密码本，更不可能得知密码本和密码的含义，所以它将成为军事通信的极好手段。

（3）国民经济通信。目前的通信（主要指微波通信和卫星通信），特别是光纤通信，由于其可用波段很宽，再加之光纤通信技术的不断出现，例如，密集波分复用技术、粗波分复用技术，以及未来的全光光纤通信技术等，基本上可以满足当前国民经济发展对通信技术的要求。但是，随着国民经济进一步发展，信息源会越来越多，人们对通信事业的要求会越来越高，那时，光纤通信技术的手段就不一定能够满足人们日益增多的需求。此时，量子通信技术除用于星际通信、军事通信以外，完全有能力去填补光纤通信技术在这方面的不足。

9.4 大容量、长距离光纤传输的支撑技术

近几年来大容量、长距离（甚至超长距离）传输系统引起众多的关注．这是因为长距离无电中继传输系统可以简化系统结构，提高系统的可靠性，降低成本和维护难度，在沿途的节点上配置光分插复用器可以方便地解决上下路问题。另一方面，支持长距离、超长距离无电中继传箱也是支持动态路由、网络重构、构建灵活光网络的必要基础。

9.4.1　大容量、长距离光纤传输系统概况

一般来说，无电中继传输距离超过 1000km 的系统被称为长距离传输系统，超过 2000km 被称为很长距离，超过 3000km 故称为超长距离传输系统。

近几年来，国内外已投入大量的人力、物力研究大容量、超长距离系统及其关键技术，在国际会议和杂志上也已报道了很多成功的传输实验。几个典型的传输试验如下：

（1）2002 年首次进行了真正意义上的大容量超长距离野外实地传输实验，WorldCom 公司在已经铺设好的 4000km 标准 SMF 进行了话音、数据和图像业务的传输（采用 RZ 码，没有使用喇曼放大器和 PMD 补偿）。实验系统内 51 个网元设备组成，包括 2 个终端、40 个在线放大器、8 个动态增益均衡和 1 个能上下 4 个通道的光分插复用器（OADM）。

（2）Tyco 电信在 2003 年实现了 3.73Tbit/s（373×10Gbit/s）传输实验，无电中继传输距离达到 11 000km，并于同年进行了 128×10Gbit/s 系统野外实地传输 8998km 的实验；在实验室环境下的 40×40Gbit/s 系统也实现了 10 000km 的传输。

（3）2004 年 Tyco 电信在已铺设的 13 000km 色散斜率不匹配海底光缆链路上进行了 96×10Gbit/s RZ—DPSK 信号传输试验，收发端机都位于美国新泽西州的沃尔，信号经 6550km 的海底光缆传到英国的高桥，经过放大后又回传到沃尔。

（4）在我国，中兴、华为、武邮也分别成功地进行 1.6Tbit/s（160×10Gbit/s）系统 3000～5000km 的传输试验，并推出商用系统，如中兴的 ZXWM M900，武邮的 FONSTW1600 等。

超长距离传输系统由发收端机、光放大器（EDFA、FRA 或 Raman+EDPA）的组成，中间节点上可以配置 OADM 解决沿途的上下路需求，但整个链路不需要进行电光转换。系统容量和传输距离（无电中继）是衡量长距离 wDM 光传输系统性能的两个基本指标，同时也是一对矛盾，为此定义容量距离积为衡量长距离 WDM 光传输系统的参量，以综合反映系统平衡这一对矛盾的能力。

9.4.2　大众量、长距离光纤传输系统的主要支撑技术

大容量、长距离光纤传输系统有诸多的优点，但也面临严峻的挑战。光信号在长距离传输中更容易受到损伤，光放大器的 ASE 噪声、光纤的色散和偏振模色散的积累、非线性光学效应的影响都是严重影响信号传输质量的因素。为了解决这些问题，人们进行了大量的理论和实验研究，也促使各种支持长距离、超长距离传输的新技术应运而生。

1. ASE 噪声的积累和低噪声放大技术

对于 EDFA 级联的长距离 WDM 系统，ASE 噪声是不断积累的，随着级联 KDFA 数目的增加，光信噪比（OSNR）会不断下降，如图 9.7 所示，从而限制了总的传输距离。但是 OSNR 的下降与级联 EDFA 数目并不是线性关系。因此，对其级联后光信噪比 OSNR 的计算成为一个重要问题。

级联 EDFA 的 WDM 系统的 OSNR 的严格计算可以从 EDFA 的速率方程求解，但计算很复杂。因此，工程计算公式被普遍应用。假设波分复用系统中各路光信号的初始功率都相等，任意两个光放大器间的损耗都相同，各个 EDFA 拥有相同的特性，则经过 N 个光中继段的传输后，我国有关 WDM 系统的标准中建议的光信噪比 OSNR 的计算公式为

$$OSNR = P_{out} - 10\lg M - L + 58.03 - NF - 10\lg N \tag{9.13}$$

式中：M 为波分复用的波长信道数；P_{out} 为总的入纤功率，单位是 dBm；L 为两个光放大器间的损耗（包括光纤、连接器和接头损耗），单位是 dB；NF 为光放大器的噪声系数。

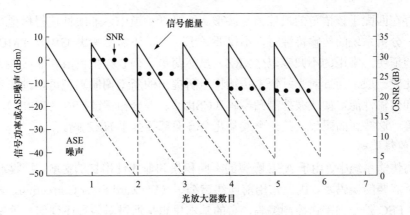

图 9.7 级联 EDFA 的 WDM 系统中光功率和 OSNR 的变化

传输距离 ────➤

为了延长无电中继的传输距离，低噪声光放大技术成为新的研究热点，喇曼放大器和喇曼+EDFA 就是在这种需求下迅速发展起来的。图 9.7 是用 OpticSimu 仿真软件对 160×10Gbit/s WDM 系统 3000km 传输的仿真结果。160 波分布在 C 和 L 波段，信道间隔为 50GHz，发射功率为每信道−1dBm，传输 NRZ 码；系统采用 G.652 光纤，DRA+EDFA 混合放大，光放大器间距为 100km；采用预补偿+在线补偿+后置补偿方式补偿色散。

由于 EDFA 的增益不平坦或 WDM 器件和光纤对不同信道的损耗不同，造成复用信道的功率差别较大。另外，当复用信道数变化时，EDFA 的增益也会发生变化，影响系统的正常工作。因此，对 EDFA 进行增益均衡和控制是需要的。一般来说，整个链路上各信道的功率差应小于 10dB。因此，需要采用传输特性与放大器增益谱形状互补的滤波器来实现增益的均衡。实现增益平坦放大的另一途径是适当地配置喇曼放大的增益谱，使之与 CDFA 的增益谱互补。

2. 非线性光学效应的影响和抑制

非线性光学效应对 WDM 系统的影响远远大于对单信道传输系统，尤其对级联放大的长距离 WDM 系统。由于光信号的多次被放大，可以在长距离上保持光的高强度，而当多个波长的光在光纤中同时传输时，一个波长可以被认为是另一波长的泵浦光，从而诱发更强的非线性光学效应。因此，研究各种非线性光学效应的影响和抑制方法是支撑长距离传输的重要课题之一。

3. 群速度色散和幅振模色散的积愿与补偿

由于群速度色散的影响，信号中的各个频率分量到达接收端的时延不同，信号脉冲展宽．导致信号产生符号间干扰（ISI）。色散的影响随着信号速率提高、传输距离的延长和光源谱线的加宽而迅速增加，因此，在大容量、长距离传输系统中，群速度色散补偿成为必要的支撑技术。

随着信号速率的提高和传输距离的增加，偏振模色散（PMD）的影响也凸现出来．成为一道制约系统性能进一步提高的难关。为了克服其影响，一方面是改进光纤制造和光缆铺设技术减小光纤的 PMD，另一方面也需要对信号的 PMD 进行补偿。

4. 新型调制码型

传输码型对提高传输性能和改善频谱效率都有很大影响。从通信理论可知，对于某种特定的信道，存在匹配于该悟道的最佳信号波形。而光纤信道中，非线性使得信道特性同信号功率相关联，分析系统的传输特性时，不仅要考虑噪声，还需要考虑 GVD、PMD 和非线性的影响。实验证明，常用的不归零码（NRZ）虽然简单，但它在抗色散和非线性光学效应影响的能力都比较一般，而针对光纤悟道传输特点所提出的新型调制码型可以进一步提高系统的容量距离和传输性能，如载波抑制归零码（CSRZ）、差分相穆键控码（DPSK）、相邻比特偏振交替码等。这些新的码型在某一个或某几个方面部要强于 NRZ 码。

　　5. 前向纠错编码

　　在长距离传输系统中，由于 ASE 噪声的不断积累和非线性串扰的影响，接收端光倍噪比已难以保证所需要的误码率，因此常用前向纠错编码（Forward Error Correction，FEC）来提高传输质量。FEC 是一种差错控制编码，它的基本思想是通过对信息序列作某种变换，使原来彼此独立、相关性极小的信息码元产生某种相关性，在接收端利用这种相关性来检查并纠正信息码元在传输中所造成的差错。

　　所谓 FEC，是指在发送端发送纠错码，接收端通过纠诺译码自动发现和纠正传输过程中产生的差错。纠错过程在接收端独立进行，不存在差错信息的反馈。这种方法的优点是无须反向信道，控制电路简单，时延小，实时性较好，但译码设备复杂，编码效率较低。

　　20 世纪 90 年代初，Reed-Solomon（RS）码作为 FEC 开始应用海底光缆系统中，后来 RS（255，239）成为 ITU-T G.975 的推荐码型，广泛用于长距离光通信系统中。

　　在过去的几年中，多种基于级联码、具有超强纠错能力的 FEC 也已被提出，例如，RS（255，223）+RS（255，239），RS（239，233）+RS（255，239）等。级联码引入交织技术，其主要思想是通过交织器将无法纠正的、连续的突发性错误打乱，以提高纠错能力。交织前进行的编码叫作外码，交织后进行的编码叫作内码。而经过外码纠错后，再通过交织送到内码作迭代译码，这样可以把原先没有纠正的突发错误纠正过来。例如，级联 R3（239，223）+RS（255，239）码+迭代解码，冗余度仅仅为 14%，对于 STM-64 负荷经过这个 FEC 编码后总的比特速率为 11.6Gbit/s。在 10-13 的 FEC 输出误码率的情况下可以达到 8.5dB 的编码增益，而在相同 BER 的情况下，标准的 ITU 的 FEC 能够提供大约 5.5dB 的 FEC 增益（冗余度大致为 6.69%）。在 11.6Gbit/s 下信号的非线性损伤仅有 1dB 左右。

9.5　RoF　技　术

　　光载无线通信 radio-over-fiber（RoF）技术是应高速大容量无线通信需求，新兴发展起来的将光纤通信和无线通信结合起来的无线接入技术。简单来说就是在中心站将微波调制到激光上，之后调制后的光波通过复杂的光纤链路进行传输，到达基站后，光电转换将微波信号解调，再通过天线发射供用户使用。

9.5.1　RoF 技术的发展趋势

　　随着移动通信技术的迅速发展，4G 通信时代的到来，人们对以视频需求为代表的宽带多媒体的需求日益增加。这些新型宽带网络业务需求的增长就对无线通信技术提出了更高的要求。因此，一种结合了无线技术和光纤技术各自优势的新型技术——光载无线通信（Radio over Fiber，RoF）应运而生，现已成为研究热点。

　　一般的 RoF 系统包括有中心站-CS，基站-BS，光传输链路，用户端四个部分。其中，光纤作为基站和和中心站之间的传输链路，光纤中用光载波传输射频信号。通过光纤来进行传输，中心站就可以集中处理与其互联的各种无线系统，这样基站就只需要进行光电转换和信号放大。这样，建设费用就主要集中在一个中心站上，基站的功耗和建设成本都得到降低。而且由于 RoF 系统中铺设有光纤网络，这样一些有线业务也能通过 RoF 系统进行传输，这样又可以提高传输效率。

RoF 系统框架图如图 9.8 所示。

图 9.8　RoF 系统框架图

9.5.2　RoF 系统的优点

1. 低损耗

众所周知，光纤的损耗很低，目前的大约为 0.2dB/km，相对于无线媒介来说损耗非常低，意味着它可以无须中继器长距离传输。

2. 大带宽

用光纤传输信号的一大优势就是能够提供巨大的带宽资源，我们常用的单模光纤在 850、1310、1550nm 这三个窗口处可提供的带宽总和加起来多达 50THz。同时，巨大的带宽优势也会带来更高的信号传输速率。

3. 抗电磁干扰

信号在光纤中传输就天然的具有了抗电磁干扰的特性，这样对传输射频信号就提供了可靠地保证。

4. 安装维护简易，低耗能

由于 RoF 的核心复杂器件主要在中心站，基站和用户端比较简化，这样构造形式决定了安装维护的就主要在中心站进行，简化了操作。同时，由于用户终端使用无线接收，构造相对简化，因此功耗也自然比较低。

5. 方便多业务的融合

由于 RoF 系统中既有无线传输又有有线传输，因此根据实际需求进行业务拓展就显得十分方便，可以通过一些复用技术来实现一次传输承载业务。

由于这些优势，RoF 技术在未来有线电视、移动通信、无线宽带通信领域有着十分广阔的应用前景。因此，RoF 作为一种优良的无线接入技术，在当今网络融合的大趋势下，无论是在技术上还是社会应用前景上看，RoF 技术必然在未来网络融合中发挥重要的作用。

9.5.3　国内外发展现状

RoF 技术产生于 20 世纪八九十年代，当时主要靠金属电缆来传输射频信号，但是传输质量会受到传输损耗和宽带问题的严重制约。但是 RoF 技术可以在中心站将射频信号调制到光载波上，随后利用光纤进行传输，到达基站后再把射频信号解调出来，然后通过天线发射给用户终端，这样就充分发挥了无线通信和光纤通信的优势，充分利用频谱资源。

国外在 RoF 技术的研究和应用上明显领先于国内。美国在 20 世纪 70 年代就建立了 RoF 军事系统。20 世纪 90 年代，国外的 Cooper 等人首先提出将 RoF 技术应用于无线通信系统。

截止到 2012 年中段，美国电话电报公司-AT&T 公司已经建立了多达 3000 个 RoF 系统，在澳大利亚，2000 年悉尼奥运会运用 RoF 技术保证了大量移动电话同时连接的问题。日本在广泛应用 RoF 系统，其被用于个人数字通信系统、智能交通系统中。

相比于国外，国内还鲜有 RoF 技术的大规模应用但是随着 4G 移动通信在最近的迅猛发展，运营商都在寻找一种既有光纤接入的优点接入的优点又具有无线接入方便的技术，特别是在国内，无论技术、政策或市场需求上来看，网络融合是今后电信业的必然趋势，因此，RoF 技术随即被提上日程，很多机构都开始进行研究。

9.5.4　RoF 系统的关键技术

作为一种新型技术，在研究方面，由于光纤色散导致的延时以及激光器产生射频信号的单一性较差等问题，RoF 系统还没有达到成熟，在应用上也未达到大规模商用的阶段，还有许多关键技术需要研究和优化，主要有以下的几点：

（1）产生毫米信号波的方法。RoF 系统的热点核心技术就用光纤来承载毫米信号波或者频率很大的射频信号。上述两个要求是 RoF 系统所直接面临的问题。现有的主流技术有直接调制法、光外差法、外部调制法等等。

（2）实现双工通信。RoF 技术是用接入网中的，因此必须解决数据的上下传输问题。也就是说双工通信技术是通过载波重用和再调制实现双向传输的关键技术。

（3）PON-RoF 技术。RoF 技术作为一种无形融合的组网技术，与其他传输技术的融合是容易和必要的，其中 RoF 与无源光网络技术融合的 PON-RoF 技术可以在充分利用现有的光纤链路的前提下简单经济的实现有线、无线接入，可以满足很多通信要求，现已成为关键技术。

（4）信号调制技术-OFDM。为了提高传输的可靠性和效率，RoF 系统中的调制技术也是关键技术之一。比如作为先进调制技术的 OFDM 技术能有效减轻光纤的色散同时大大提升传输效率，因此也是 RoF 系统的关键技术。

9.5.5　RoF 关键技术研究

针对上文列举的几种 RoF 系统的关键技术，针对其研究发展现状，有以下的研究内容。

（1）对于产生毫米信号波的方法中，直接调制法通常只适用于低频系统，而光外差法需要价值高昂的硬件设备，而且系统十分复杂，这些缺点限制了上述两种调制方式的实际应用，而相比于上述两种调制技术，外部调制技术是利用外部光学调制器来产生毫米波信号，该技术能获得较大的消光比和大带宽，而且传输性能和波长无直接关系，因此广泛应用于高速的光纤通信系统。因此外部调制方式的进一步研究意义重大。我们可以利用光学仿真软件搭建含有电吸引器件和基于马赫曾德结构的 MZ 电光调制器，然后搭建基于单边带调制（SSB）、双边带调制（DSB）、光载波抑制调制（OCS），然后观察不同的调制方法的频谱结构，随后由频谱分析对分析各种调制方式的优缺点，并进行优化。

（2）对于全双工 RoF 链路实现的研究，我们在研究的时候可以基于光学仿真软件 OptiSystem，通过分析全双工 RoF 链路中信号的频谱结构，从基站由下行链路中提取上行载波，实现上行信息的调制与传输，从而完成对全双工 RoF 链路的研究。

（3）PON 对于高速传输的兼容性和对调制码型的透明性是其优点之一，因为无源光网络对光信号的宽带和速率限制较小，因此对于无源光网络的研究的技术突破，可以网络升级至更高的速率，同时能降低系统的维护升级成本。在研究时，我们可以基于 OptiSystem 仿真平台搭建一种有线无源光网络-RoF 无线混合接入的全双工链路，然后分析链路的频谱结构、星座图、眼图等，由定性和定量的角度来分析该链路信号的传输性能。

（4）之所以要研究 RoF 系统中的 OFDM 技术，主要原因是将 OFDM 引入到 RoF 系统中能提高系统的传输效率和频带利用率，而且能有效抵抗光纤色散，同时 OFDM 系统的灵活性和可靠性比较高。在进行研究时，我们可以重点关注 OFDM-RoF 系统的设计方法，比如在上行方向可以研究新型 OFDM 结构，在下行方向研究直接法和相干法两种结构来生成毫米信号波等。

9.5.6　两种 RoF 系统设计方案

（1）OFDM-RoF 系统设计方案。近些年来，随着 OFDM 逐渐被应用到光纤通信领域中，逐渐形成了两种常见的光 OFDM 结构，即 DDO（direct-detection optical）-OFDM 结构，即直接光检测结构，和 CO（coherent optical）-OFDM 结构，即相干光 OFDM。其中，DDO-OFDM 结构简易，成本较低，但是不适合进行高速调制。而 CO-OFDM 结构相对复杂一些，但是由于具有相干通信的固有优势，并且接收机的灵敏度较高，因此适合于高速通信。

基于上述的论述，我们可以设计一种基于 OFDM 的双向 RoF 系统，在下行方向使用光外差法来产生 OFDM 毫米波信号，而下行系统中可以分别采用 DDO-OFDM 和 CO-OFDM 结构进行比较择优，当然对于 OFDM 模块也要采用必要的信号处理过程，如基于导频的信道估计、添加循环前缀来抑制符号间干扰、符号同步。

（2）PON-RoF 系统设计方案。无源光网络 PON 在解决"最后一公里"的接入方式时具有巨大的潜能，因此 DoF 与 PON 的融合技术是研究热点。现有的主流技术方案分为两大类，一种是利用 WDM 技术，将有线信号和无线信号分别加载在不同的波长上；另一种是将有线、无线信号都加载在单一载波上，然后通过载波复用实现信号融合进而共同传输。

我们可以针对第二类方法提出一种基于正交偏振的载波复用技术，通过偏振复用来实现同一频率但是偏振正交的两只路的不同调制信号，增进频谱利用率。即基于正交偏振实现 PON 有线 RoF 无线信号融合光信号，进而完成用户终端有线/无线的混合机接入。

本章小结

光纤通信技术为通信业务提供了巨大的带宽容量，但随着信息社会时代信息量的飞速增长以及对信息传送的突发性、实时性和可靠性的要求，传统的光电混合必将迈向信息从信源到信宿都在光域处理的全光网络。人们在挖掘各种光纤通信技术潜力的同时也在探索新的技术。本章主要介绍光纤通信的新技术，包括光孤子通信技术、相干光通信、量子通信、大容量长距离传输的支撑技术以及 RoF 技术。

习　　题

1．试说明光孤子通信的原理。

2．相干光通信系统的优点有哪些？

3. 什么是量子纠缠？量子纠缠对量子通信的重要意义是什么？

4. 量子通信的优点有哪些？

5. 什么是 ROF 技术？其应用场景主要有哪些？

参 考 文 献

[1] 蒋铃. 光纤通信技术及应用 [M]. 武汉：华中师范大学出版社，2006.

[2] 孙学康，张金菊. 光纤通信技术 [M]. 北京：人民邮电出版社，2004.

[3] 王辉. 光纤通信 [M]. 北京：电子工业出版社，2013.

[4] 钱爱玲，钱显忠，钱显毅. 光纤通信 [M]. 北京：中国水利水电出版社，2012.

[5] 黄德修. 半导体光电子学 [M]. 北京：电子工业出版社，2013.

[6] 马丽华，李云霞. 光纤通信系统 [M]. 北京：北京邮电大学出版社，2015.

[7] 顾畹仪. 光纤通信 [M]. 北京：人民邮电出版社，2006.

[8] 杨祥林. 光纤通信系统 [M]. 北京：国防工业出版社，2000.

[9] 顾婉仪，黄永清，陈雪，等. 光纤通信 [M]. 2版. 北京：人民邮电出版社，2011.

[10] 钱显毅，张立臣. 光纤通信 [M]. 南京：东南大学出版社，2008.

[11] 顾生华. 光纤通信技术 [M]. 北京：北京邮电大学出版社，2016.

[12] 顾畹仪. 光纤通信系统 [M]. 3版. 北京：北京邮电大学出版社，2013.

[13] 李跃辉，王缨，沈建华. 光纤通信网 [M]. 西安：西安电子科技大学出版社，2009.

[14] 杨英杰. 光纤通信技术 [M]. 广州：华南理工大学出版社，2004.

[15] 李履信，沈建华. 光纤通信系统 [M]. 北京：机械工业出版社.2007.

[16] 刘增基，周洋溢，胡辽林，等. 光纤通信 [M]. 西安：西安电子科技大学出版社，2011.

[17] 王加强，岳新全，李勇. 光纤通信工程 [M]. 北京：北京邮电大学出版社，2003.

[18] 胡先志，邹林森，刘有信，等. 光缆及工程应用 [M]. 北京：人民邮电出版社，2005.

[19] 刘强，段景汉. 通信光缆线路工程与维护 [M]. 西安：西安电子科技大学出版社，2003.

[20] 张引发，王宏科，邓大鹏，等. 光缆线路工程设计、施工与维护 [M]. 北京：电子工业出版社，2002.

[21] 傅海阳，杨龙向，李文龙. 现代电信传输 [M]. 北京：人民邮电出版社，2000.

[22] 孙强，周虚. 光纤通信系统及其应用 [M]. 北京：清华大学出版社，2004.

[23] 高炜烈，张金菊. 光纤通信 [M]. 北京：人民邮电出版社，2000.

[24] 纪越峰，等. 现代通信技术 [M]. 北京：北京邮电大学出版社，2001.

[25] 孙学军，张述军. DWDM 传输系统原理与测试 [M]. 北京：人民邮电出版社，2000.

[26] 纪越峰. 光波分复用系统 [M]. 北京：北京邮电大学出版社，1999.

[27] 张宝富. 现代光纤通信与网络教程 [M]. 北京：人民邮电出版社，2001.

[28] 顾畹仪. 全光通信网 [M]. 北京：北京邮电大学出版社，1999.

[29] 韦乐平. 光同步数字传送网 [M]. 北京：人民邮电出版社，1998.

[30] 曾甫泉，李勇. 光同步传输网技术 [M]. 北京：北京邮电大学出版社，1996.

[31] 曹蓟光. 多业务传送平台技术与应用 [M]. 北京：人民邮电出版社，2003.

[32] 龚倩. 智能光交换网络 [M]. 北京：北京邮电大学出版社，2003.

[33] 顾婉仪，张杰. 全光通信网 [M]. 北京：北京邮电大学出版社，2011.

[34] 徐荣. 高速宽带光互联网技术 [M]. 北京：人民邮电出版社，2002.

[35] 顾婉仪. 光传送网. [M]. 北京：机械工业出版社，2003.

［36］张杰. 自动交换光网络［M］. 北京：人民邮电出版社，2004.

［37］顾婉仪. WDM 超长距离光传输技术［M］. 北京：机械工业出版社，2005.

［38］Chunming Qiao，Myungsik Yoo. Optical Burst Switching（OBS）-A New. Paradigm for an Optical Internet ［J］. J. High Speed Networks，1999，8（1）：69-84.